设施蔬菜节水调质高效灌溉技术与模式

刘　浩　李欢欢　龚雪文　强小嫚　著

黄 河 水 利 出 版 社
·郑 州·

图书在版编目(CIP)数据

设施蔬菜节水调质高效灌溉技术与模式/刘浩等著
.—郑州:黄河水利出版社,2022.9
ISBN 978-7-5509-3389-7

Ⅰ.①设… Ⅱ.①刘… Ⅲ.①蔬菜-节约用水-灌溉-研究 Ⅳ.①S630.7

中国版本图书馆 CIP 数据核字(2022)第177341号

审稿:席红兵 13592608739

出 版 社:黄河水利出版社 网址:www.yrcp.com
地址:河南省郑州市顺河路黄委会综合楼 14 层 邮政编码:450003
发行单位:黄河水利出版社
发行部电话:0371-66026940、66020550、66028024、66022620(传真)
E-mail:hhslcbs@163.com
承印单位:河南新华印刷集团有限公司
开本:787 mm×1 092 mm 1/16
印张:12.25
字数:285 千字 印数:1—1 000
版次:2022 年 9 月第 1 版 印次:2022 年 9 月第 1 次印刷

定价:65.00 元

前　言

设施栽培不仅具有抗灾害的能力,还可以提高土地的利用率和产出率。在我国,以日光温室为主体的设施农业凭借节水高产、高效节能的优势得到了迅速发展,在社会经济中的地位也越来越重要,对农业增产和农民增收都具有十分显著的推动作用。然而,对于没有自然降雨的设施来说,灌溉水是一切生物维持生命不可或缺的因素,更是维持设施作物生命健康水分需求的主要来源。由于蔬菜作物生物学产量高、生长速度快、组织柔嫩、生长期间水分消耗量大,加之大多蔬菜作物的根系分布较浅,对土壤水分吸收、利用能力差,所以生产过程中对水分管理要求较高。

但长期以来,设施蔬菜生产过程中一直沿用传统经验灌溉管理模式,不合理的灌溉不但对作物生长发育不利,还将导致水资源浪费,造成设施内湿度加大,作物易落花落果或形成畸形果,商品产量不高、品质及水分利用效率下降,以及土壤盐渍化加重等问题,从而影响设施农业的健康发展。灌溉水的供给量、供给方式、供给时期以及生长过程中出现的水分亏缺、水分过剩和土壤水分波动太大都会对蔬菜的产量及品质产生影响,合理的灌溉对设施蔬菜整个生育期都至关重要,灌溉控制指标既要量化,又要有严密的科学依据,且便于准确地观测或计算。同时,随着设施生产水平和人民生活水平的提高,节水理念与食品安全已成为人们重点关注的话题,生产者的观念也逐渐由传统丰水丰产型向节水优质高效型转变,改善设施蔬菜产品营养性、安全性和健康性的内在品质。实现这些目标需要依靠各种农业生产技术的应用,如通过人为调控灌溉水施用量和施用方式,使作物遭受一定程度的干旱胁迫,在不影响产量或产量降低最小化的前提下,改善果实品质特性并提高作物水分利用效率,推动设施作物用水管理向提质增效方向发展。因此,开展不同灌溉条件下设施蔬菜生理生长、耗水规律、产量和品质形成的影响以及蔬菜需水量估算方法研究,以优质、高产和高效为目标,提出设施蔬菜节水调质高效灌溉技术模式,这对提高设施水、肥、气、热条件的管理与利用水平,促进设施蔬菜生产的持续稳定发展,调整农业产业结构,提高农民生产收入都具有重要的理论价值和实践意义。

本书紧紧围绕设施蔬菜优质稳产和高效用水的重大技术需求,开展了设施作物需水指标体系、用水过程与定量模拟、作物控水提质机制及优质高效灌溉技术模式等方面的研究工作,明确了温室作物植株茎流变化特征与影响因素,提出了基于热平衡原理的包裹式茎流监测探头的适宜布设方法及数据标准化处理技术,分析了设施蔬菜产量形成过程及品质特性在生育期内的变化规律,探讨了产量及各品质指标与耗水量的关系,确定了基于土壤水分、土壤基质势和冠层累积水面蒸发量的温室作物灌溉控制指标;探明了不同空间尺度典型作物的耗水规律及尺度转化主导因子,解析了水热通量变化规律及其对环境的响应特征,探讨了PM模型、双源(SW)模型和双作物系数法(DK)估算温室滴灌番茄需水量的适用条件和不足,构建出总表面阻力模型和混合对流条件下的空气动力学阻力子模型,改进了PM模型和SW模型,并对比分析了3种温室番茄需水量估算模型的适用性和可靠性;建立了温室番茄二维根系生长模型,构建出滴灌条件下温室番茄根区土壤水热动态模拟模型;揭示了灌溉制度对果实品质的内外因联合调控机制,提出以可溶性固形物含量(TSS)表征果实的综合品质指标,并以产量、品质和水分利用效率为评价要素,采用综合评价方法确定了温室作物节水调质高效用水模式。

本书内容系统,结构完整,主要强调设施蔬菜节水调质、增产增效的协调统一,注重理论与实践的紧密结合,可为北方设施栽培科学用水管理提供重要的理论依据和技术支撑,可供黄淮海地区设施蔬菜基层管理部门、相关专业技术人员和规模化种植企业人员阅读,亦可作为农业水土工程、设施园艺栽培及其他相近学科的使用参考书。

本书由中国农业科学院农田灌溉研究所刘浩研究员、李欢欢博士、强小嫚副研究员、宋妮副研究员、宁慧峰副研究员、孙景生研究员和华北水利水电大学龚雪文副教授撰写,全书由刘浩和李欢欢统稿。本书主要撰写人员及分工如下:第1章由刘浩、孙景生撰写;第2章由刘浩、李欢欢、龚雪文撰写;第3章由李欢欢、强小嫚和宋妮撰写;第4章由李欢欢、刘浩和宁慧峰撰写;第5章由龚雪文、刘浩和宁慧峰撰写;第6章由刘浩、李欢欢和宋妮撰写;第7章由龚雪文、强小嫚和宋妮撰写;第8章由龚雪文、李欢欢和强小嫚撰写;第9章由刘浩和李欢欢撰写。

感谢国家自然科学基金项目"滴灌灌水频率对温室番茄生育及水分利用的影响"(51009140)、"温室蔬菜需水特性与优质高效灌溉指标"(50779071)、"节水减氮对温室番茄品质及水氮利用调控机制"(51779259)及国家"十二五"863计划子课题"作物生命需水过程控制与高效用水生理调控技术及产品"(2011AA100502)给予本书的研究资助;感谢农业农村部作物需水与调控重点实验室、中国农业科学院新乡综合试验基地等单位提供了研究平台。本书在撰写过程中得到许多专家和学者的大力支持和帮助,在此一并表示感谢!

由于研究者水平和研究时间有限,本书内容只涉及了主要蔬菜作物,且未能全面涵盖全部灌溉控制技术措施和方式,也难免出现疏忽和不足,敬请读者批评指正。

作　者

2022年7月

目 录

第1章　绪　论

1.1　研究背景与意义

设施农业指采用人工技术手段,通过改变自然光温条件,创造优化作物生长的环境因子,使之能够全天候生长的设施工程,是一种集约化农业模式。面对全球气候极端变化、人口老龄化、水资源短缺等突出问题,发展设施节水集约型农业模式,是解决这些问题的有效手段。近年来,我国以日光温室为主体的设施农业凭借节水高产、高效节能的优势得到迅速发展,截至2014年,我国设施蔬菜种植面积接近386万hm^2,仅在华北地区种植面积超过6.7万hm^2。随着人口增长、耕地资源减少、极端气候变化加剧、不确定因素攀升、农业劳动力短缺、农村老龄化等问题的日益突出,设施栽培因其不仅具有抗灾害的能力,还可以提高农作物的产量及土地的利用率和产出率等优势逐步受到青睐。此外,随着设施生产水平和人民生活水平的提高,节水理念与食品安全已成为人们重点关注的话题,生产者的观念也逐渐由传统丰水丰产型向节水优质高效型转变。因此,未来设施农业的发展必将朝着绿色、安全和高效的方向迈进。

目前,消费者越来越多地抱怨园艺产品失去了原有的风味。我国的蔬菜生产也正处于由产量型向质量型转变的时期,加强蔬菜产品品质影响因素及提高途径方面的研究工作十分必要。水、肥、气、热是影响设施作物生长发育、生产力水平提高和品质改善的重要物质基础,过去对蔬菜品质的研究主要集中在施肥对蔬菜品质的影响上,特别是氮素对蔬菜品质的影响研究较多。然而,灌溉水是一切生物维持生命不可或缺的因素,更是维持设施作物生命健康水分需求的主要来源。由于蔬菜作物生物学产量高、生长速度快、组织柔嫩、生长期间水分消耗量大,加之大多蔬菜作物的根系分布较浅,对土壤水分吸收、利用能力差,所以生产过程中对水分管理要求较高。但长期以来,设施蔬菜生产过程中用水管理一直沿用传统经验管理模式,不合理的灌溉不但对作物生长发育不利,还将导致水资源浪费,造成设施内湿度加大,作物易落花落果或形成畸形果、商品产量不高、品质及水分利用效率不高,以及土壤盐渍化加重等问题(Wu et al.,2021),从而影响设施农业的健康发展。因此,合理灌溉对蔬菜的整个生育期都至关重要,水分的供给量、供给方式、供给时期以及生长过程中出现的水分亏缺、水分过剩和土壤水分波动太大都会对蔬菜的产量及品质产生影响。灌水量过高会导致减产,而灌水量不足会引发水分亏缺而减产,合理灌溉制度的制定是高产优质的关键。

蒸发蒸腾量(ET)是用于制定合理灌水制度的关键指标,研究表明,农田系统中有超过99%的灌溉水用于ET消耗。ET是指植被及地面整体向大气输送的水汽总通量,是水分平衡的主要分量,主要包括土壤蒸发和植物蒸腾。另外,ET 在水循环中起着重要作用,既是水量平衡和能量平衡的重要组成部分,又与一切植物生理活动紧密相连,因此 ET 涉及物理、化学和生物等多个过程。ET 作为水文和生物过程的重要连接因子,是衡量生态系统生产力的重要指标。ET 的研究也一直是农学、气象学、水文学、土壤学、生态学以及自然地理学等多学科共同关注的话题,几乎有关农业、林业和水资源的问题研究,都离不开 ET 的计算与分析。因此,全面了解 ET 发生规律,构建合理的 ET 估算模型,对于节水农业的发展、加强水资源集约管理、水分利用效率的提高和生物量的模拟预测,均具有重要的现实意义。

2012 年国务院印发《国家农业节水纲要(2012—2020 年)》指出,随着全球气候变暖,我国旱灾发生频率越来越高、范围越来越广、程度越来越重,干旱缺水对农业生产的威胁也越来越大,旱情已成为影响粮食和农业生产发展常态,农业可持续发展面临严重威胁。党中央高度重视节水农业工作,近几年出台了一系列扶持政策推进节水农业的发展,强调要推广具有自主核心知识产权的智能控制和精量灌溉装备。黄淮海平原是我国重要的蔬菜作物生产基地,也是《国家农业节水纲要(2012—2020 年)》中确定的重点区域。因此,研究日光温室种植条件下番茄的需水规律,以及节水灌溉对蔬菜产量和品质的影响,不仅能为制定科学合理的灌溉制度,提高日光温室番茄的用水管理水平提供理论依据,还可促进日光温室番茄节水灌溉的发展,提高水分利用效率,实现日光温室番茄的优质高产生产,这对提高日光温室水、肥、气、热条件的管理与利用水平,促进日光温室蔬菜生产的持续稳定发展,调整农业产业结构,提高农民生产收入都具有重要意义。

1.2 国内外研究动态

1.2.1 土壤水分对设施蔬菜生理生态的影响

株高、茎粗、叶面积等信息是反映植株生长状况的重要指标。不同生育期植株的株高、茎粗和叶面积既取决于作物自身的遗传特性,也受到气象状况、土壤水分、养分等环境条件的影响。基于植株生长发育指标的重要性,近年来国内外许多学者就土壤水分状况对蔬菜生长发育指标的影响做了大量研究。高方胜等(2005)用盆栽试验研究得出,番茄株高、茎粗、干物质重均随土壤含水率的增加而增大。诸葛玉平(2004)利用张力计监测土壤水分吸力的变化,以灌水时 30 cm 土层的土壤水分吸力表示渗灌灌水下限,研究灌水下限为 10 kPa、16 kPa、25 kPa、40 kPa 和 63 kPa 时的水分处理对塑料大棚番茄生长的影响,结果表明,番茄株高、生物量均随灌水下限的增大而减小。Harmanto 等(2005)研究表明,水分严重亏缺和水分过大都会制约番茄生长,适宜水分处理番茄株高和叶面积最大(75%ET_c),田义等(2006)通过不同土壤水分控制下限对地下滴灌条件下温室番茄株高和茎粗的影响研究中也得出相同结论。综上所述,目前有关土壤水分状况对温室作物生长发育指标的影响研究主要有以下两种结论:一是作物生长发育指标随土壤含水率(或灌水量)的增加而增大;二是生长发育指标对土壤水分响应存在阈值,超过了这个值也不利于作物生长发育。

蔬菜汁多、细嫩,与其他作物相比,水分在蔬菜的整个生长动态和生理活动过程中起到更为重要的作用,对蔬菜产量和品质的影响也更为直观。许多植物受到干旱逆境后,各个生理过程均受到不同程度的影响。水分胁迫使得作物的光合速率、蒸腾速率以及气孔行为等均发生了不同程度的变化,进而影响到光合产物的积累、转运及分配,最终影响到产量水平。气孔是植物叶片与外界进行气体交换的主要通道,可以根据环境条件的变化来调节自身的开度而使植物在损失水分较少的条件下获取最多的 CO_2。当气孔蒸腾旺盛、叶片发生水分亏缺或土壤供水不足时,植物受到水分胁迫后,气孔导度和 CO_2 同化率都降低,甚至气孔关闭,影响 CO_2 和水汽的进出,进而影响光合和蒸腾;当供水良好时,气孔张开,以此机制来调节植物的蒸腾强度。作物会通过自身调节使 CO_2 的吸收和水分散失达到最佳状态,气孔导度随光强的增加而增大,随叶片表面 CO_2 浓度的增加而减小。有关研究发现,水分胁迫条件下的叶片水势和气孔导度都减小,叶片水势随水分胁迫的进行而逐渐下降,胁迫初期的水势下降较为缓慢,但随胁迫时间的延长或胁迫加剧时,叶片水势下降幅度增大。当土壤水势低于临界值时,气孔开度减小或关闭,使蒸腾速率降低以减少水分散失。蒸腾量的减少使养分的运输与传导受到抑制,导致干物质积累减少,不利于番茄果实的膨大,使果实的单果重减小,产量降低(Ho,1999)。因此,如何对根区土壤水分进行调控,充分利用植物气孔开度可调节功能,以使植物叶片气孔保持最优开度,在不影响光合作用进行的同时,减少蒸腾失水,促进营养物质向收获物中运转,已成为当前生物节水领域研究的热点。

光合作用是作物的一项最基本也是最重要的生理功能,因其进行光合产物的积累影响到器官生长发育及功能发挥等各方面,所以作物在不同土壤水分条件下,水分利用率悬殊。丁兆堂等(2003)研究表明,土壤水分对番茄光合作用的影响极为显著,当土壤含水率降至田间持水量(θ_F)的70%以下时,光合速率迅速下降;当土壤含水率降至30%θ_F时,番茄的光合速率比70%θ_F 土壤含水率减小了80%。有关研究结果表明,光合速率对土壤水分的反应存在阈值,土壤水分超过阈值后叶片光合速率出现下降;而蒸腾速率随土壤水分的增加而增大,且速度快于光合速率,导致水分利用率的下降(陈玉民等,1995)。因此,研究土壤水分状况对蔬菜作物光合速率、气孔导度、蒸腾速率等生理指标的影响,可以明确土壤水分状况与各生理指标之间的关系以及各指标之间的相互关系,为进一步明晰土壤水分状况对蔬菜产量及品质的影响奠定理论基础。

1.2.2　灌水方式和灌水量对设施蔬菜产量与品质的影响

近年来,随着保护地生产水平的提高,日光温室蔬菜生产在改进原有地面灌水技术的基础上,引进了滴灌、渗灌、微喷灌、无压灌溉等先进灌水技术,这些技术得到了较快的推广与普及。同时,保护地灌溉技术及其相关理论的研究也取得了一定的进展。与传统的畦灌、沟灌等灌水方式相比,滴灌、渗灌(地下滴灌)等灌水技术除显示出节水、省工、操作简便等优点外，还具有降低温室内空气的相对湿度，减少病虫害发生，提高蔬菜作物产量和品质的功效（高新昊等，2004），可使番茄的产量、可溶性固形物含量和大小增加。采用地面覆盖技术可有效地改善黄瓜瓜条品质，增加黄瓜的干物质、可溶性糖、维生素C（又叫抗坏血酸，简称VC）和可溶性蛋白含量及游离氨基酸总量（翟胜等，2005）。在温室中采用无压灌溉，与沟灌相比并不降低作物产量，且能够提高作物水分利用率和水分生产率，使黄瓜、番茄的维生素C、可溶性糖、总糖和无机磷含量明显提高，具有以水调质的功效（陈新明等，2006）。毛学森等（2000）对比分析了日光温室滴灌、膜下沟灌和畦灌3种灌水方式对黄瓜产量和品质的影响，试验结果表明，滴灌比畦灌增产33%，粗蛋白含量和可溶性糖含量增加4%；与膜下沟灌相比，增产17.6%，粗蛋白含量增加24%，可溶性糖含量增加2.8%。诸葛玉平（2004）研究发现，不同渗灌管埋深（20 cm、30 cm和40 cm）不仅影响番茄的产量，而且影响了果实的外观品质，平均果重、平均果径、裂果比率和畸形果比率等几个指标都以埋深30 cm处理最好，经济效益最高。因此，不同灌水方式不仅影响蔬菜作物的生长发育、产量及水分利用效率，而且影响蔬菜的品质。采用滴灌等先进的灌水技术，不仅可以提高蔬菜的产量和水分利用效率，还可以提高蔬菜产品的品质。

一般来说，含水率降低，植物体内的纤维素就会发达，产品组织开始硬化，苦味产生，从而影响品质；含水率过多时，糖、盐的相对浓度就会降低，蔬菜风味变淡，耐贮性、抗病性降低，产量和效益降低（毕宏文，1997）。灌水增加了产量，却降低了果实内糖、有机酸等可溶物的含量（Brecht et al.，1994）。黄瓜产量随灌水量的增加而增加，灌水利用效率则随之减少，黄瓜品质有下降的趋势，表现在超量灌溉含水率最高，其可溶性糖、粗蛋白含量最低（王新元等，1999）。李清明（2005）研究表明，在温室黄瓜初花期采用不同土壤灌溉上限处理对温室黄瓜的品质影响显著，90%田间持水量灌溉上限处理较为理想，根瓜的还原糖含量、可溶性总糖含量、维生素C含量、可溶性蛋白含量均比70%、80%和100%田间持水量灌溉上限处理大。桑艳朋等（2005）研究表明，土壤保持在田间持水量的70%~80%，较适合甜瓜地上部分和地下部分的生长，有利于甜瓜生育期进行光合作用，故最有利于甜瓜可溶性固形物和维生素C的积累，若土壤水分保持在田间持水量的60%~70%，甜瓜因灌水量过小而影响营养生长和生殖生长，从而也影响了甜瓜可溶性固形物和维生素C的积累，但水分过高（田间持水量的80%~90%）会造成甜瓜徒长，从而造成可溶性固形物和维生素C降低。

水分对番茄果实中酸和可溶性固形物有稀释作用，总酸和可溶性固形物含量随灌水量的增加而减少，灌水过高或过低都不利于番茄果实的着色，同时也降低了番茄维生素C含量（高新昊等，2004）。Branthome等（1994）在法国利用滴灌方法，研究了灌水指标分别为田间最多水分蒸散量（MET）的0.7、1.0、1.3时对加工番茄产量及品质的影响表明，当灌水量为1.0MET时，产量最高，但番茄果实着色、酸度、可溶性固形物等指标却以0.7MET时最佳。Machado等（2005）采用滴灌方法研究了灌水指标分别为蒸发蒸腾量（ET_c）的0.6、0.9、1.2时对番茄产量和品质的影响，研究表明，番茄果实可溶性固形物含量和pH值随灌水的增加而减少，而产量却以灌水为1.2ET_c时最佳。因而，蔬菜的品质与土壤含水率关系密切，土壤含水率过高或过低，都不利于代谢产物向蔬菜的运输和积累，并最终影响蔬菜的品质。

已有研究表明，水分胁迫下蔬菜作物的光合速率下降，产量也随之下降，但适度水分胁迫能够提高蔬菜的营养品质（Estrada et al.，1999）。Boutraa 等（2001）研究表明水分胁迫会导致菜豆的产量降低，结荚数减少，而单荚重不受影响。水分胁迫下马铃薯块茎单株产量和收获指数均降低，单株产量与叶水势和收获指数呈显著的正相关（高占旺等，1995）。Baselga（1993）以6叶期幼苗为试材，在水培条件下研究了5%、7.5%和10%聚乙二醇（PEG）水分胁迫对叶片转化酶种类和活性表达及葡萄糖、果糖、蔗糖和淀粉代谢的影响。其结果表明，可溶性酸性转化酶和胞壁转化酶活性随水分胁迫强度的加大而增强，已糖和蔗糖水平提高；持续的强水分胁迫（10%PEG）使转化酶和可溶性糖水平显著增加，而淀粉含量降低。

近年来，国内外开始尝试研究新的灌水技术——亏缺灌溉，即通过适度控制土壤水分给作物一个适中的干旱逆境来提高果实的品质（Pulupol et al.，1996；Favati et al.，2009）。实施亏缺灌溉后，植物的生理、生长都发生一系列的变化来适应水分胁迫，水势降低，自由水减少，蒸腾速率降低，光合产物的代谢和分配也发生变化，果实内糖、有机酸、维生素C等可溶物的含量以及干物质的含量增加（Cahn et al.，2001；Javanmardi et al.，2008），水分利用效率也能得到提高（Costa et al.，2007；Topcu et al.，2007），但普遍伴随着一定程度产量的降低（Zushi，et al.，1998），在水资源紧缺地区是一种行之有效的水分调控措施。齐红岩（2004）和刘明池（2002）报道，亏缺灌溉提高了番茄叶片中葡萄糖和果糖含量，同时提高了果实中的可溶性糖、有机酸的含量及糖酸比，增加了植株的干物质积累，但严重亏缺灌溉可明显影响植株上部果实的生长和干物质积累。Zegbe-Domínguez（2003）研究发现，亏缺灌溉虽然提高了番茄果实可溶性固形物含量（TSS），却降低了果实的含水量，二者呈负相关关系。与充分灌溉相比，在辣椒收获时，亏缺灌溉可使辣椒果实可溶性固形物含量提高21%，且有利于辣椒果实着色（Dorji et al.，2005）。Chartzoulakis 和 Drosos 分别于1995年和1997年研究得出，水分亏缺减少了茄子和辣椒的单株果实数量，而对果实的大小没有影响，水分亏缺可以提高温室茄子和辣椒的可溶性固形物含量，但降低了产量。

综上所述，根区土壤水分状况的大小不仅影响温室作物的产量，而且影响果实的品质，亏缺灌溉势必对作物生长带来不利影响，且研究普遍认为节水可以实现蔬菜作物品质提升的效果，但对产量的影响的研究成果仍存在分歧，分歧主要源于水分的亏缺时间和强度，需进行深入研究和探讨。此外，有关产量、品质和水分的关系只进行了定性研究，而且现有作物——水模型，不论是全生育期用水量还是生育阶段用水量模型，研究主要集中在水分和产量的生产函数上，品质与用水量之间的定量关系研究鲜见，因而有必要进一步探索品质与用水量之间的相互关系。

1.2.3 温室作物蒸发蒸腾测定方法研究进展

我国对蒸发蒸腾量(ET)的相关研究起步较晚,20世纪60年代以来,才开始注重各种ET的测定方法与估算模型研究。目前,温室环境下ET的获取主要有直接测定法和模型估算2种。直接测定法主要包括水文学法(水量平衡法、器测法和零通量面法)和植物生理学法(热脉冲法、热平衡法和热扩散法)。

1.2.3.1 水量平衡法

水量平衡法主要包括器测法和零通量面法。目前,水量平衡法是测定温室ET最常规的一种方法,水量平衡法基于水量平衡和质量平衡原理,通过计算区域范围内水量收入和支出差额来计算作物耗水量,该方法不受区域大小、下垫面状况、天气条件以及土壤水分条件的影响(魏天兴等, 1999),因此只需明确一定区域范围内的降水、灌溉、地下水补给、渗漏量以及土壤水分变化量就可以获得一定时期内作物的耗水量。然而,该方法也存在一些不足:一是不能够准确获取短时期内的作物耗水量;二是不能较好地解释耗水量动态变化过程;三是当径流量和深层渗漏量较大时,该方法往往会受到限制(张和喜等, 2006)。对温室而言,采用水量平衡法计算作物耗水量时无须考虑降水的影响,虽可进一步简化水量平衡法计算步骤,但土壤含水率的准确测定是决定该方法是否精准的关键。就目前而言,土壤含水率的测量方法主要有取土烘干法、中子仪法、时域反射仪法和电导率法。取土烘干法相对烦琐一些,测量耗时耗力,且破坏土壤结构,该方法测量的是一定范围内土壤质量含水率,测量结果相对准确;中子仪法和时域反射仪法具有反复原位测量田间任意深度处的体积含水率,由于这两种方法无须采样,测量速度快精度高,因此应用广泛。但这种方法需要保证土壤与测量管壁接触紧密,否则会产生较大测量误差。电导率法直接将探头埋置于一定深度处,可实现连续定位监测,但测量范围较小,一般为半径5 cm的球体,如EM50等。

器测法主要有蒸渗仪法和蒸发皿法。蒸渗仪法是一种直接测定作物耗水量的方法,可同时测定渗漏量。蒸渗仪分为称重式和非称重式两种,其中称重式蒸渗仪应用最多,通过测量箱体内土体重量的相对变化计算作物耗水量。蒸渗仪的优点:一是能够准确测定短时间内耗水量变化,精度可达0.01~0.02 mm(张和喜, 2006);二是可与土壤水分、盐分、温度等探头联合使用,实现完全自动化监测;三是可与微型蒸渗仪结合使用,测定裸露土壤或作物冠层以下的土壤蒸发量,以区分土壤蒸发和作物蒸腾(张和喜, 2006)。但蒸渗仪也存在一些缺点:一是测量范围小,只能代表一个区域内的作物耗水过程;二是由于铁箱体的热传导效应可能会导致蒸渗仪内作物截获的辐射偏高,引起测量值的偏大,尤其是在下午时段;三是绿洲效应明显,由于蒸渗仪内外作物长势差异,边界效应明显(Young et al., 1997;Allen et al., 2011)。蒸发皿法提供了开阔水面上太阳辐射、风速、温度和湿度等综合影响的测量方法,是反映参考作物蒸发蒸腾量的一种小型观测设备,可间接反映农田的ET变化过程(刘昌明、张喜英, 1998; 刘钰等, 1999)。虽然蒸发皿法反映了一些影响ET的环境特征,但由于蒸发皿中水面的太阳辐射反射率与假设作物参考表面的反射率相差在 23%左右,也会导致测量误差。另外,在蒸发皿内储存的热量也是可以测量的,并且它可能会引起夜间的有效蒸发,而大多数作物只有在白天发生蒸腾作用;蒸发皿的水面与参考作物表面的空气湍流、温湿度之间也存在一定差异,蒸发皿周边发生热量传输可能会影响能量平衡。尽管蒸发皿蒸发和作物表面蒸散存在一定差异,但利用蒸发皿估算 10 d 或更长时间段内的参考作物 ET 是有保证的(Allen et al., 1998; 2011)。

零通量面法是从分析土壤水分运移的势能动力出发,结合土壤物理状况来研究农田 ET 的一种可行方法,通过测量零通量面以上各土壤层储水量变化来计算 ET。当地下水位较高,降雨频繁或作物根系穿透零通量面时,零通量面法的估算精度便会降低。因此,零通量面法的应用还有待进一步研究。

1.2.3.2　植物生理学法

植物生理学法包括热脉冲法、热平衡法和热扩散法,其基本原理都是通过测定热量的扩散速率与茎秆液流的关系来确定植株的蒸腾量。由于植株的茎秆液流量与蒸腾量密切相关,通过测定单株或多株作物的茎秆液流量可获得作物的蒸腾量变化。1932 年 Huber 最早提出使用热脉冲法测定树木木质部的液流速率,20 世纪 70 年代 Cermak 和 Deml 等在利用热脉冲技术测定植株液流速率的研究基础上取得了新进展,提出了茎秆热平衡法,之后 Granier 于 1985 年在热脉冲技术的基础上提出采用热扩散法通过测量茎秆上下两个探针的温度差来计算液流速率(龙秋波、贾绍凤, 2012)。茎秆热平衡法广泛应用于各种茎秆直径规格的植株,后由 Steinberg 和 Baker 对其进行了改进,在较小的木本植物和草本植物中亦得到较好的应用,比较常见的有小麦、水稻、辣椒、玉米和棉花等。该方法的优点是在不破坏植株的前提下可对植株蒸腾量实现连续测量,且精度高,近年来在温室当中的应用逐步增多(Takakura et al., 2009;刘浩, 2010;Villarreal-Guerrero et al., 2012;Qiu et al., 2013)。其缺点:一是只能测定单株植物的蒸腾量,由于植株间的个体差异,可能会导致测量结果的偏差;二是由于植株茎秆的不规则性会导致探头与茎秆之间存在一定空隙,影响测量结果;三是由于该方法采用的是局部加热法,这在一定程度上损伤了植株的茎秆组织,也可能会导致测量结果的偏差。

综上所述,水量平衡法、蒸渗仪法和茎流计法是用于测量温室 ET 的有效方法,考虑水量平衡法应用的局限性,推荐采用蒸渗仪法来测定温室作物的 ET,采用茎流计法测定植株的蒸腾量,并用于验证 ET 模型精度。

1.2.4　温室作物蒸发蒸腾模拟方法研究进展

ET 的估算模型归纳起来主要分为直接估算法和间接估算法,其中直接估算模型又包含了经验性模型和机制性模型,间接估算法主要是以作物系数为主的单作物系数法和双作物系数法。这些估算模型大多是以 Penman-Monteith 方程为基础进行改进或提升,在估算精度上更能满足现实条件,但由于 ET 是一个多而复杂的水分传输过程,因此在求解过程中涉及一些假设条件,所以总有不完善之处。

1.2.4.1 直接估算法

直接估算模型分为经验模型和机制性模型。经验模型主要通过温室气象因子、作物因子以及土壤因子与 ET 进行多元拟合，得到优化方程。如将温室内总辐射、空气温度、冠层温度、加热管道温度、水汽压差与作物蒸腾量进行回归拟合，得到的经验模型（Baas and Rijssel, 2006）；基于作物热量平衡，建立的气温、叶温、湿度与作物耗水量之间的经验模型（Fatnassi et al., 2004）；Baille et al.（1994）通过分析太阳辐射、水汽压差、LAI 与作物耗水量的关系，基于 Penman-Monteith 模型理论建立的简单线性方程；通过建立太阳辐射与冠层水面蒸发的线性关系可较好地预测温室番茄的需水量（Kirda et al., 1994）；刘浩（2010）建立了以气象参数、LAI 和冠层高度为主要参数的温室番茄 ET 经验模型；Pivetta et al.（2010）基于气象因子和作物因子建立了温室甜椒最大耗水量的估算方法；此外，Lake et al.（1966）建立了基于室外日均太阳辐射和水汽压差与室内作物蒸腾量的经验性估算模型。

机制性模型方面，主要以 Penman-Monteith（PM）方程为代表，其表达式如下：

$$\lambda_{ET}=\frac{\Delta(R_n-G)+\rho_a c_p(VPD)/r_a}{\Delta+\gamma(1+r_c/r_a)} \tag{1-1}$$

式中：λ_{ET}为潜热通量，$W \cdot m^{-2}$；Δ 为饱和水汽压随温度变化曲线的斜率，$kPa \cdot K^{-1}$；R_n 为净辐射，$W \cdot m^{-2}$；G 为土壤热通量，$W \cdot m^{-2}$；ρ_a 为空气密度，$kg \cdot m^{-3}$；γ 为空气的比热，$kPa \cdot ℃^{-1}$；VPD 为饱和水汽压差，kPa；c_p 为湿度计常数，$kPa \cdot ℃^{-1}$；r_a 为空气动力学阻力，$s \cdot m^{-1}$；r_c 为表面阻力 $s \cdot m^{-1}$。

该模型综合考虑了作物冠层能量平衡和水汽传输过程，并立足于能量平衡理论和水汽扩散理论，已在设施农作物 ET 的估算中得以应用。Montero et al.（2001）利用盆栽试验研究了高温（36 ℃以上）低湿（VPD 高于 3.4 kPa）条件下 PM 估算温室天兰葵耗水量的适用性，结果表明 PM 模型具有较高的估算精度。针对南方现代化温室，汪小昆等（2002）于夏季、罗卫红等（2004）于冬季采用 PM 模型分别模拟了温室黄瓜的 ET，并针对温室内部气候特点，分析了影响黄瓜蒸腾的主要环境因子，建立了适用于不同季节条件下 PM 模型的主控因子。陈新明等（2007）通过修正空气动力学阻力参数，推导出了适用于温室大棚计算作物蒸腾量的简单方法，并用气象资料进行了验证，结果与实测值比较吻合。刘浩等（2011）以 PM 方程为基础，针对日光温室特定小气候环境，对番茄冠层整体气孔阻力、空气动力学阻力等参数进行了修正，建立了包含气象数据、番茄叶面积指数和冠层高度为主要参数的日光温室番茄蒸腾量估算模型。Qiu et al.（2013a）考虑温室不同对流状况，通过引入热传输系数计算了温室内部空气动力学阻力，结果表明混合对流条件下 PM 模型结合热传输系数能精确预测温室辣椒的蒸腾量。

以上研究成果均是直接应用 PM 模型或考虑温室内特殊环境特点而改变阻力参数的计算模型，另外，基于 PM 模型理论直接估算温室作物耗水量的机制性模型多以改变或增加模型参数为主。其表现在以下几个方面：

(1)考虑不同温室类型(塑料大棚、日光温室、玻璃温室等)的微气象变化,调整或改变PM模型的相应参数,建立适合特定温室环境下作物ET估算模型,如Villarreal-Guerrero et al. (2012)针对高温高湿型温室作物栽培,考虑不同冠层处风速变化特征建立的空气动力学阻力(r_a)子模型,利用Stanghellini和Monteith and Unsworth计算式构建的总冠层阻力模型,这些均是在PM模型基础上进行的改进;Montero et al. (2001)针对高温低湿温室类型,在计算温室内r_a时,通过分析不同对流情况,引入热传导系数(h),建立了精准估算温室天竺葵的蒸腾量模型。

(2)根据冠层不同层次处气象因子调整模型参数,如Morille et al. (2013)针对气象参数的不均匀性,对比分析了不同冠层处气象因子变化对模型精度的影响,最终提出了以PM模型为基础的Penman-Monteith-Modified模型(PMM)。

(3)考虑作物自身生长因素对作物ET的响应建立的作物蒸腾模型,主要是以Stanghellini (1987)为代表,在PM模型的基础上增加了叶面积指数,计算式:

$$\lambda_{ET}=\frac{\Delta(R_n-G)+2\text{LAI}\rho_a c_p(\text{VPD})/r_a}{\Delta+\gamma(1+r_c/r_a)} \tag{1-2}$$

该模型在多个气候区得到认可,戴剑锋等(2006)运用Stanghellini模型很好地模拟了长江中下游Venlo型温室春季和秋季西红柿的蒸腾量,春季番茄蒸腾量模拟值与实测值之间的决定系数为0.97,标准误差为5.50 mm,冬季番茄蒸腾量的模拟值与实测值之间的决定系数为0.99,标准误差为1.21 mm,并运用该模型建立了番茄叶片气孔阻抗与太阳辐射的定量关系。Villarreal-Guerrero et al. (2012)对比分析了Stanghellini、Penman-Monteith和Takakura三种模型在自然通风状况和水汽压力变化条件下估算温室作物ET的精准度,认为LAI在影响冠层阻力、太阳有效辐射方面起着不可或缺的作用,是决定作物ET的主要因素,并认为Stanghellini模型更精确。1993年,Fynn et al. (1993)在Stanghellini模型的基础上,引入冠层面积指数(CAI)对太阳辐射进行了修正,假设空气温度与叶片温度相等,即

$$\lambda_{ET}=\frac{\Delta\text{CAI}(R_n-G)+\gamma[2\text{LAI}\rho_a c_p(\text{VPD})/r_a]}{\Delta+\gamma(1+r_c/r_a)} \tag{1-3}$$

(4)将PM模型与其他模型相结合,简化表面阻力(r_s)和空气动力学阻力(r_a)等较难确定的阻力参数。r_s方面,r_s与叶片气孔阻力(g_c)关系密切,但因g_c较难实时监测,因此建立g_c与其他因子之间的相关模型成为必要手段。如建立g_c与光合有效辐射(PAR)之间的关系(Leuning, 1995),Jarvis模型给出的g_c与饱和水汽压差响应模型(Mardesic, 1972;李仙岳等, 2010; Zhang et al., 2011b),g_c与叶片温度响应模型(于强、王天铎, 1998),大气CO_2浓度($100\leqslant CO_2\leqslant 1\,000$)对$g_c$的响应模型,通过建立土壤水分与$r_s$的相关关系,简化$r_s$的计算过程(Sellers et al., 1992),如利用光谱技术计算的LAI结合PM模型建立的r_s模型(Leuning et al., 2009)等。这些模型和方法不仅简化了r_s的计算过程,而且多数模型可实现连续获取数据的目的。值得注意的是,针对温室条件下r_s的计算大多效仿大田试验研究,且多数仅对冠层阻力进行考虑,忽略了地表阻力对整个表面阻力的贡献。因

此,有必要针对作物不同生育阶段冠层阻力与地表阻力对整个 r_s 的分配关系做进一步研究,建立全生育期 r_s 的估算模型。r_a 方面,主要分直接计算和间接计算两种方法:一种是直接计算,即通过测量参考面的风速 u、作物高度 h、零平面位移 d、粗糙长度 z_0 等指标计算 r_a (Alves and Pereira, 2000; Lovelli et al., 2008; Villarreal-Guerrero et al., 2012; Qiu et al., 2013),由于温室内风速较小,且开棚和闭棚状态下的空气对流条件不同,导致不同状态下 r_a 的变化较大,这种计算作物需水量的方法也存在弊端;另外一种是通过计算温室内能量分布,引入判别温室内空气对流状态的常数项高尔夫数 G_r 和雷诺数 Re,明确不同对流类型条件下 r_a 的计算模式,从而建立估算 r_a 的模拟模型(Montero, 2001; Rouphael and Colla, 2004),然而多数研究仅考虑了室内常规气流分布状态,将气流类型假设为混合对流、强迫对流和自由对流情况,这在一定程度上忽略了特定时刻对流状态下 r_a 对 ET 模拟精度的影响。

此外,Yang et al. (1990)基于太阳辐射因子,建立了温室作物蒸腾量的稳流扩散模型;Stanghellini (1987)提出了基于太阳辐射、叶片水汽压差、叶温和 CO_2 的温室番茄气孔阻力模型,并构建了番茄叶片蒸腾估算模型;Boulard 和 Wang (2000) 建立了基于室外气象参数估算室内作物 ET 的模型。另外,人工神经网络 ANNs 和遗传算法也可以用来模拟 ET (Eslamian, 2012);Priestley-Taylor 模型也常用于温室估算作物的耗水量(Valdésgómez et al., 2009)。

可见,PM 模型是估算温室作物需水量的常用模型,其改进形式主要是通过改变模型中的某些重要参数使模型简单化,如 LAI (Medrano et al., 2005)、空气动力学阻力(r_a)、表面阻力(包含冠层阻力和地表阻力)等,这些参数主要是通过与环境因子或模型建立相关关系实现。因此,采用 PM 模型估算温室作物的需水量依然是未来发展的趋势。然而,温室 ET 估算模型多数情况下未考虑土壤蒸发项,这主要与栽培方式有关,如无土栽培(Villarreal-Guerrero et al., 2012;Juárez-Maldonado et al., 2014)、盆栽(Baille et al., 1994; Rouphael and Colla, 2004; Morille et al., 2013)以及地膜覆盖技术(Valdés et al., 2004; Medrano et al., 2005)等,由于这些栽培方式不涉及土壤部分或土壤表面覆膜之后忽略土壤蒸发项。无土栽培和盆栽与常规种植相比,ET 模型所涉及的阻力参数计算方法明显不同(是否考虑土壤表面阻力等)。此外,地膜覆盖技术会导致部分农膜残留于土壤中,破坏土壤结构,影响作物正常生长,近几年在温室中的应用逐年减少,且地膜覆盖条件下依然存在土壤蒸发(Ding et al., 2013; Li et al., 2013)。可见,对 ET 模型的改进势在必行,而精确估算温室常规种植条件下的 ET 依然是未来研究的热点。

综上所述,直接估算法有两大发展趋势,一是针对温室内作物生育周期考虑地表蒸发和作物蒸腾两部分占总耗水量的比例,明确影响各部分水通量的主控因子(包括作物自身、土壤水分、环境因素等),尤其是不同生育期地表遮荫率不断变化条件下。针对日光温室种植模式,裸露土壤与作物冠层变化条件下,能否采用 S-W 模型分别估算不同生育期的土壤蒸发和作物蒸腾还有待研究。二是利用温室外气象资料准确估算室内作物 ET

也是未来研究的热点之一。目前,多数温室作物耗水模型的研究均来自室内气象数据,虽也有关于利用温室外气象资料估算室内作物耗水量的相关报道,但理论基础及最终模型的结构比较复杂(Lake et al., 1966; Boulard and Wang, 2000)。因而,构建基于室外气象资料估算室内作物耗水量估算模型也是未来研究的热点。

1.2.4.2 间接估算法

间接估算法通过计算作物系数与参考作物蒸发蒸腾量的乘积获得实际 ET,作物系数分为单作物系数法和双作物系数法。在单作物系数法中,把土壤蒸发和作物蒸腾的影响结合到单作物系数 K_c 中,这个系数把作物与参照作物之间的土壤蒸发和作物蒸腾结合在一起。由于降雨或灌溉的影响,土壤蒸发每日波动,所以单作物系数只能表示作物腾发量时间平均影响(多日)。在双作物系数法中,分别确定了作物蒸腾和土壤蒸发的影响,应用了 2 个基本参数,即基本作物系数(K_{cb})用来描述作物蒸腾,土壤蒸发系数(K_e)用来描述土壤蒸发,这 2 种方法的计算公式可采用式(1-4)和式(1-5)表示:

$$\mathrm{ET}=K_c\mathrm{ET}_0 \tag{1-4}$$

$$\mathrm{ET}=(K_sK_{cb}+K_e)\mathrm{ET}_0 \tag{1-5}$$

式中:ET_0为参考作物蒸发蒸腾量,mm;K_c为综合作物系数,与作物种类、品种、生育期和作物群体叶面积指数有关,是作物自身生物学特性的反映;K_{cb}为基础作物系数,被定义为表层土壤干燥而根区平均含水率不构成土壤水分胁迫条件下 ET 与 ET_0的比值;K_s为土壤水分胁迫系数,主要和田间土壤有效水分有关,当土壤供水充足时,$K_s=1$;K_e 为表层土壤蒸发系数,它代表了作物地表覆盖较小的幼苗期和前期生长阶段中,除 K_{cb}中包含的残余土壤蒸发效果外,在降雨或灌溉发生后由大气蒸发力引起的表层湿润土壤的蒸发损失比。

ET_0的计算,主要有以下几种方法:

(1)FAO 24 Penman 方程(Doorenbos and Pruitt,1977),可用式(1-6)计算:

$$\mathrm{ET}_0=c\left[\left(\frac{\Delta}{\Delta+\gamma}\right)0.408R_n+\left(\frac{\gamma}{\Delta+\gamma}\right)2.7(1+0.01u)(e_s-e_a)\right] \tag{1-6}$$

式中:c 为根据风速、相对湿度和太阳辐射进行调整的系数。

(2)FAO 24 辐射模型(Doorenbos and Pruitt,1977),可用式(1-7)计算:

$$\mathrm{ET}_0=b\left(\frac{\Delta}{\Delta+\gamma}\right)R_s-0.3 \tag{1-7}$$

式中:b 为根据日平均风速、相对湿度和太阳辐射进行调整的系数。

(3)FAO 24 蒸发皿蒸发量计算模型(Doorenbos and Pruitt,1977),可用式(1-8)计算:

$$\mathrm{ET}_0=K_pE_0 \tag{1-8}$$

式中:K_p为蒸发皿系数;E_0为蒸发皿蒸发量,mm · d^{-1}。

(4)Hargreaves 方程(Hargreaves and Samani, 1985),可用式(1-9)计算:

$$\mathrm{ET}_0=0.002\,3R_a\tau(T_{max}-T_{min})^{1/2}(T+17.8) \tag{1-9}$$

式中:R_a为天顶辐射,mm · d^{-1};τ 为温室透过率;T、T_{max}和 T_{min}分别为日平均气温、最高气温和最低气温,℃。

(5)PrHo 模型(Bonachela et al., 2006),主要通过温室外的太阳辐射和温室内最大温度日均值和最小温度日均值计算,ET_0模型运用包含温室外总辐射值(G_0, $mm \cdot d^{-1}$)和温室透过率系数(τ)的一个辐射模型估算温室内 ET_0,可用式(1-10)计算:

$$\begin{cases} ET_0=(0.288+0.001\ 9JD)\times G_0\times\tau & JD\leqslant 220 \\ ET_0=(1.339-0.002\ 88JD)\times G_0\times\tau & JD>220 \end{cases} \tag{1-10}$$

式中:JD 为儒略日。

(6)FAO56 Penman-Monteith 方程(Allen et al., 1998),可用式(1-11)计算:

$$ET_0=\frac{0.408\Delta(R_n-G)+\gamma\dfrac{900u}{T+273}VPD}{\Delta+\gamma(1+0.34u)} \tag{1-11}$$

由于温室风速较低,尤其是在通风口关闭条件下,室内风速接近于零,因此 Fernandez et al. (2010, 2011)引入空气动力学阻力为 295 $s \cdot m^{-1}$估算温室的 ET_0,采用式(1-12)表示:

$$ET_0=\frac{0.408\Delta(R_n-G)+\gamma\dfrac{628}{T+273}VPD}{\Delta+1.24\gamma} \tag{1-12}$$

在作物系数确定方面,Abedi-Koupai et al. (2011)利用微型蒸渗仪确定了温室黄瓜、番茄和辣椒在幼苗期、花果期、盛果期和采摘期的 K_c,黄瓜分别为 0.41、0.69、0.98 和 0.77,番茄分别为 0.44、0.68、1.15 和 0.68,辣椒分别为 0.25、0.53、1.03 和 0.75;Razmi 和 Ghaemi (2011)探讨了地中海地区玻璃温室番茄 K_c的变化,以及水分亏缺对 K_s的影响,认为 K_c在花果期、盛果期和采摘期分别为 0.85、1.0 和 0.77,全生育期 K_s在 0.53~0.98 间变化,灌水时间间隔从 4 d 延迟到 8 d 时,K_s从 0.88 减小到 0.72;Qiu et al. (2013) 等针对温室番茄不同种植密度,通过引入密度系数(K_d),分析了种植密度对 K_c的影响。综合以上研究可以发现,多数研究缺乏对土壤蒸发系数的考虑,虽然邱让建等(2015)、石小虎等(2015)基于 SIMDualKc 模型对温室番茄土壤蒸发进行了讨论,但由于试验是在地表覆膜条件下进行的,较难反映常规种植条件下土壤蒸发和作物蒸腾的分配关系。因此,需针对日光温室常规种植模式,考虑土壤蒸发条件下,探讨温室作物在不同生育阶段不同水分状况下基础作物系数、土壤蒸发系数和水分胁迫系数的变化规律,以便更好地为日光温室作物灌溉管理提供理论依据。

1.2.5 根系吸水和土壤水热耦合模型研究进展

根系吸水是土壤-作物系统中水分传输的纽带,也是研究土壤水分运动的关键,作物根系吸水模型的建立对进一步研究作物水分和养分吸收、转化、干物质形成、累积和分配提供了较好的理论支撑,明确根系吸水规律对研究土壤水分运动、调控根区土壤水分分布以及制订灌溉计划具有重要意义。根区水热传输与转换的研究,是地表能量转化和物质迁移的重要内容,适宜的根区水热状况对作物根系生长、产量形成以及品质提升至关重要,同时也是整个农田生态系统的重要组成部分。因此,采用数值方法对根区水热传输进行定量化研究与模拟具有现实意义。

1.2.5.1　作物根系吸水模型研究进展

作物根系的吸水机制主要有两种,一是蒸腾作用较弱条件下由离子主动吸收和根内外水势差主动吸收,也称为渗透流;二是在蒸腾作用下土根水势差产生的被动吸水(吉喜斌等, 2006)。根系吸水受多方面因素的影响,主要环境因素是土壤水分的有效性、土壤溶液浓度、土壤温度、土壤通气状况和大气因素等。目前,对根系吸水模型的研究主要分为微观模型和宏观模型 2 种。微观模型方面,假定单根无限长、半径均匀和具有均匀吸水特性的圆柱体,该模型由 Gardner (1960)首次提出,此后许多学者对单根吸水模型进行了研究和改进。1965 年 Cowan (1965)提出了单根吸水模型的解析模型,假定水分在一个土壤柱体内均匀流向植物根系,并维持一恒定流;Raats (1975)考虑盐分胁迫对根系吸水的影响,并对单根吸水模型进行了改进;Molz(1976)将根系吸水条件下土壤中水分向根表面的流动和水分在根组织内的流动联系起来,从而考虑了根的水力特性,提出了土-根系统水流运动模型; Herkelrath et al. (1977) 考虑了土-根界面相互作用效应对根系吸水的影响。微观模型的发展为根系吸水模型的建立奠定了基础,但在实际应用时难以把握微观根系的发展规律,导致微观模型发展受限,从而使人们开始更多地关注宏观模型及其改进形式。

宏观模型方面,根据建模所考虑的主导因子和建模方式的不同,主要有电路原理模型、蒸腾权重原理模型和水动力学原理模型(吉喜斌, 2006)。

(1)电路原理模型。如 Cowan 模型 (Cowan, 1965)、Hillel 模型 (Hillel et al., 1976)和 Rowse 模型 (Rowse et al., 1978)等。由于电路原理模型需要准确确定根水势、根系和土壤对水流的阻力等较难确定的参数,因而应用受到限制。

(2)蒸腾权重原理模型。这类模型是将蒸腾量在根系层按一定的权重进行分配后,建立起来的根系吸水函数,模型的权重因子通常选取土壤水分、土水势、导水率、扩散率以及根系密度函数等,大多模型具有较强的经验性,但应用却比较广泛。根据其对植物蒸腾项的处理又可分为线性模型、非线性模型和指数模型,线性模型主要是经验性地强调根系吸水强度随土壤剖面的线性变化,即将植物蒸腾量在根系土壤剖面上进行线性分布处理,主要有 Molz-Remson 模型 (Molz and Remson, 1970)、Feddes 模型 (Feddes et al., 1976),其中 Feddes 模型应用最为普遍,该模型假定根系密度近似均匀分布,根系吸水速率不随深度的变化而改变。之后 Hoogland et al. (1981)、Prasad (1988)、Van Genuchten and Gupta (1993)、Homaee et al. (2002)等对其进行了改进并建立了关于根系长度分布的线性模型。非线性模型是通过对植物根系在空间上的分布模式进行处理的,代表模型主要有 Molz 模型 (Molz, 1981)、Chandra-Amaresh 模型 (Chandra and Amaresh, 1996)、罗毅模型 (罗毅等, 2000)等。指数模型是将根系密度随深度的关系拟合为指数函数关系式,如 Raats 模型 (Raats, 1975)和 Novak 模型 (Novák, 1987),之后根据不同水分状况、植被类型等对根系吸水模型进行了探索与改进，如邵明安等（1987）根据植物根系吸水的物理过程，提出了一个能反映根系吸水机制的宏观数学模型；姚建文（1989）根据土壤含水率预测了根系吸水数学模型；康绍忠等（1992）建立了冬小麦根系吸水模型；邵爱军和李会昌（1997）根据野外条件建立了水分胁迫条件下基于作物潜在蒸腾速率、土壤有效水分和根系密度的根系吸水模型。

（3）水动力学原理模型，1960 年 Gardner（1960）首次提出采用水动力学原理构建单根吸水模型的设想，之后 1964 年 Gardner（1964）成功地提出了基于水分物理参数和根系密度的根系吸水模型，1968 年 Whisler et al.（1968）对水动力学根系吸水模型求解出了各自的解析模式，从此开创了求解整个根系吸水函数的宏观模型法，1970 年 Molz 和 Remson（1970）提出将 Darcy-Richards 方程与根系吸水函数进行耦合，建立了一个综合土壤水动力学模型，2001 年左强等（2001）利用数值迭代反求法求解了植物根系吸水速率，并于 2003 年（左强等，2003）对这种方法进行了验证与应用。

综上所述，微观模型用于分析根系吸水机制、根水势和土水势的关系以及蒸腾条件下土壤水分变化特点具有一定作用。但导水率在非饱和流中随吸力变化且不同土壤层的土壤性质也不相同，所以不能将这种理想化的模型应用于宏观整个根系吸水系统中。相比而言，宏观模型以单株或群体根系为研究对象，通过引入根长密度和根系吸水强度等参数，将单根吸水模型扩展到群体尺度上，使宏观模型的应用更为广泛。

1.2.5.2 土壤水热耦合模型研究进展

土壤水热耦合模型的研究是 20 世纪 50 年代在等温水分运动模型的基础上发展起来的，对土壤水热运移及转换的研究是地表能量转化和物质迁移的重要内容，也是陆面过程研究的重点。1957 年 Philip 和 De（1957）将土壤蒸发看作土壤内部能量与水分交换共同作用的结果，建立了非等温条件下水、气、热耦合运移理论，并提出了液态水和气态水的运动模型；1958 年 De Vries（1958）对前期理论进行了改进，提出了改进的水分与热流通量方程；1975 年，Raats（1975）在均质土壤条件下，根据质量和能量守恒定律，建立了以土壤水分为因变量的非恒温、非饱和土壤水热联合运动方程；1982 年，Milly（1982，1984）对 Philip 模型做了改进，用土水势替代土壤含水率，修改后的模型更能够适用于非均匀土壤；1983 年，林家鼎和孙淑芬（1983）通过对裸地土壤水分运动、低温分布以及土壤蒸发的研究，得出了计算土壤水分和温度变化的物理模型计算式；1987 年，孙菽芬（1987）提出了土壤液、气相水流在水热梯度共同作用下的运动模型，发展了耦合模型；1989 年和 1992 年 Nassar（1989，1992）基于 Philip 模型，利用水、热、盐运移方程（Darcy，Fourier 和 Fick 定律）以及连续方程，建立了水、热、溶质三者耦合运移模型；郭庆荣和李玉山（1997）提出了非恒温条件下土壤水热耦合运移数学模型；任理（1998）建立了二维土壤水热迁移数值模型；孟春红和夏军（2005）建立了能够描述作物生长期田间水热状况、作物蒸腾规律的动态耦合模型。在数值模拟方面，Hydrus 2D 模型在国内外的应用比较常见，Hydrus 软件是美国农业部盐渍土实验室开发的模拟非饱和土壤中水、热、溶质运移的软件。Hydrus

2D软件能很好地模拟滴灌、地下滴灌、沟灌、负压灌溉以及立体种植膜下滴灌等多种灌水方式下的土壤水分运动以及溶质运动规律。Hydrus 2D软件带有根系生长子模块,但认为根系在土壤中的分布为均匀或线性变化,由于土壤结构本身的变异性和根系生长的向水性,根系并不是均匀分布的,这就影响了Hydrus 2D的模拟精度。之前的研究较少或未考虑根系吸水对土壤水分运移的影响,尤其是在温室蔬菜作物方面的研究更是少见。因此,有必要针对温室作物考虑根区根系分布特征,编制一套适合温室特定环境下的土壤-作物系统水热传输模拟软件,以提高土壤根系层水热动态变化的模拟精度。

1.3 需要进一步研究的问题

从以上国内外研究动态来看,土壤水分调控对设施典型蔬菜生长、生理生态指标以及产量和品质等方面进行了大量研究,但在全球气候变化和极端天气不断加剧的背景下,深入研究设施典型蔬菜植株生长、产量和品质形成的关键期以及作物的需水规律,确定高产高效的灌溉控制指标,构建不同环境条件下的蒸散发模拟模型,提高设施作物耗水过程的模拟精度,制定节水调质增产高效的灌溉模式,对于推进设施农业节水建设具有重大意义。尽管国内外学者在设施作物生长、产量和品质形成、耗水过程与模拟、根区水热运移、高产高效灌溉控制指标等方面进行了大量研究,但目前仍存在以下问题需要进一步探讨:

(1)设施典型蔬菜是营养生长和生殖生长同步进行的典型作物,不同生育阶段土壤的水分状况、生育期内的灌水频率和灌水量对设施典型作物生长的影响不同,且产量和品质的形成过程是植株的各个器官相互协调的过程,一定产量应有一定的生长作为基础,而不同生长阶段不同程度的水分亏缺程度、不同灌水频率和灌水量对设施典型蔬菜产量和品质的形成影响角度和程度是不同的。然而目前的研究大多集中在全生育期不同灌溉水平对设施典型蔬菜生长的影响,且不同生育阶段植株生长、产量和品质的形成对水分的敏感程度不同。因此,有必要进一步开展不同生育阶段土壤水分状况、生育期内灌水频率和灌水量对设施典型蔬菜生长的研究,探明水分调控对设施典型蔬菜生长的影响机制。

(2)需要确定温室滴灌条件下设施典型蔬菜高产高效的灌溉控制指标。以往种植者为了追求经济效益,大多沿用传统的大水漫灌灌溉模式,但盲目的过量灌溉不仅不能高产,还会导致温室内湿度过大引起病虫害,且会造成水资源浪费,生产中为了更加精准地控制灌溉以实现设施典型蔬菜节水增产高效的目标,尚需考虑作物生长、耗水规律、产量和水分利用效率等综合最优的灌溉控制指标。

(3)考虑地表土壤蒸发条件下,对设施作物的耗水过程及其主控环境因子的研究还不够深入。温室栽培土壤蒸发不可忽略,土壤蒸发和作物蒸腾共同影响温室内的能量平衡和水汽平衡,明确温室环境因子对二者的响应机制,以及不同生育期的变化特征,深入探讨土壤蒸发和作物蒸腾二者的主控因子,是进一步研究温室作物蒸散发、精细模型的关键。因此,有必要针对设施作物不同生育期的耗水过程及其环境影响因子进行深入研究。

(4)设施作物的土壤蒸发、作物蒸腾和ET的模拟研究有待细化。对农田作物耗水过程的模拟与预测，是科学规划与管理农田用水的基础，由于各种 ET 估算模型与方法通常都有其适用范围和限制条件，因此直接应用于设施环境可能会产生估算误差。因此，有必要对不同 ET 模型进行深入研究，根据自身环境特点对其改进，尤其是敏感性较强的参数，以评定和推荐适合于当地温室环境的 ET 估算模型和预测方法。

(5)温室滴灌条件下，作物根区水热动态变化及其与大气蒸发潜力等因素之间的定量关系需进一步探讨。土壤水热模拟软件较多，通常这些软件较难获取源代码，不能结合作物根系吸水特性或自身需求定量模拟，尤其是在大气蒸发潜力、根系吸水等边界条件设置方面。因此，有必要利用计算机仿真技术结合数值求解方法对土壤-作物系统水热传输进行建模和求解，以实现作物根区土壤水热的动态模拟。

(6)传统的灌溉管理模式，一般是以作物产量和水氮利用效率最大或损失最小作为优化目标，但随着消费者对番茄品质的要求和国家对高效绿色农业发展的要求越来越高，传统的灌溉管理模式已不能适应当前典型蔬菜生产过程中对水的管理要求，需要研究确定一种综合考虑设施典型蔬菜产量、品质和水分利用效率最优的节水调质增产高效的灌溉模式。

第 2 章　试验方案和研究方法

2.1　研究内容与目标

基于目前国内外研究现状,本书以温室番茄为主要研究对象,为确定优质、高产、高效相统一的温室作物适宜土壤水分控制指标,提出相应灌溉模式,制定以下主要研究内容:

(1)水分亏缺对温室典型蔬菜作物生理生态指标的影响。研究滴灌条件下不同生育时段水分亏缺及同一生育阶段不同程度水分亏缺对温室典型蔬菜(番茄、茄子等)株高、茎粗、叶面积等形态指标的动态变化过程,分析不同生育阶段水分亏缺对作物光合速率、气孔导度、蒸腾速率等生理指标的作用,探索各生理生态指标之间的相互关系,阐明不同程度水分亏缺下温室蔬菜的植株生长、生理响应、光合产物累积与运转的主要特性关系。

(2)温室典型蔬菜作物产量及品质对水分亏缺的响应机制。研究不同生育时段不同程度水分亏缺对番茄外观品质、营养品质和储运品质的各项指标及其产量的影响,分析产量形成过程及品质指标在生育期内的变化规律、产量及各品质指标与耗水量的关系。明确亏缺灌溉对果实品质影响的生理基础。通过对各生育阶段不同灌水模式对番茄生长发育、生理特性、产量及品质影响的系统研究,提出温室番茄各生育阶段的适宜土壤水分控制指标和优化灌溉模式。

(3)日光温室内滴灌条件下番茄/茄子的蒸发蒸腾规律。主要研究不同供水条件下温室番茄棵间土壤蒸发变化规律,研究温室番茄植株茎流速率的变化规律,探索影响滴灌条件下温室番茄土壤蒸发和蒸腾的主要因素;通过对番茄各生育阶段的生长状况、土壤含水率和作物水分生理指标的观测,确定番茄的适宜供水条件。研究番茄的需水规律,确定温室番茄的需水关键期,结合温室内气象因子状况,探索日光温室番茄/茄子需水量的影响因素。

考虑地表土壤蒸发条件下,对不同 ET 模型的环境影响因子、关键参数、子模型精度及影响因子等进行系统深入分析,重点对 Penman-Monteith 模型、Shuttleworth-Wallace 模型和双作物系数法进行评价和改进,对模型的适用性进行分析,从而优化模型参数,最终推荐适用于不同环境和水分环境下的温室番茄 ET 模拟模型。

(4)构建适用于温室环境滴灌条件下的土壤水热迁移模型。采用 EM50 土壤水分监测系统、JL-04 土壤温度监测系统、根钻取根法得到不同生育期根区土壤水热动态变化规律和根系二维分布,探讨滴灌条件下温室番茄根、水、热时空分布特征,建立根系分布函数与吸水模型。在此基础上,采用计算机仿真技术结合有限差分法建立并求解温室滴灌条件下的土壤水热迁移模型。

(5)温室番茄适宜灌溉控制指标。通过对各生育阶段不同灌水模式对番茄生长发育、生理特性、产量及品质影响的系统研究,结合蒸散发、土壤水热迁移模型,提出温室番茄/茄子的适宜土壤水分控制指标和优化灌溉模式。

2.2 研究方案

2.2.1 研究方法与技术路线

本书通过分析我国目前设施典型蔬菜存在的问题，通过提出设施蔬菜目前存在的科学问题，以开展试验观测项目和模型模拟方法等相关试验，凝练出本书要具体研究的内容，最终聚焦本书的研究目标，以上相辅相成形成总的技术路线。具体如下：首先，根据目前设施蔬菜产量-品质不协调、灌溉不科学和耗水模型缺乏等存在的现实问题，提出设施典型蔬菜生理生态对不同土壤水分的响应关系，以及温室 ET 模型关键参数和模拟效果差的科学问题。其次，开展不同水分条件下设施蔬菜节水调制高效灌溉调控试验和 ET 模型改进试验，以观测产量-品质、生长发育、生理性能和耗水指标为主，同时以 Penman-Monteith 模型、Shuttleworth-Wallace 模型和双作物系数法改进为辅，确定设施典型蔬菜产量-品质、生长发育、生理性能和耗水量对不同土壤水分的响应关系，以及设施蔬菜耗水模拟等研究内容。再次，结合本书自主研发的 UZFLOW-2D 土壤水热模型软件获得不同水分条件下的根区水热状况，并对不同水分条件下的水热分布进行预测分析。最后，提出适用于不同水分条件下的设施蔬菜节水调质高效灌溉技术模式。具体技术路线如图 2-1 所示。

2.2.2 试验区概况

2.2.2.1 中国农业科学院农田灌溉研究所作物需水量试验场概况

中国农业科学院农田灌溉研究所作物需水量试验场地位于 35°19′N、113°53′E，海拔 73.2 m，该地区多年平均气温 14.1 ℃，无霜期 210 d，日照时数 2 398.8 h。试验所用温室占地 340 m^2(长 40 m、宽 8.5 m)，东西走向，坐北朝南，覆盖无滴聚乙烯薄膜，且温室内没有补温设施。试验地土质为砂壤土，0~100 cm 土层深土壤容重(应为土壤密度，在农学中常称为土壤容重)为 1.38 $g \cdot cm^{-3}$，田间持水量为 24%(质量含水率)，土壤碱解氮、速效磷和有效钾含量分别为 45.3 $mg \cdot kg^{-1}$、3.2 $mg \cdot kg^{-1}$和 91.2 $mg \cdot kg^{-1}$，土壤有机质含量为 31.3 $g \cdot kg^{-1}$，地下水埋深大于 5 m，温室剖面结构见图 2-2。

2.2.2.2 中国农业科学院新乡综合试验基地概况

中国农业科学院新乡综合试验基地位于 35°09′N、113°47′E，海拔 78.7 m，该地区年均降雨量 548.3 mm，年均蒸发量 1 908.7 mm，属暖温带大陆性季风气候，多年平均气温 14.1 ℃，日照时数达 2 398.8 h，无霜期 200.5 d。试验所用温室长为 60 m、宽为 8.5 m，温室内地表下沉 0.5 m，坐北朝南，东西走向，温室顶部和南部均覆盖有无滴聚乙烯薄膜，北墙体和东西墙体内均镶嵌有 0.6 m 厚的保温材料，温室内无其他增温设施。为保持温室内夜晚温度，在无滴聚乙烯膜表面覆盖 2.5 cm 厚的棉被。温室内白天空气温度和湿度主要通过温室顶部、北墙体内和南侧面的通风口控制。为防止主根区土壤水分侧渗的干扰，各小区

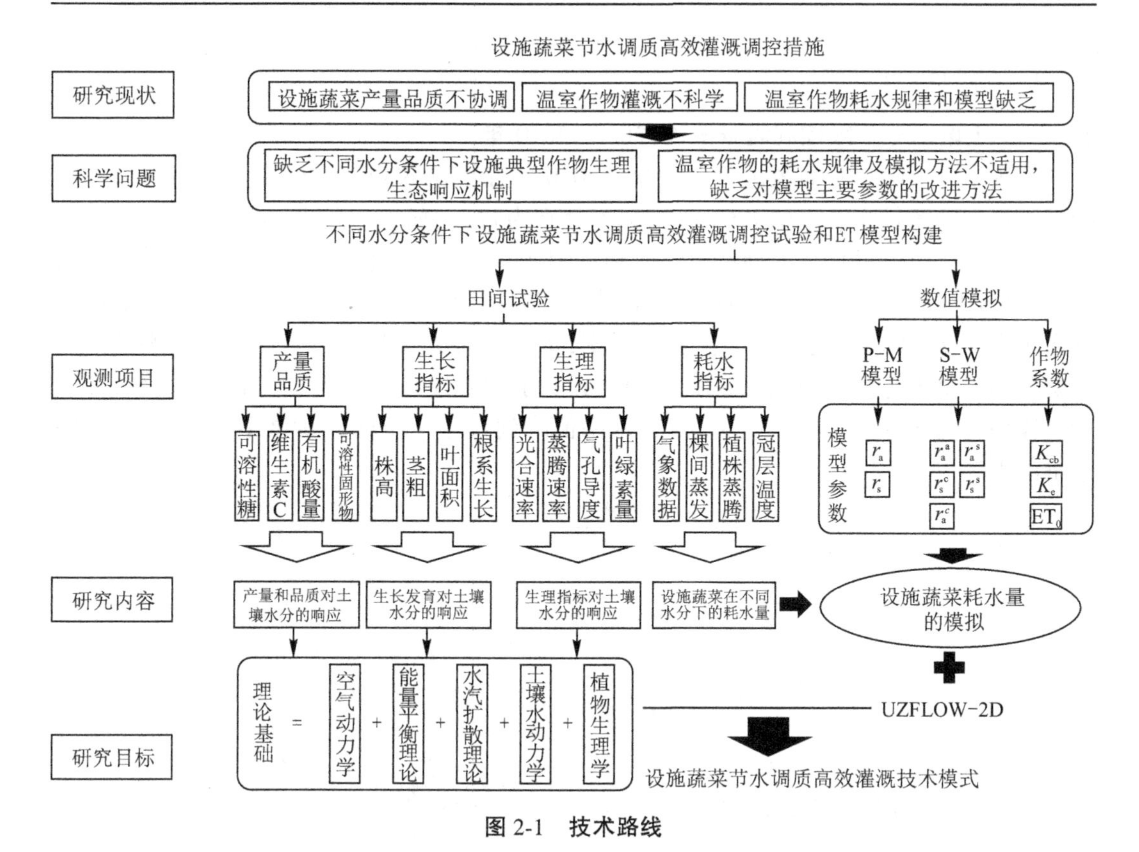

图 2-1　技术路线

间埋设 60 cm 深的塑料薄膜。试验区土壤为粉砂壤土，0~60 cm 深土层的土壤平均容重为 1.59 $g \cdot cm^{-3}$，田间持水量为 22.97%（质量含水率），有效磷 27.8 $mg \cdot kg^{-1}$，碱解氮 48.3 $mg \cdot kg^{-1}$，速效钾 253.8 $mg \cdot kg^{-1}$，有机质 0.84%，pH 值为 8.5，电导率 276.0 $\mu s \cdot cm^{-1}$。温室剖面结构和作物种植示意图见图 2-2。

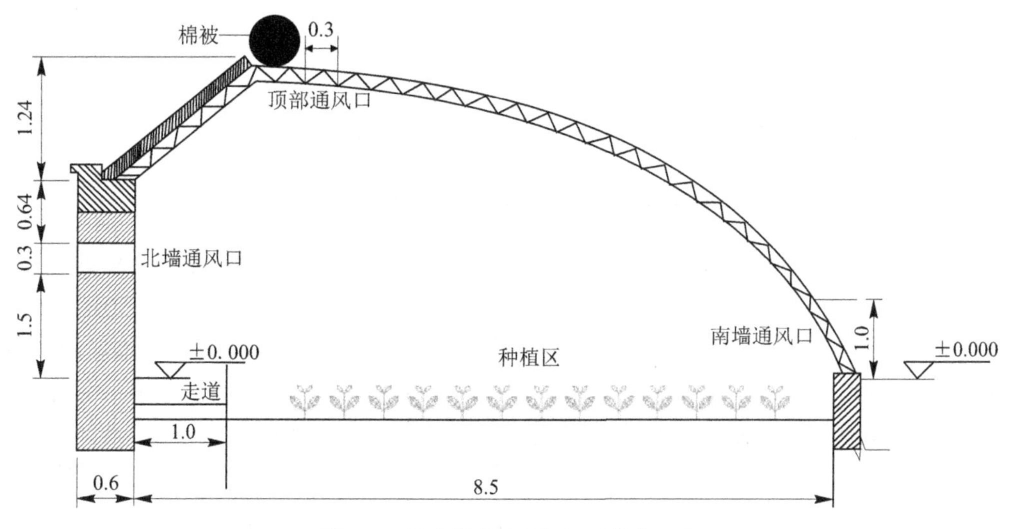

图 2-2　日光温室立面图（单位：m）

2.2.3 试验设计

2.2.3.1 土壤水分下限控制灌溉试验(2008~2010 年)

土壤水分下限控制灌溉试验于 2008~2010 年在中国农业科学院农田灌溉研究所作物需水量试验场日光温室中进行,供试蔬菜分别为番茄、茄子和青椒,采用南北向整畦种植,均采用宽窄行种植模式,种植模式分别见图 2-3(a)、(b)、(c)。试验采用滴灌灌水方式,在每行上铺设一条 ϕ16 内镶贴片式滴灌带,滴头间距与株距相同,滴头流量 1.1 L/h,工作压力为 0.1 MPa。为确保幼苗的成活率,定植后各处理均进行一次灌水。番茄灌水计划湿润层全生育期采用统一深度为 40 cm,茄子和青椒在苗期为 20 cm,开花坐果期开始至拔秧均为 40 cm。当测定的土壤含水率值降到设定范围内即对该小区进行灌水,灌水量由水表记录。

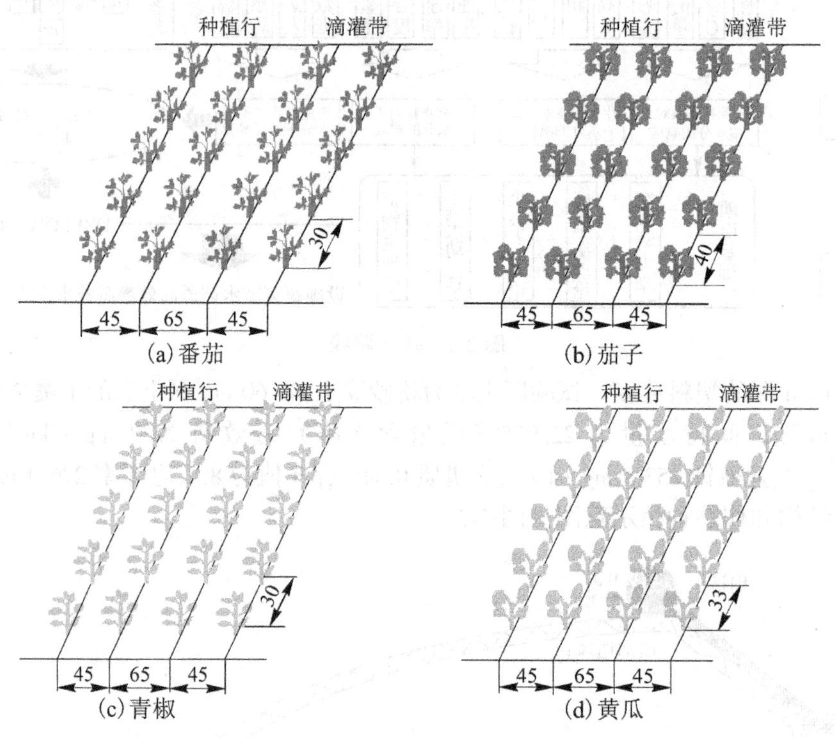

图 2-3 番茄、茄子、青椒和黄瓜试验示意图 (单位:cm)

试验将番茄、茄子和青椒的生育期均划分为 3 个生育阶段:苗期、开花坐果期和成熟采摘期。除番茄苗期设计 3 个土壤水分控制下限处理(分别为田间持水量的 50%、60%和 70%)外,其余蔬菜各生育阶段均设计 4 个土壤水分控制下限,分别为田间持水量的 50%、60%、70%和 80%。另外,每种蔬菜均设计 1 个充分供水处理(全生育期土壤水分控制下限为 80%),所有处理灌水上限均为田间持水量的 90%,每个处理 3 次重复,具体试验设计见表 2-1。由于在实际过程中很难控制灌水下限,所以每个处理均设一个 5%范围值(占田间持水量的百分比)。3 种蔬菜移栽前均施干鸡粪 20 t · hm^{-2}、三元复合肥(N、P_2O_5、K_2O 的含量分别为 12%、18%和 15%)675 kg · hm^{-2}、尿素(含 N 量为 46%)225 kg · hm^{-2} 作为底肥，在开花坐果期随水追施尿素 225 kg · hm^{-2}。番茄坐果四穗留顶叶 3～4 片后打顶，番茄侧枝生长至 3～5 cm 时进行移除，进入开花期后每周对番茄进行一次喷花，以增加番茄的坐果率。其他农艺管理，如除草、病虫害防治、修剪和授粉在所有处理中均相同。当 90% 的番茄果实变红时开始进行采摘，每周采摘果实两次。

表 2-1　土壤水分控制下限温室蔬菜处理设计

作物	处理	苗期	开花坐果期	成熟采摘期
番茄	T1	50	70	70
	T2	60	70	70
	T3	70	70	70
	T4	60	50	70
	T5	60	60	70
	T6	60	80	70
	T7	60	70	50
	T8	60	70	60
	T9	60	70	80
	TCK	80	80	80
茄子	E1	50	70	70
	E2	60	70	70
	E3	70	70	70
	E4	80	70	70
	E5	70	50	70
	E6	70	60	70
	E7	70	80	70
	E8	70	70	50
	E9	70	70	60
	E10	70	70	80
	ECK	80	80	80
青椒	S1	50	70	70
	S2	60	70	70
	S3	70	70	70
	S4	80	70	70
	S5	70	50	70
	S6	70	60	70
	S7	70	80	70
	S8	70	70	50
	S9	70	70	60
	S10	70	70	80
	SCK	80	80	80

注：表中的数字为土壤含水率占田间持水量的百分数。

2.2.3.2 水面蒸发皿控制灌溉试验

(1)番茄试验(2011~2013年)。

试验于2011~2013年3~7月在中国农业科学院农田灌溉研究所作物需水量试验场的日光温室中进行。设施蔬菜供试作物为番茄,品种为金顶新星(Lycopersicon esculentum Mill. cv. Jingding),种植模式见图2-3(a)。试验设计3种基于累积水面蒸发量的灌水频率[I1,(10±2)mm;I2,(20±2)mm;I3,(30±2)mm],当相邻2次灌溉之间的累积水面蒸发量达到目标值时进行灌溉;为确定适宜灌水定额,同时设计4种基于蒸发皿系数的灌水量水平,蒸发皿系数K_{cp1}、K_{cp2}、K_{cp3}和K_{cp4}分别为0.5、0.7、0.9和1.1,将3种灌水频率水平和4种灌水量水平进行完全组合,共计12个处理,每处理重复3次,具体试验设计见表2-2;灌水量用水表计量。各处理之间埋设塑料膜,以防止土壤水分的侧向渗透。

表2-2 水面蒸发皿控制灌溉试验处理

处理	灌水频率/mm	灌水定额(蒸发皿系数)
I1Kcp1	10±2	0.5
I1Kcp2	10±2	0.7
I1Kcp3	10±2	0.9
I1Kcp4	10±2	1.1
I2Kcp1	20±2	0.5
I2Kcp2	20±2	0.7
I2Kcp3	20±2	0.9
I2Kcp4	20±2	1.1
I3Kcp1	30±2	0.5
I3Kcp2	30±2	0.7
I3Kcp3	30±2	0.9
I3Kcp4	30±2	1.1

移栽前施干鸡粪25 t·hm^{-2}、70 kg N·hm^{-2}、180 kg P_2O_5·hm^{-2}和130 kg K_2O·hm^{-2}作为底肥,在番茄开花坐果期随灌溉水追肥3次,前两次每次追施尿素30 kg·hm^{-2},最后一次追施尿素20 kg·hm^{-2}。为确保幼苗成活,各处理移栽后统一灌水20 mm。为了防止番茄苗徒长,前3周不进行灌溉,直至40 cm土层发生水分亏缺补充灌溉至田间持水量,基于水面蒸发量的灌溉制度开始实施,累积水面蒸发量由安装在番茄冠层上方的20 cm标准蒸发皿测量得到。

(2)黄瓜试验(2013~2014年)。

试验于2013~2014年3~6月在中国农业科学院新乡综合试验基地的日光温室中进行,供试黄瓜(Cucumis sativus)品种为金辉6号,采用穴盘基质育苗,基质为泥炭土、珍珠岩和蛭石的混合物,幼苗长至 3 叶 1 心时开始定值,移栽时间分别为 2013 年 3 月 15 日和 2014 年 3 月 18 日,整畦种植,畦长 8 m、宽 1.1 m,采用宽窄行种植方式,种植模式见图 2-3(d),每个处理 4 行黄瓜,共 96 株。在宽行中起垄以便试验观测,每行上铺设一条滴灌带,滴头间距与株距相同。试验于开花坐果期开始,采摘时间分别为 2013 年 5 月 8 日至 6 月 22 日和 2014 年 5 月 3 日至 6 月 23 日。

试验设计 5 种不同蒸发皿系数(K_{cp1}:0.25;K_{cp2}:0.5;K_{cp3}:0.75;K_{cp4}:1.0;K_{cp5}:1.25),当累积蒸发量(E_{pan})达到(20±2)mm 时,统一灌水。每个小区安装精度为 0.001 m^3 的水表,精准控制灌水量,为防止水分侧渗,各小区之间埋设 60 cm 深的塑料薄膜,每个处理 3 次重复。移栽前施干鸡粪 25 t · hm^{-2}、二元复合肥(N:P = 18:46)390 kg · hm^{-2}、硫酸钾(含 K 50%)260 kg · hm^{-2}作为底肥。采摘期间随水追施纳米红钾王 300 kg · hm^{-2},共追肥 3 次。为确保瓜苗的成活率,移栽后以滴灌方式灌水 20 mm 用于缓苗,为促进瓜苗的生长,试验开始之前每个处理均以滴灌方式补充灌水量 5 mm。

(3)番茄试验(2015~2016 年)。

番茄供试品种为金顶新星,属无限生长型品种,为确保番茄产量和品质,每株留 4 穗果后进行打顶处理,分别于 2015 年 3 月 10 日和 2016 年 3 月 9 日移栽。采用宽窄行种植模式,种植示意图见图 2-3(a)。采用滴灌供水方式(滴头间距为 33 cm,滴头流量为 1.1 L · h^{-1}),以 20 cm 标准蒸发皿的累积蒸发量(E_{pan})作为灌水依据,当 E_{pan}达到 (20 ± 2)mm 时进行灌水,参考刘浩 (2010) 对日光温室滴灌番茄灌溉制度多年研究成果,选用蒸发皿系数 0.9、0.7 和 0.5 划分为高、中、低水分处理,共 3 个处理,即 T0.9 (0.9E_{pan})、T0.7 (0.7E_{pan}) 和 T0.5 (0.5E_{pan}),每个处理 4 次重复,试验小区首部安装一块精度为 0.001 m^3 的水表,严格控制灌水量。

为确保幼苗成活率,移栽后以滴灌方式补充灌水 20 mm,各试验区的水分处理从花果期开始,幼苗期到花果期不灌水 (2015 年 4 月 15 日之前和 2016 年 4 月 9 日之前)。各小区之间埋设 60 cm 深的塑料薄膜,以防止主根区土壤水分侧渗干扰。本试验不设肥料处理,施肥量和施肥方式相同,肥料选用沃夫特液体肥,采用压差式施肥装置随水施肥,所有小区施肥量一致,均为 75 L · hm^{-2}。农艺措施,如整枝、打药、打顶时间与当地农艺时间同步。

2.2.3.3　土壤水势控制灌溉试验(2013~2014 年)

试验于 2014 年 3~7 月在中国农业科学院新乡综合试验基地的日光温室中进行。设施蔬菜供试作物为番茄,品种为金顶新星,于 3 月 12 日移栽,5 月 26 日开始采摘,共采摘 15 次,历时 50 d,采用宽窄行种植模式,种植模式见图 2-4。为确保幼苗的成活率,定植后各处理均进行一次灌水,灌水定额为 20 mm。为了防止番茄苗徒长,前 3 周不进行灌溉,直至 40 cm 土层发生水分亏缺(40 cm 土壤水势达到 −60~−70 kPa)补充灌溉 20 mm,不同灌

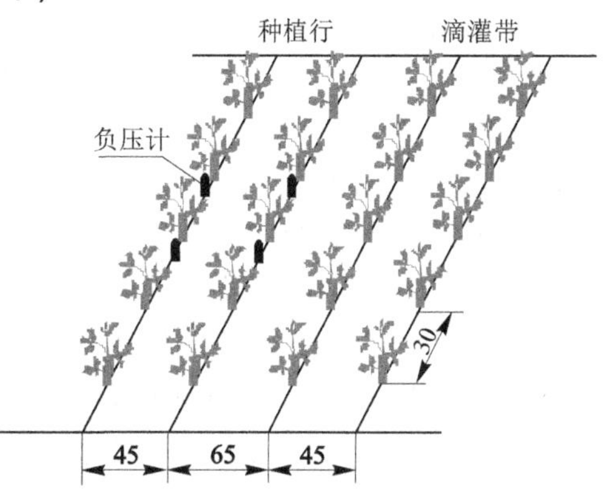

图 2-4　番茄种植示意图　(单位:cm)

溉水平试验开始。

试验设计 3 种基于土壤水势控制下限的灌水处理 W(采用土层深度为 20 cm 处的土壤水势控制灌溉,W1:-30 kPa,W2:-50 kPa,W3:-70 kPa)和 3 种基于施肥总量相同施肥时期不同的施肥方式 F[施肥总量为 225 kg · hm^{-2} N 肥(尿素,含 N 46%)、300 kg · hm^{-2} K_2O(硫酸钾,含 K_2O 50%)和 120 kg · hm^{-2} P_2O_5(过磷酸钙,含 P_2O_5 14%),其中P_2O_5全以底肥的形式施入。施肥方式包括,F1:不施底肥,全部随水追肥,番茄移栽时将总肥量的30%肥料随定植水追肥,剩余 70%肥料分 6 次随水追施,直至最后一穗果实长至核桃大小后停止追肥]。F2:以底肥形式施入 1/2,另外 1/2 从第一穗果实长至核桃大小开始随水追肥,每隔 1 次灌水追肥 1 次,每次追肥量相同,分 6 次追完,约最后一穗果实长至核桃大小后停止追肥。F3:全部以底肥形式施入,不进行追肥。各处理的灌水定额均为 10 mm,当土壤水势达到控制下限时进行灌溉。将 3 种水分处理和 3 种肥料处理进行完全组合后共计 9 个处理,每个处理均设置 3 次重复。

2.2.4 观测项目与方法

2.2.4.1 作物生理、生长指标

(1)作物生理指标。在番茄和茄子的苗期、开花坐果期和成熟采摘期分别观测叶片的光合速率和气孔导度,且在番茄开花坐果期内隔天观测叶片光合速率、蒸腾速率、气孔导度、叶水势及细胞液浓度等,不同生育期的测定时间是每天 10:00~11:00,日变化的测定时间是 8:00~18:00,每间隔 2 h 测量一次。光合速率和蒸腾速率用 LI-COR 公司的 LI-6400光合作用测量系统测定;气孔导度用 AP4 动态气孔计测量;叶水势用HR-33T露点水势仪测定;细胞液浓度用手持测糖仪 Digital Refractometer 测定。

(2)作物生长指标。在番茄和茄子生育期内每隔 7~10 d 观测株高、茎粗和叶面积等生长发育指标。株高用直尺测量;茎粗用游标卡尺采用十字交叉法测量;叶面积用直尺测量叶长和叶宽,叶片与叶宽相乘求和即为叶面积,番茄叶面积采用折算系数 0.685 进行修正(龚雪文等, 2016)。

2.2.4.2 作物生物量、产量和品质

(1)生物量。采用烘干法对植株果实干重、叶干重和茎干重等进行测定。每个处理随机选择大小均匀的植株 3 株,每个处理重复 3 次,按茎、叶和果实分成 3 部分,测量各部分鲜重,样品在 105 ℃条件下杀青 30 min,然后在 75 ℃下烘干至恒重,并用精度为 0.01 g 的电子天平测量干重。

(2)产量。为消除边际效应,于番茄、茄子、青椒、黄瓜成熟期,在每个处理小区中间选取有代表性的两行植株 20 株作为产量观测对象,每个处理重复 3 次,记录 20 株植株无病虫害的果实采摘数量,每次采摘后用精度为 5 g 的电子天平称量单果重和计算总产量,每个小区产量单独核算,采用游标卡尺测量每个果实的横径(TD)和纵径(LD),并计算果径(FD),进行等级划分。记录采收日期、单株产量与单株成熟果实数目。

(3)品质指标。每个小区选取 12 个大小和色泽均匀一致、无损伤的成熟果实用于测定品质指标。于果实成熟日 8:00 之前完成样品采摘并将新鲜的果实送至实验室,用蒸馏水将果实清洗干净并擦拭干,首先用硬度计(GY-3)测量果实硬度(FF),然后用混浆机将

果实研磨混匀,用于测定维生素 C、可溶性固形物、可溶性糖、有机酸、可溶性蛋白和硝酸盐,糖酸比由对应小区的可溶性糖(SSC)和有机酸(OA)的比值得到。

可溶性固形物采用手持测糖仪 Digital Refractometer(ATAGO, PR-32α, Tokyo, Japan)测定;维生素 C 采用 2,6-二氯酚靛酚钠滴定法测定(Liu et al., 2019);可溶性糖含量采用蒽酮比色法测定(Wang et al., 2011; Liu et al., 2013);有机酸采用 0.1 mol/L NaOH 滴定法测量(Du et al., 2017);可溶性蛋白用考马斯亮蓝法测定(梁媛媛,2009);硝酸盐用水杨酸-浓硫酸法测定(梁媛媛,2009)。

2.2.4.3　**作物耗水量和水分利用效率**

(1)耗水量。作物的耗水量是指在作物生长发育过程中植株实际的蒸腾量、棵间蒸发量以及构成作物体的水量之和。由于构成作物体的水量很少,一般忽略不计,因此作物的耗水量为植株蒸腾量与棵间蒸发量之和。温室蔬菜的耗水量采用水量平衡法计算,其计算公式为:

$$ET = I + U - D + (W_0 - W_t) \tag{2-1}$$

式中:ET 为果蔬耗水量,mm;I 为灌水量,mm;U 为地下水补给量,mm;D 为深层渗漏量,mm;W_0、W_t分别为时段初和时段末的土壤储水量,mm。由于试验地的地下水位较深(一般在 5.0 m 以下),作物无法吸收利用,故地下水补给量忽略,即 $U=0$;其次,试验是在日光温室中进行的,采用滴灌灌水方式,每次灌水量较小(计划湿润层最大为 40 cm),灌溉基本上不产生深层渗漏,因此深层渗漏量 D 也忽略。

(2)水分利用效率和灌溉水利用效率。水分利用效率是指单位水量消耗所生产的经济产品数量,灌溉水利用效率是指单位灌溉水量消耗所增加的经济产品数量。水分利用效率和灌溉水利用效率分别按式(2-2)和式(2-3)计算:

$$WUE = Y_a / ET_a \tag{2-2}$$

$$IWUE = Y_a / I \tag{2-3}$$

式中:WUE 为水分利用效率,$kg \cdot m^{-3}$;IWUE 为灌溉水利用效率,$kg \cdot m^{-3}$;Y_a为作物产量,$kg \cdot hm^{-2}$;ET_a为作物实际耗水量,$m^3 \cdot hm^{-2}$;I 为灌水总量,$m^3 \cdot hm^{-2}$。

2.2.4.4　**土壤蒸发与植株蒸腾**

(1)土壤蒸发的测量。采用微型蒸渗仪(Micro-lysimeter)测定棵间土壤蒸发。为更加准确地确定滴灌条件下温室番茄的棵间土壤蒸发速率,在滴灌线正下方(位置 1)、番茄窄种植行的正中间(位置 3),以及位置 1 和位置 3 的中间(位置 2)各安装一组微型蒸渗仪,田间的具体布置方式如图 2-5 所示。微型蒸渗仪采用直径 5 cm 的钢管制成,高度 10 cm。每次取样时将底部削平,用塑料薄膜封堵,将该微型蒸渗仪放入预埋在田间的外套管中,顶部与地面平齐。外套管采用内径 6 cm 的钢管制作,高度 10 cm。

微型蒸渗仪每天称重 1 次,测定时间为 8:00,采用精度为 0.01 g 的电子天平称重。通过前后两次测定的重量差,结合微型蒸渗仪的上口面积,确定棵间土壤每天的蒸发量(mm)。为确保测定精度,使微型蒸渗仪中的土样与周围土壤的含水率保持一致,真实地反映棵间土壤的蒸发状况,微型蒸渗仪中的土样每隔 1 天更换 1 次。

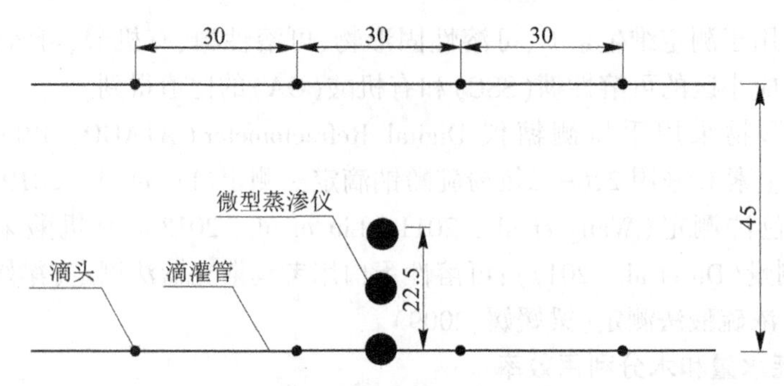

图 2-5 **微型蒸渗仪布设方式** （单位:cm）

(2)植株茎流速率的测量。采用茎流计监测系统(Flow32-1k system, Dynamax, Houston, TX, USA)测量番茄植株的茎流速率,于开花坐果期开始,随机选择 8~10 棵长势均匀无病虫害的番茄植株进行测定。探头包裹在地表以上 20 cm 处,以避免土壤热量的干扰,为确保探头与茎秆紧密接触,所选探头尺寸规格需满足茎秆直径要求。采用 CR1000 数据采集器(Campbell, USA)每 15 min 自动记录一次数据。

(3)蒸发蒸腾量的测量。采用 3 台称重式蒸渗仪(长×宽×高 = 1.0 m ×1.0 m ×1.2 m)测定蒸发蒸腾量,蒸渗仪 100 cm 深度内的土壤质地与田间相同,蒸渗仪安装在畦田中部,移栽时选 6 棵长势均匀无病虫害的幼苗定植于蒸渗仪内,其间距和行距与大田相同,为避免蒸渗仪受外界植株的干扰,待株高长至 40 cm 时做搭架处理。

采用水量平衡法根据质量守恒定律计算茄子的蒸发蒸腾量,公式如下:

$$ET = P+I_r+U-D+(W_0-W_t) \tag{2-4}$$

式中:ET 为蒸发蒸腾量,mm;P 为降雨量,mm;I_r为灌水量,mm;U 为地下水补给量,mm;D 为深层渗漏量,mm;W_0、W_t分别为时段初和时段末 100 cm 土层内的储水量,mm。

本试验中,温室内部不存在降雨,因此 $P=0$;由于试验区的地下水位在 5.0 m 以下,作物无法吸收利用,可忽略地下水补给量,即 $U=0$;通过蒸渗仪监测到滴灌无深层渗漏,即 $D=0$。因此,水量平衡法方程可简化为:

$$ET = I_r+(W_0-W_t) \tag{2-5}$$

2.2.4.5 蒸发蒸腾模型介绍

1.Penman-Monteith 模型

Penman-Monteith (PM) 模型可采用下式表示(Monteith,1965):

$$\lambda_{ET} = \frac{\Delta(R_n-G)+\rho c_p D/r_a}{\Delta+\gamma\ (1+r_s/r_a)} \tag{2-6}$$

式中:λ_{ET}为潜热通量,W · m^{-2}; Δ 为饱和水汽压-温度曲线的斜率,kPa · ℃$^{-1}$; R_n为净辐射,W · m^{-2}; G 为土壤热通量,W · m^{-2}; c_p为空气的定压比热,J · kg^{-1} · K^{-1};ρ 为空气密度,kg · m^{-3}; D 为饱和差,kPa;r_a 为空气动力学阻力,s · m^{-1}; γ 为湿度计常数,kPa · K^{-1}; r_s为表面阻力,s · m^{-1}。

(1)表面阻力的确定。叶片气孔阻力(r_{sT})是计算冠层阻力(r_s^c)的重要参数,本试验统计分析数据得出 r_{sT}与太阳辐射(R_s)表现为较好的指数关系(见图 2-6):

$$r_{sT}=23.21\exp[1\,021.06/(R_s+365.71)] \tag{2-7}$$

其中，决定系数 R^2 为 0.82；平均绝对误差 MAE 为 17.58 s · m^{-1}；均方根差 RMSE 为 25.10 s · m^{-1}。

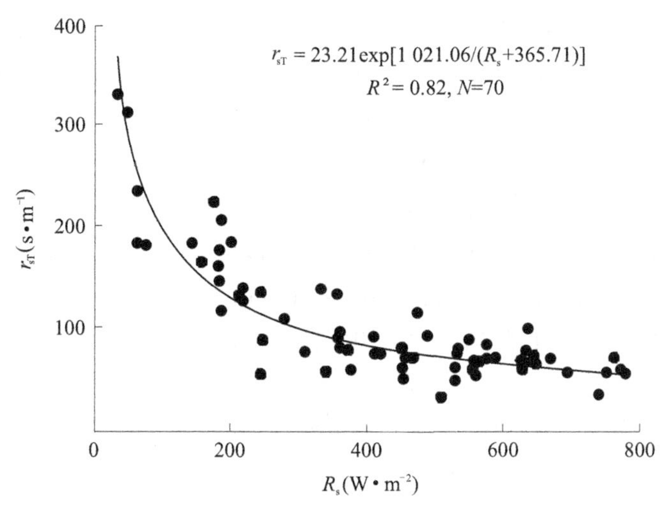

图 2-6　番茄气孔阻力（r_{sT}）与太阳辐射（R_s）的相关性

冠层阻力（r_s^c）通过 r_{sT} 与有效叶面积指数（LAI_e）的比值得到（Allen et al., 1998）：

$$r_s^c=\frac{r_{sT}}{LAI_e} \tag{2-8}$$

LAI_e 的取值如下：当 LAI≤2 时，LAI_e 与 LAI 等值；当 2 < LAI < 4 时，LAI_e 取值为 2；当 LAI≥4 时，LAI_e 取值为 LAI/2（Gardiol et al., 2003）。

当综合考虑作物和土壤对下垫面水汽传输影响时，PM 模型的表面阻力需重新定义，由于冠层阻力不能完全代表 PM 模型的实际表面阻力变化，尤其是在作物稀疏时期，因此本书构建了一个总表面阻力模型（$r_{s\text{-}BU}$），该模型综合考虑了冠层阻力模型（r_s^c）和土壤阻力模型（r_s^s），同时结合并联电路原理，$r_{s\text{-}BU}$ 可采用下式计算：

$$r_{s\text{-}BU}=\frac{1}{a\mathrm{LAI}/r_s^c+b/r_s^s} \tag{2-9}$$

式中：$r_{s\text{-}BU}$ 为总表面阻力，s · m^{-1}；r_s^c 为冠层阻力，s · m^{-1}；r_s^s 为土壤表面阻力，s · m^{-1}；a、b 为经验系数，通过多元回归最优化拟合获得，对于温室番茄，a 和 b 的取值分别为 1.52 和 0.05。

土壤表面阻力（r_s^s）采用 Anadranistakis et al.（2000）模型计算：

$$r_s^s=r_{s\min}^s f(\theta_s)=r_{s\min}^s\left(2.5\frac{\theta_F}{\theta_s}-1.5\right) \tag{2-10}$$

式中：$r_{s\min}^s$ 为土壤水分在田间持水量条件下的最小土壤表面阻力，取值为 100 s · m^{-1}（Camillo et al., 1986）；θ_F 为田间持水量，m^3 · m^{-3}；θ_s 为表层土壤含水率，m^3 · m^{-3}。

（2）空气动力学阻力的确定。

当考虑风速时，Perrier（1975a，b）认为热量和水汽由蒸发面传输到冠层以上大气的过程取决于空气动力学阻力，并用一个关于作物特征和风速的对数函数表示：

$$r_{a1}=\frac{\ln[(x-d)/(h_c-d)]\ln[(x-d)/z_0]}{\kappa^2 u} \tag{2-11}$$

式中：κ 为卡曼常数，取值为0.4；x 为参照高度，m，即风速与温湿度测量高度；d 为零平面位移，m；u 为参考高度处的水平风速，$m \cdot s^{-1}$；z_0 为动量传输粗糙度长度，m；h_c 为平均冠层高度，m。z_0和 d 是有关作物高度和LAI的函数（Brenner and Incoll, 1997）：

$$d=1.1h_c\ln(1+X^{0.25}) \tag{2-12}$$

$$z_0=\begin{cases} z_0'+0.3h_cX^{0.5} & 0<X<0.2 \\ 0.3h_c(1-d/h_c) & 0.2\leqslant X<1.5 \end{cases} \tag{2-13}$$

式中：$X = c_d\mathrm{LAI}$，c_d为拖曳系数，取值为0.07（Brenner and Incoll, 1997）；z_0'为裸露土壤的粗糙度长度，0.01 m（Shuttleworth and Wallace, 1985）。

当不考虑温室内风速时，陈新民等（2007）认为温室内的空气动力学阻力计算式为：

$$r_{a2}=4.72[\ln((x-d)/z_0)]^2 \tag{2-14}$$

由于温室内的风速一般较低，大气和冠层间的水汽扩散过程以涡流扩散方式为主，并采用热传输系数计算空气动力学阻力（Zhang and Lemeur, 1992）：

$$r_{a3}=\frac{\rho c_p}{2h\mathrm{LAI}} \tag{2-15}$$

式中：h 为热传输系数，$W \cdot m^{-2} \cdot K^{-1}$。日光温室内空气对流以混合对流为主，因此 h 可采用下式进行计算（Stanghellini, 1993）：

$$h=0.37\left(\frac{k_c}{d_c}\right)(G_r+0.692Re^2)^{1/4} \tag{2-16}$$

式中：k_c 为空气的导热系数，$W \cdot m^{-1} \cdot K^{-1}$；$d_c$ 为叶片的特征长度，m；G_r 为高尔夫数；Re 为雷诺数。叶片的特征长度可用下式计算（Montero et al., 2001）：

$$d_c=\frac{2}{1/L+1/W} \tag{2-17}$$

式中：L 为叶片长度，m；W 为叶片宽度，m。

高尔夫数 G_r反映了薄片流或汹涌流形式的自由对流的空气流动，且可用叶片和空气间温度差的一个方程表示（Bailey et al., 1993）：

$$G_r=\frac{\beta g d_c^3|T_c-T_a|}{\nu^2} \tag{2-18}$$

式中：β 为空气的热膨胀系数，K^{-1}；g 为重力加速度，$m \cdot s^{-2}$；ν 为空气的运动黏度，$m^2 \cdot s^{-1}$；T_c为冠层温度，℃；T_a为空气温度，℃。

雷诺数 Re 反映了一个强加的空气流动对对流的影响，且可表示为一个风速的函数（Bailey et al., 1993）：

$$Re=\frac{ud_c}{\nu} \tag{2-19}$$

2.Shuttleworth-Wallace 模型

Shuttleworth-Wallace（SW）模型于1985年被提出，用于估算稀疏植被条件下的蒸散发,模型将下垫面分为上方冠层与下层土壤两部分,太阳辐射按 Beer 定律分配到冠层及土壤表面,能够较好地估算作物蒸腾和土壤蒸发 (Shuttleworth and Wallace, 1985),可采用以下公式计算:

$$\lambda_{ET}=\lambda_E+\lambda_T=C_s PM_s+C_c PM_c \tag{2-20}$$

$$PM_s=\frac{\Delta A+\{[\rho_a c_p D-\Delta r_a^s(A-A_s)]/(r_a^a+r_a^s)\}}{\Delta+\gamma[1+r_s^s/(r_a^a+r_a^s)]} \tag{2-21}$$

$$PM_c=\frac{\Delta A+(\rho_a c_p D-\Delta r_a^c A_s)/(r_a^a+r_a^c)}{\Delta+\gamma[1+r_s^c/(r_a^a+r_a^c)]} \tag{2-22}$$

$$C_s=[1+R_s R_a/R_c(R_s+R_a)]^{-1} \tag{2-23}$$

$$C_c=[1+R_c R_a/R_s(R_c+R_a)]^{-1} \tag{2-24}$$

$$R_a=(\Delta+\gamma)r_a^a \tag{2-25}$$

$$R_s=(\Delta+\gamma)r_a^s+\gamma r_s^s \tag{2-26}$$

$$R_c=(\Delta+\gamma)r_a^c+\gamma r_s^c \tag{2-27}$$

式中:λ_E 为土壤蒸发潜热通量,W · m^{-2};λ_T 为冠层蒸腾潜热通量,W · m^{-2};r_a^a、r_a^s 分别为冠层到参考面和参考面到土壤表面的空气动力学阻力 ,s · m^{-1};r_s^c、r_s^s 分别为冠层阻力和土壤表面阻力,s · m^{-1};r_a^c 为作物冠层的边界层阻力 ,s · m^{-1};A、A_s分别为总能量和到达下垫面的可利用能量,采用下式计算:

$$A=R_n-G \tag{2-28}$$

$$A_s=R_n^s-G \tag{2-29}$$

式中:R_n^s为到达土壤表面的净辐射 ,W · m^{-2};采用 Beer 定律计算:

$$R_n^s=R_n\exp(-C\text{LAI}) \tag{2-30}$$

式中:C 为消光系数。根据本试验结果,当 LAI 达到峰值时,C 的取值为 0.85,裸土条件下取值为 0,通过建立 C 与每次实测 LAI 之间的线性关系得到不同时期的 C 值。

(1)空气动力学阻力参数的确定。空气动力学阻力参数 r_a^a 和 r_a^s 采用下列公式计算 (Shuttleworth and Wallace, 1985):

$$r_a^a=\text{LAI}r_a^a(\alpha)/4+(4-\text{LAI})r_a^a(0)/4 \tag{2-31}$$

$$r_a^s=\text{LAI}r_a^s(\alpha)/4+(4-\text{LAI})r_a^s(0)/4 \tag{2-32}$$

$$r_a^s(0)=\ln(x/z_0')\ln[(d+z_0)/z_0']/uk^2 \tag{2-33}$$

$$r_a^a(0)=\ln^2(x/z_0')/uk^2-r_a^s(0) \tag{2-34}$$

$$r_a^s(\alpha)=\frac{\ln[(x-d)/z_0]}{k^2u}\frac{h_c}{n(h_c-d)}\{\exp n-\exp[n(1-(d+z_0)/h_c)]\} \tag{2-35}$$

$$r_a^a(\alpha)=\frac{\ln[(x-d)/z_0]}{k^2u}\{\ln[(x-d)/(h_c-d)]+\frac{h_c}{n(h_c-d)}\times[\exp(n(1-(d+z_0)/h_c))-1]\} \tag{2-36}$$

式中:n 为涡流扩散消光系数,采用下式计算 (Shuttleworth and Gurney, 1990):

$$n=\begin{cases}2.5 & h_c\leqslant 1.0\\ 2.306+0.194h_c & 1.0<h_c<10\\ 4.25 & h_c\geqslant 10\end{cases} \tag{2-37}$$

作物冠层的边界层阻力 r_a^c 计算见式(2-11),冠层边界层阻力(r_a^c)采用下式进行计算(Shuttleworth and Wallace, 1985):

$$r_a^c=\frac{r_b}{\mathrm{LAI_e}} \tag{2-38}$$

式中:r_b为单位面积边界层阻力,该系数几乎不受环境因素的影响,在全生育期取值不变,取值 235 $s\cdot m^{-1}$(雷水玲等,2004)。

(2)表面阻力参数的确定。冠层阻力 r_s^c 的计算参照式(2-8),土壤表面阻力 r_s^s 的计算参照式(2-10)。

3.双作物系数法

双作物系数法中,将作物系数(K_c)分为基础作物系数(K_{cb})和土壤蒸发系数(K_e),分别用来估算作物蒸腾和土壤蒸发,采用 FAO 推荐的公式进行计算:

$$\mathrm{ET}=(K_sK_{cb}+K_e)\mathrm{ET_0} \tag{2-39}$$

$$T=K_sK_{cb}\mathrm{ET_0} \tag{2-40}$$

$$E=K_e\mathrm{ET_0} \tag{2-41}$$

(1)参考作物蒸发蒸腾量(ET_0)。

对于温室低风速特点,Fernandez et al. (2010, 2011)认为将空气动力学阻力项设为 295 $s\cdot m^{-1}$,代入 PM 方程可准确估算温室参考作物蒸发蒸腾量(ET_0),并利用多年蒸渗仪实测数据对空气动力学阻力这一定值进行了精准验证:

$$\mathrm{ET_0}=\frac{0.408\Delta(R_n-G)+\gamma[634D/(T_a+273)]}{\Delta+1.24\gamma} \tag{2-42}$$

式中:ET_0为参考作物蒸发蒸腾量,$mm\cdot d^{-1}$;R_n 为净辐射,$MJ\cdot m^{-2}\cdot d^{-1}$;$G$ 为土壤热通量,$MJ\cdot m^{-2}\cdot d^{-1}$;$\gamma$ 为干湿表常数,$kPa\cdot ℃^{-1}$;Δ 为温度随饱和水汽压变化的斜率,$kPa\cdot ℃^{-1}$;D 为饱和水汽压差,kPa;T_a为空气温度,℃。

(2)作物系数和水分胁迫系数。

①基础作物系数(K_{cb})。考虑番茄叶片的衰老,采用 Ding et al. (2013)等推荐的方法计算基础作物系数(K_{cb}),计算公式如下:

$$K_{cb}=(1-f_s)[K_{cb,min}+K_{cc}(K_{cb,full}-K_{cb,min})] \tag{2-43}$$

$$K_{cb,full}=\min(1.0+0.1h_c,1.2)+[0.04(u-2)-0.004(\mathrm{RH_{min}}-45)]\left(\frac{h_c}{3}\right)^{0.3} \tag{2-44}$$

$$K_{cc}=1-e^{-C\mathrm{LAI}} \tag{2-45}$$

式中:$K_{cb,min}$为对于裸露土壤的最小基础作物系数(取 FAO 推荐值,0.01);$K_{cb,full}$为地表完全覆盖时的基础作物系数;K_{cc}为冠层覆盖系数;f_s为叶片衰老因子,幼苗期、花果期和盛果期取值为 0,采摘期取值为 0.2;h_c为植株高度,m;u 为 2 m 高度处风速,$m\cdot s^{-1}$;RH_{min}为最小相对湿度,%;C 为消光系数;LAI 为叶面积指数。

②土壤蒸发系数(K_e)。土壤蒸发系数(K_e)用来描述土壤蒸发部分,采用 FAO-56 推荐公式计算:

$$K_e = K_r(K_{c,max} - K_{cb}) \leqslant f_{ew} K_{c,max} \tag{2-46}$$

式中:K_e 为土壤蒸发系数;$K_{c,max}$ 为灌水后 K_c 的最大值;K_r 为取决于表层土壤蒸发累积深度的蒸发减小系数,无量纲;f_{ew} 为裸露土壤和湿润土壤的比值,也就是最大的土壤蒸发面所占的百分比。

$$K_{c,max} = \max\left(\left\{1.2 + [0.04(u-2) - 0.004(RH_{min}-45)]\left(\frac{h_c}{3}\right)^{0.3}\right\}, (K_{cb}+0.05)\right) \tag{2-47}$$

$$f_{ew} = \min(1-f_c, f_w) \tag{2-48}$$

式中:$1-f_c$ 为裸露土壤的平均值;f_w 为灌水湿润的土壤表面平均值。

$$K_r = \frac{TEW - D_{e,i-1}}{TEW - REW} \tag{2-49}$$

$$TEW = 1\ 000(\theta_{FS} - 0.5\theta_{WS})Z_e \tag{2-50}$$

$$D_{e,i} = D_{e,i-1} - (P_i - RO_i) - \frac{I_i}{f_w} + \frac{E_{s,i}}{f_{ew}} + T_{ew,i} + DP_{e,i} \tag{2-51}$$

式中:TEW 为总蒸发水量,mm;REW 为第一阶段末的蒸发累积深度,mm;θ_{FS} 和 θ_{WS} 分别为表层土壤的田间持水量和凋萎系数,$m^3 \cdot m^{-3}$;Z_e 为由于蒸发而变干的表土层深度,m;$D_{e,i}$、$D_{e,i-1}$ 分别为第 i 天和第 $i-1$ 天表层土壤的累积蒸发深度,mm;P_i 为第 i 天的降雨量,mm;RO_i 为第 i 天的地表径流量,mm;I_i 为第 i 天渗入土壤的灌溉深度,mm;$E_{s,i}$ 为第 i 天的蒸发量,mm;$T_{ew,i}$ 为第 i 天表层土壤的蒸发深度,mm;$DP_{e,i}$ 为第 i 天土壤含水率超过田间持水量时产生的深层渗漏量,mm。由于温室中不存在降雨,因此 P_i 为 0,滴灌条件下不产生地表径流和深层渗漏,因此 RO_i 和 $DP_{e,i}$ 均为 0,因此式(2-51)可简化为:

$$D_{e,i} = D_{e,i-1} - \frac{I_i}{f_w} + \frac{E_{s,i}}{f_{ew}} + T_{ew,i} \tag{2-52}$$

③水分胁迫系数(K_s)。水分胁迫系数(K_s)对作物蒸腾的抑制作用主要依赖于作物根区的土壤水分条件,可用下式表示:

$$K_s = \frac{TAW - D_{r,i-1}}{TAW - RAW} = \frac{TAW - D_{r,i-1}}{(1-p)TAW} \tag{2-53}$$

$$TAW = 1\ 000(\theta_{Fr} - \theta_{Wr})Z_r \tag{2-54}$$

$$D_{r,i} = D_{r,i-1} - (P_i - RO_i) - I_i - CR_i + ET_{c,i} + DP_i \tag{2-55}$$

式中:TAW 为根系层中的总有效水分,mm;RAW 为根系层易被吸收的有效水量,mm;p 为发生水分胁迫之前能从根系层中消耗的水量与土壤总有效水量的比值;Z_r 为变化的根系层深度,m;$D_{r,i}$ 和 $D_{r,i-1}$ 分别为第 i 天和第 $i-1$ 天末土壤根系层的消耗水量,mm;CR_i 为第 i 天的地下水毛管上升水量,mm;$ET_{c,i}$ 为第 i 天作物蒸发蒸腾量,mm;DP_i 为第 i 天根系层渗漏损失水量,mm。可按照式(2-55)简化为:

$$D_{r,i} = D_{r,i-1} - I_i + ET_{c,i} \tag{2-56}$$

用于计算土壤蒸发系数和水分胁迫系数的土壤参数以及初始值和率定值见表 2-3 和表 2-4。

表 2-3　用于计算土壤蒸发系数和水分胁迫系数的主要土壤参数

土壤参数	取值	单位	来源
表层土壤田间持水量 θ_{FS}	0.31	$m^3 \cdot m^{-3}$	实测值
表层土壤凋萎系数 θ_{WS}	0.10	$m^3 \cdot m^{-3}$	实测值
变化的最大根系深度 Z_r/m	0.2~1.0	m	实测值
灌水湿润的土壤表面平均值 f_w	0.35	—	FAO-56
植被覆盖的土壤面积比 f_c	0~0.8	—	实测值
生育采摘期叶片衰老系数 f_s	0.20	—	实测值
根系层田间持水量 θ_{Fr}	0.32	$m^3 \cdot m^{-3}$	实测值
根系层凋萎系数 θ_{Wr}	0.09	$m^3 \cdot m^{-3}$	实测值

注:在本试验中,通过建立 f_c 与 LAI 线性关系得到 f_c 在不同阶段的变化。

表 2-4　有关模型参数的初始值和率定值

模型参数		初期	花果期	盛果期	采摘期
基础作物系数 K_{cb}	初始值	0.15	0.15~1.10	1.10	0.6~0.8
	率定值	0.45	0.45~0.96	0.96	0.79
土壤水消耗比率 p	初始值	0.50	0.50	0.50	0.50
	率定值	0.40	0.40	0.40	0.40
由于蒸发而变干的表土层深度 Z_e	初始值	0.12	0.12	0.12	0.12
	率定值	0.10	0.10	0.10	0.10
总蒸发水量 TEW	初始值	20	20	20	20
	率定值	19	19	19	19
易蒸发水量 REW	初始值	0.90	0.90	0.90	0.90
	率定值	0.80	0.80	0.80	0.80

(3)作物系数和水分胁迫系数。

为清楚地反映不同水分处理对温室滴灌番茄作物系数(K_c)的影响,本书利用 2016 年蒸渗仪数据获取了不同水分条件下 K_c 在整个生育期的变化过程,并与计算的作物系数(K_{cb}+K_e)进行了对比(见图 2-7)。可以看出,T0.9 处理的作物系数($K_{c-0.9}$)与 K_{cb}+K_e 无明显差异,而 T0.5 处理的作物系数($K_{c-0.5}$)与 K_{cb}+K_e 之间存在一定的差异性。幼苗期和花果期温室番茄的作物系数均值分别为 0.45 和 0.89,对于 T0.9 处理,盛果期和采摘期分别为 1.06 和 0.93,而 T0.5 处理分别为 0.87 和 0.41。幼苗期土壤蒸发系数(K_e)较大,在 0.06~0.43之间变化,进入花果期,K_e 在 0.15~0.34 之间波动,盛果期和采摘期在 0.07~0.19之间变化。水分胁迫系数(K_s)在 0.32~1.0 之间变动。

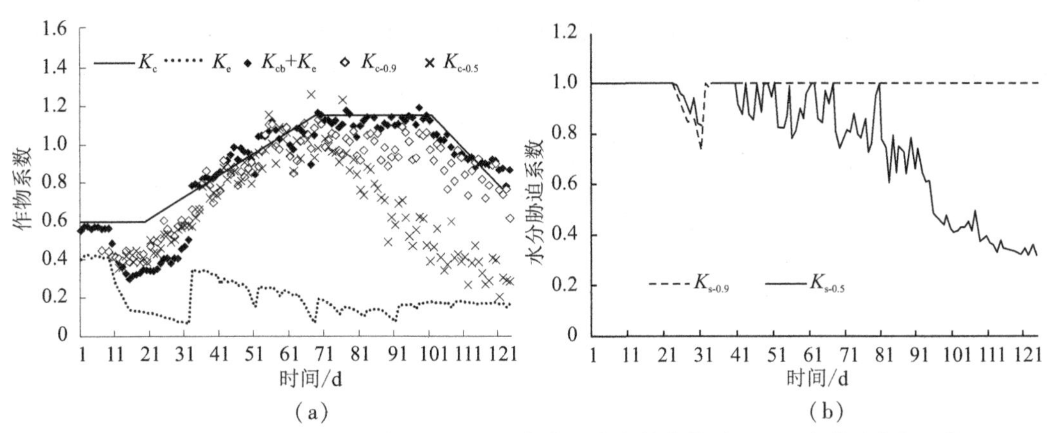

图 2-7　温室番茄作物系数和水分胁迫系数在全生育期的变化过程(K_{cb}为基础作物系数，K_e 为土壤蒸发系数，$K_{cb}+K_e$ 为计算的作物系数)

2.2.4.6　土壤水热动态模拟

1.土壤水分和温度的测量

采用取土烘干法、管式 HD_2 便携式土壤水分速测仪(TRIME)和 ECH_2O 土壤水分测定系统(Decagon Devices, Inc., USA)联合测定土壤水分。2015 年和 2016 年采用取土烘干法测定 100 cm 土层深的含水率,每隔 7 d 测定一次,选取 2 个滴头中间最能表征小区整体土壤水分状况的位置进行测定,每个小区 2 次重复。TRIME 管安装在滴灌带的 2 个滴头之间,幼苗期由于水分消耗太小,每隔 10 d 测定一次,其他生育期每隔 7 d 测定一次,20 cm 为一层,最大深度为 100 cm,每个处理 2 次重复。ECH_2O 土壤水分测定系统安装在 T0.9、T0.7 和 T0.5 处理中,2015 年监测深度为 10 cm、30 cm、50 cm、70 cm 和 90 cm,2016 年监测深度为 10 cm、20 cm、30 cm、40 cm 和 60 cm,数据由 EM50 数据采集器(Decagon Devices, Inc., USA)每隔 30 min 自动记录一次。同时监测了 T0.9、T0.7 和 T0.5 处理 20 cm、40 cm、60 cm、80 cm 和 100 cm 的土壤水势,每个小区设置 2 个重复,并于每天 8:00 记录土壤水势变化。

采用精度为 0.2 ℃的土壤温度测量系统分别测定 T0.9、T0.7 和 T0.5 处理行间和棵间 0、5 cm、10 cm、20 cm 的土壤温度,地温数据每隔 1 h 自动采集一次,保存于 JL-04 数据采集器中。2016 年针对 T0.9 处理,每 10 cm 为一层,对 0~100 cm 的土壤温度进行了连续监测,每隔 1 h 自动记录一次数据。

2.温室番茄根系的测量

测定的生态指标主要有株高、叶面积和根系生长状况。株高和叶面积每隔 5~10 d 观测一次,株高采用直尺测量,番茄叶面积测量方法如下:采用 CAD 技术与直接测量结果多次拟合后得到叶面积转化系数 0.685,叶面积=最大叶长×最大叶宽×0.685,最后折算出 LAI。于幼苗期、花果期、盛果期和采摘期测量了 T0.9 处理的根系生长,分别于 2015 年 4 月 16 日、5 月 6 日、5 月 30 日和 7 月 5 日,2016 年 4 月 14 日、5 月 6 日、6 月 30 日和 7 月 7 日,采用根钻取根法分别在行上和行间位置排列取样,具体取样的平面分布如图 2-8 所示。采用分层取样法,每 10 cm 为一层,直至根系下扎深度,取回根系样品清洗后,采用

EPSON 扫描仪获取根系图像,采用 WinRHIZO 根系分析系统(Regent Instruments Inc., Canada)分析根长密度、根系直径和根表面积等参数。

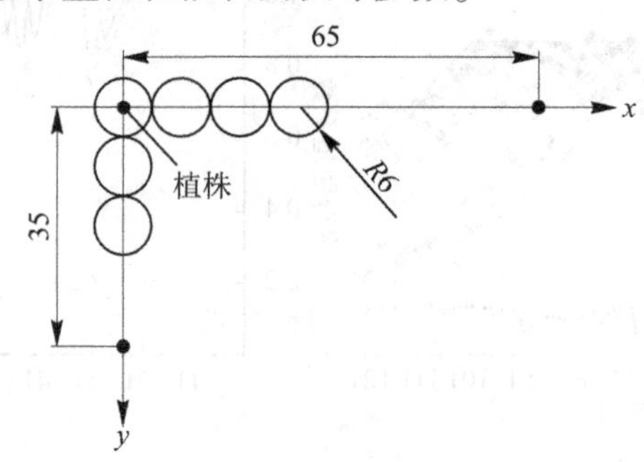

图 2-8　番茄根系取样图　(单位:cm)

3.土壤水热参数的确定

采用激光粒度分析仪对 0~100 cm 深度的土壤粒径进行分析,见表 2-5。

表 2-5　日光温室土壤粒径组成

深度/cm	颗粒百分含量/%		
	黏粒(<0.002 mm)	粉粒(0.002~0.05 mm)	砂粒(0.05~2 mm)
0~20	20.96	79.04	0
20~40	21.38	78.62	0
40~60	17.58	81.98	0.44
60~80	9.83	80.67	9.50
80~100	6.45	70.99	22.56

采用高速离心机法测定 0~40 cm 和 40~100 cm 土层的土壤水分特征曲线,并拟合出土壤水分特征曲线的 VG 方程:

$$\theta=\theta_r+(\theta_s-\theta_r)\left[1+(\alpha S)^n\right]^{-m} \tag{2-57}$$

式中:θ 为体积含水率,$cm^3 \cdot cm^{-3}$;θ_r 为残余含水率,$cm^3 \cdot cm^{-3}$;θ_s 为饱和含水率,$cm^3 \cdot cm^{-3}$;S 为土壤吸力,cm;α 为土壤进气值的倒数,cm^{-1};θ_r、θ_s、α、m 和 n 为拟合常数。其中,$m=1-1/n$,对于 0~40 cm 土层,θ_r、θ_s、α 和 n 分别为 0.118 $cm^3 \cdot cm^{-3}$、0.44 $cm^3 \cdot cm^{-3}$、0.012 cm^{-1}和 1.40;对于 40~100 cm 土层 θ_r、θ_s、α 和 n 分别为 0.115 $cm^3 \cdot cm^{-3}$、0.46 $cm^3 \cdot cm^{-3}$、0.013 cm^{-1}和 1.414。

采用水平土柱入渗法测定非饱和土壤水扩散率。根据试验数据,采用 e 指数方程拟合非饱和土壤水扩散率,其表达式为:

$$D(\theta)=ae^{b\theta} \tag{2-58}$$

式中:$D(\theta)$ 为非饱和土壤水扩散率,$cm^2 \cdot min^{-1}$;θ 为体积含水率,$cm^3 \cdot cm^{-3}$;a、b 为拟合常数,对于 0~40 cm,a、b 分别为 0.045 和 15.976,对于 40~100 cm,a、b 分别为 0.001 和 23.123。

非饱和导水率可用比水容重 $C(\theta)$ 与非饱和土壤水扩散率的乘积表示，$C(\theta)$ 即为土壤水分特征曲线的倒数，因此非饱和导水率可用下式计算：

$$K(s)=\alpha mna\theta_s(\alpha S)^{n-1}[1+(\alpha S)^n]^{-m-1}\exp\{b\theta_s[1+(\alpha S)^n]^{-m}\} \tag{2-59}$$

式中：$K(s)$ 为非饱和导水率，cm · min^{-1}；其余符号意义同前。

C_v 采用 De Vries (1958) 提出的土壤热容量公式计算：

$$C_v=1.92(1-\theta_s)+4.18\theta \tag{2-60}$$

式中：θ_s 为饱和含水率，cm^3 · cm^{-3}；θ 为土壤容积含水率，cm^3 · cm^{-3}。

土壤导热率 K_h(J · cm^{-1} · s^{-1} · ℃$^{-1}$) 采用下式计算：

$$K_h=(K_{sat}-K_{dry})\lambda_e+K_{dry} \tag{2-61}$$

式中：K_{dry} 为干土热导率，W · m^{-1} · K^{-1}；K_{sat} 为饱和土壤热导率，W · m^{-1} · K^{-1}；λ_e 为 Kersten 函数，分别由下式计算：

$$K_{dry}=-0.56n_f+0.51 \tag{2-62}$$

$$K_{sat}=(K_q K_0^{1-q})^{(1-n_f)}K_w^{n_f} \tag{2-63}$$

$$\lambda_e=\exp[M_0(1-S_r^{M-N})] \tag{2-64}$$

式中：K_w 为水的导热率，W · m^{-1} · K^{-1}，20 ℃ 时为 0.594 W · m^{-1} · K^{-1}；q 为石英含量 (10%)，kg · kg^{-1}；K_q 为石英导热率，W · m^{-1} · K^{-1}，取 7.7 W · m^{-1} · K^{-1}；K_0 为非石英矿物的导热率，当 $q \leq 20\%$ 时，取 3.0 W · m^{-1} · K^{-1}，否则取 2.0 W · m^{-1} · K^{-1}；S_r 为土壤饱和度 ($S_r=\theta/n_f$)；N 为形状因子，一般取 1.33；M_0 为与土壤质地有关的常数，土壤砂粒含量大于 40% 时取 0.96，土壤砂粒含量小于 40% 时取 0.27；n_f 为土壤孔隙度。

土壤的热扩散率 D_h(cm^2 · s^{-1}) 采用下式计算：

$$D_h=K_h/C_v \tag{2-65}$$

第 3 章　不同灌溉制度对设施蔬菜生理生长特性的影响

光合作用是作物产量形成的基础,气孔是植物叶片与外界进行气体交换的主要通道,也是植株蒸腾失水和获取 CO_2 的重要通道,叶水势是衡量作物水分状况的重要指标之一,其高低可表征作物从相邻的组织或土壤中吸收水分以确保其正常生理活动进行的能力。叶面积指数(LAI)是作物群体结构的重要指标之一。灌溉对植物生理生长特性有着明显的影响,对大多数植物而言,轻度干旱不会降低其生理生长特性,中度干旱以下时才开始影响。任何生育时期水分亏缺不仅会导致作物发生一系列的生理变化,如气孔关闭、光合作用下降、植株水势降低、叶片受损等(Talbi et al., 2011),水分亏缺还会降低土壤有效含水率导致土壤中养分的溶解度降低,抑制作物对养分的吸收,进而减小作物的生物量,最终影响作物叶面积指数、株高和茎粗(李欢欢等,2020)。但适宜的叶面积指数是植株充分利用光能、提高产量的重要途径之一;如果 LAI 过大,会影响作物群体结构的分布,减弱其通风、透光性,并且增加水分、养分的消耗,使蔬菜作物生殖生长与营养生长不协调,不利于产量的提高;如果 LAI 过小,虽然通风、透光好了,但是总的光合面积减少,不能满足蔬菜作物高产的生长发育要求,也会影响产量。因此,研究不同灌溉制度对设施蔬菜生理生长特性的影响,对制定设施蔬菜合理的灌溉制度具有重要的意义。

3.1　不同灌溉制度对设施蔬菜生理特性的影响

3.1.1　土壤水分状况对设施蔬菜生理特性的影响

3.1.1.1　对光合速率的影响

1.番茄

番茄苗期、开花坐果期、成熟采摘末期不同土壤水分状况下叶片光合速率的日变化均呈现单峰型(见图 3-1),且变化趋势基本相似。在清晨,太阳辐射弱、气温低、空气相对湿度高,光合速率小;随着太阳辐射的逐渐增加,气温逐渐升高,光合速度逐渐增强,到12:00达到峰值;而后,随着光照强度减弱和气温的降低,光合速度逐渐减小。各生育阶段内不同土壤水分状况对叶片光合速率的影响主要表现在 12:00 左右,总的变化趋势是随土壤含水率的增加而增大,说明温室番茄叶片光合速率在中午处于稳定阶段。T2 处理与高水分处理(T3、T6、T9)相比,差异较小,但明显高于低水分处理,说明 T2 处理有利于提高番茄叶片的光合速率，即苗期适度的水分亏缺并没有严重影响番茄叶片的光合作用，只有当土壤水分达到中度亏缺及以下程度时才开始对番茄叶片的光合作用产生明显影响。综观番茄整个生育期，叶片光合速率表现出前期小、中期大、后期又减小的变化规律，这主要是叶片的叶龄引起的，一般而言，从叶片的发生至衰老凋萎，其光合速率呈单峰曲线变化，新形成的嫩叶由于组织发育不健全、叶绿体片层结构不发达、气孔开度低、细胞间隙小、呼吸作用旺盛等因素的影响，光合速率较低。从植物体光合产物的库源理论角度来讲，作为库的幼叶光合能力弱，需要从其他功能叶片（源）输入同化物供其生长。随着叶片的不断成长，库源的逐渐转化，光合速率提高，当叶片生长到最大时，光合速率也达到最大值，此后随着叶片的衰老，光合速率下降。

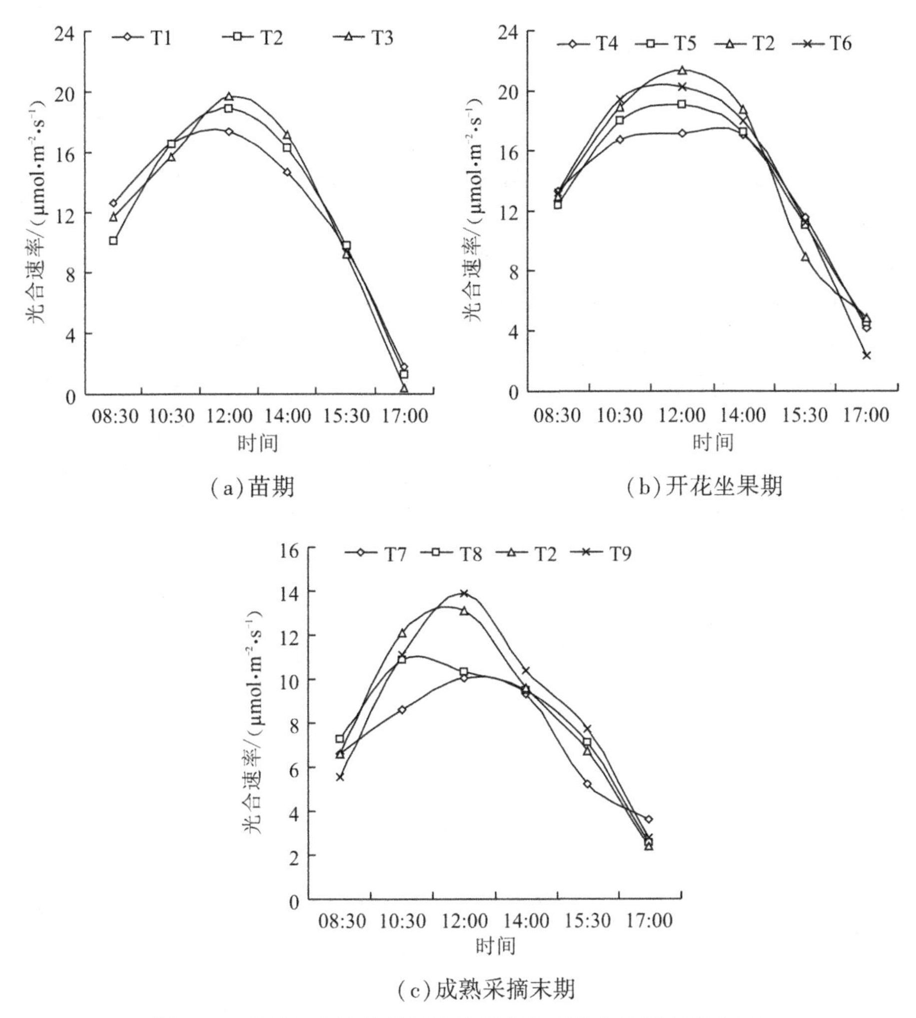

（a）苗期　（b）开花坐果期

（c）成熟采摘末期

图 3-1　不同水分处理番茄叶片光合速率的日变化（2008 年）

2009 年番茄开花坐果期和成熟采摘期水分调控对叶片光合速率的影响结果与 2008 年相类似，即番茄叶片光合速率的变化规律呈现单峰曲线，且光合速率随水分亏缺程度的增大而降低(见图 3-2)。

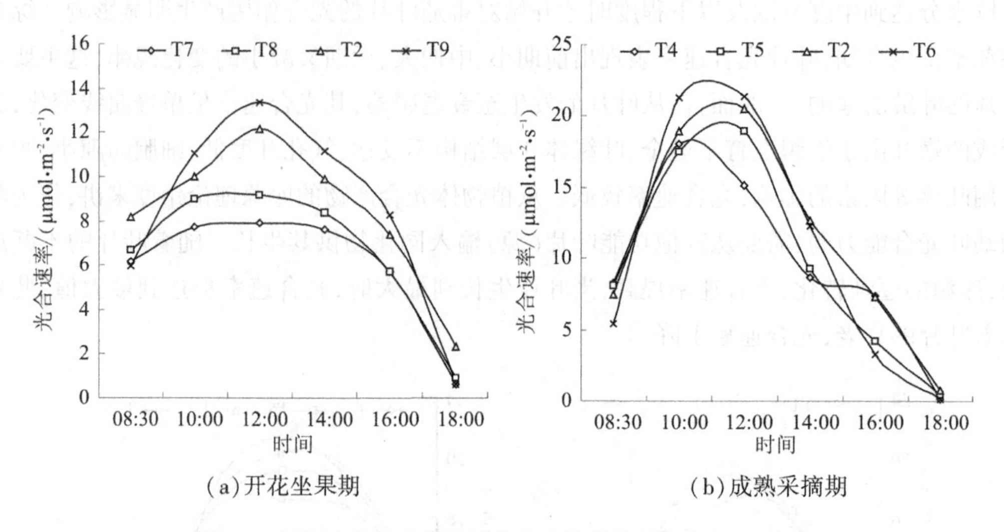

(a)开花坐果期　　(b)成熟采摘期

图 3-2　不同水分处理番茄叶片光合速率的日变化(2009 年)

2.*茄子*

图 3-3 给出了茄子不同生育阶段不同水分状况下光合速率的日变化。从图 3-3 中可以看出,苗期 E3 处理的光合速率明显高于 E1 和 E2 处理,而 E4 处理最小[见图 3-3(a)],这说明苗期适度的水分亏缺有利于提高光合速率,从而在一定程度上保证了产量。开花坐果期茄子叶片光合速率随着土壤水分的减小而减小[见图 3-3(b)]。成熟采摘期茄子叶片光合速率 E9 处理的接近或高于 E8 处理的光合速率,E8 处理的光合速率最小,而 E3 处理的光合速率高于 E10 处理的光合速率[见图 3-3(c)],由此表明土壤水分过高或过低均不利于茄子叶片的光合速率,进而影响光合产物的形成。图 3-3 还表明,成熟采摘期茄子叶片的光合速率明显高于苗期和开花坐果期。

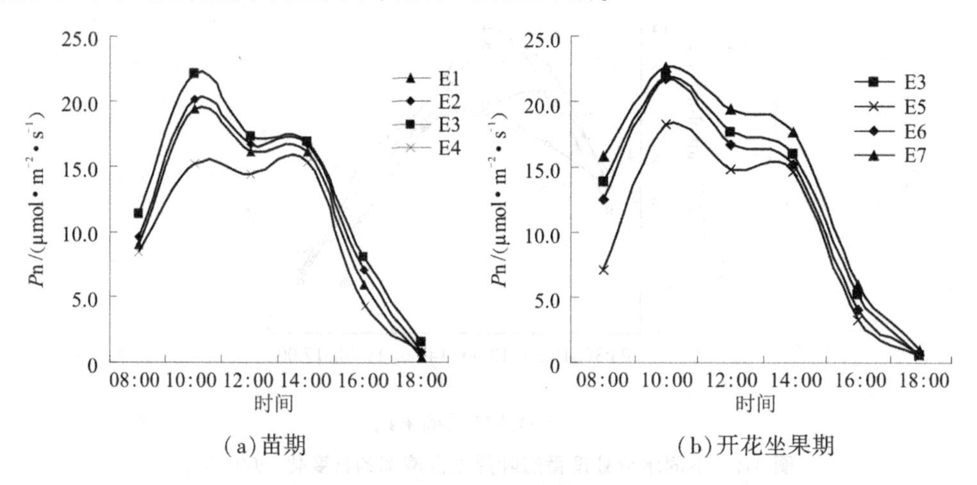

(a)苗期　　(b)开花坐果期

图 3-3　不同水分处理茄子叶片光合速率的日变化(2008 年)

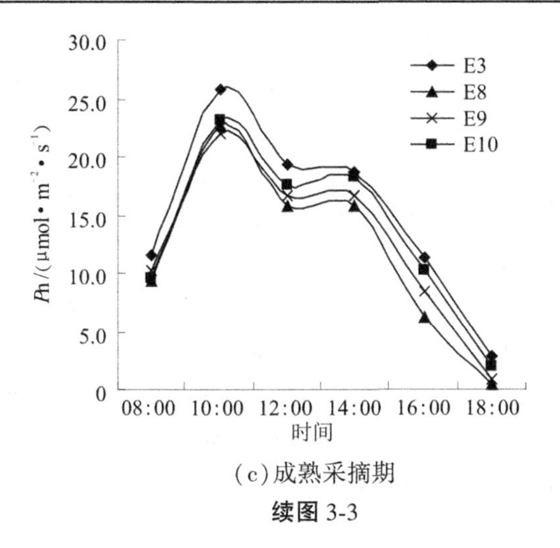

(c)成熟采摘期

续图 3-3

3.1.1.2　对气孔导度的影响

1.番茄

气孔是植物叶片与外界进行气体交换的主要通道,也是植株蒸腾失水和获取 CO_2 的重要通道。图 3-4 给出了 2008 年试验期番茄苗期、开花坐果期、成熟采摘期不同土壤水

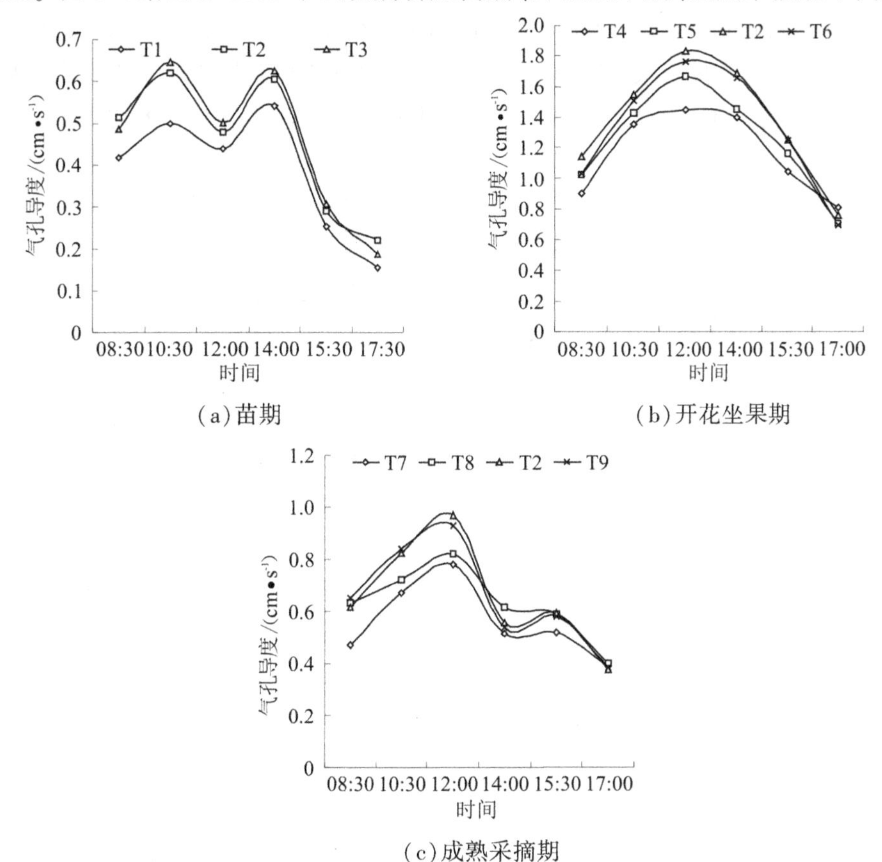

(c)成熟采摘期

图 3-4　不同水分处理番茄叶片气孔导度的日变化(2008 年)

分状况下番茄叶片气孔导度的日变化规律。苗期番茄以营养生长为主,需水量较小,气孔导度相对较小。番茄气孔导度呈现出双峰曲线[见图 3-4(a)],峰值分别出现在 10:30 和 14:00 左右,不同水分处理气孔导度的日变化规律基本一致,总体趋势表现出随土壤含水率的增加而增大,即 T1<T2<T3;当番茄进入营养生长与生殖生长并进阶段(开花坐果期),番茄需水量增大,气孔导度增大,番茄叶片气孔导度呈现单峰曲线,各处理气孔导度均在 12:00 左右达到最大值,各处理气孔导度的大小为 T4<T5<T6<T2,这是由于当水分亏缺达到一定程度,土壤水分不足以满足根系吸水需求,为了保持蒸腾与根系吸水之间的动态平衡,气孔开度会自我调节变小。但 T2 处理和 T6 处理之间的差异较小,这说明适度水分亏缺并不明显影响番茄叶片的气孔开度。当番茄进入生育末期,需水量减小,气孔导度也相应降低,此阶段番茄气孔导度的日变化呈现双峰曲线,峰值分别出现在 12:00 和 15:30 左右,各处理气孔导度总体趋势表现为 T2 处理和 T9 处理差异较小,但明显高于 T7 处理和 T8 处理。

2.茄子

图 3-5 给出了 2008 年试验期不同生育期不同土壤水分状况对茄子气孔导度的影响,E3 处理的气孔导度高于 E1、E2 处理和 E4 处理,这说明苗期正是茄子营养迅速生长期,适度的水分亏缺能够提高气孔导度;E7 处理的气孔导度高于 E3 处理,且 E6 处理的气孔导度接近于 E3 处理,表明不同的生育阶段亏水对气孔导度的影响不同。从图 3-5 中还可以发现,茄子在苗期和成熟采摘期一定程度亏水能够提高气孔导度,而开花坐果期气孔导度随着灌溉水的增加而增大。气孔导度表现出与光合速率相同的变化规律,成熟采摘期的气孔导度最大。

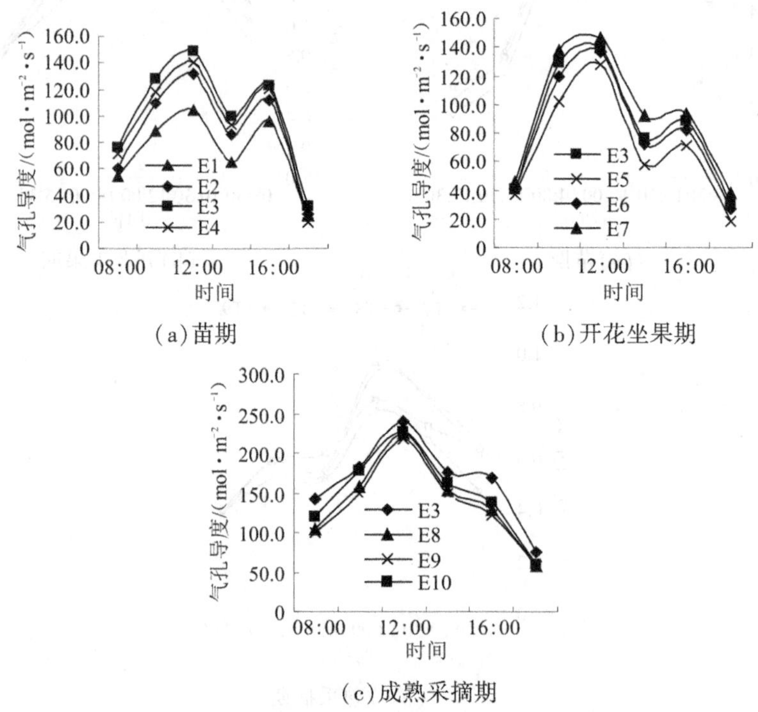

图 3-5 不同水分处理茄子叶片气孔导度的日变化(2008 年)

3.1.1.3　番茄光合速率与气孔导度的关系

图 3-6 给出了 2 个试验期内温室番茄叶片光合速率与气孔导度的相互关系。从图 3-6 中可以看出，叶片气孔导度直接影响光合速率，二者之间呈极显著正相关关系，即光合速率随气孔导度的增大而增大，随气孔导度的减小而减小，光合速率与气孔导度呈良好的线性关系，相关系数均达到 0.9 以上。

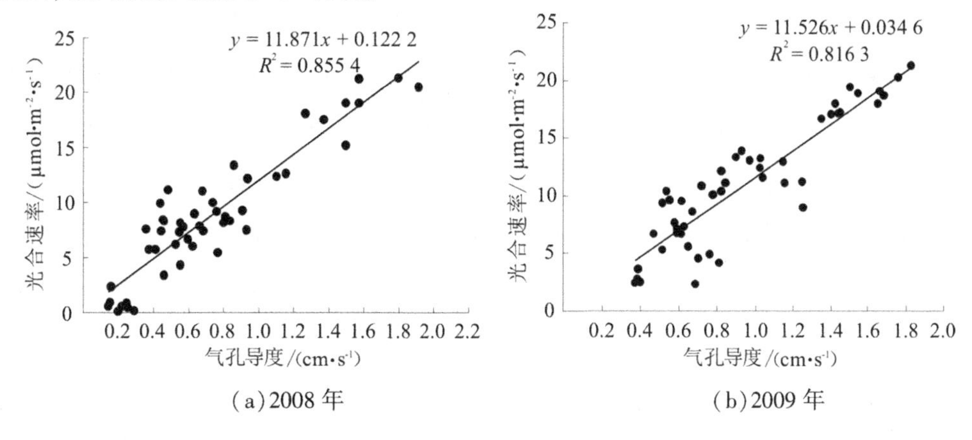

图 3-6　番茄叶片光合速率和气孔导度的关系

3.1.2　基于水面蒸发量灌水频率和灌水量耦合对设施蔬菜生理特性的影响

3.1.2.1　对光合速率的影响

光合作用是作物产量形成的基础，灌溉对植物光合作用有着明显的影响，对大多数植物而言，轻度干旱不会降低其光合作用，中度干旱以下时光合作用才开始明显减弱。表 3-1给出了基于水面蒸发量控制灌水频率和灌水量下温室番茄具有代表性的 3 个时间的光合速率，其中 5 月 17 日番茄正处于开花坐果期，5 月 26 日番茄处于开花坐果期与成熟采摘期的过渡时期，6 月 20 日番茄处于成熟采摘盛期，且该日也是 3 种灌水频率处理同时灌水后第 1 天。从表 3-1 中可以看出，在同一灌水频率下，不同灌水量对番茄叶片光合速率有明显影响。5 月 17 日，Kcp1、Kcp2、Kcp3 和 Kcp4 等处理的平均光合速率分别为 19.3 μmol · m^{-2} · s^{-1}、20.3 μmol · m^{-2} · s^{-1}、21.5 μmol · m^{-2} · s^{-1}和 21.5 μmol · m^{-2} · s^{-1}；5 月 26 日，Kcp1、Kcp2、Kcp3 和 Kcp4 等处理的平均光合速率分别为 18.0 μmol · m^{-2} · s^{-1}、18.9 μmol · m^{-2} · s^{-1}、20.0 μmol · m^{-2} · s^{-1}和 19.6 μmol · m^{-2} · s^{-1}。由此可以看出，当灌水量小于 $0.9E_{pan}$时，光合速率随灌水量的增加而增加；当灌水量大于$0.9E_{pan}$时，光合速率增加幅度较小，甚至还有降低的趋势，可见番茄叶片光合速率对灌水量的响应存在阈值，当灌水量高于或低于此阈值后，叶片光合速率均有降低的趋势。在同一灌水量下，不同灌水频率对番茄叶片光合速率也有明显影响。I1 和 I2 处理的光合速率均高于 I3 处理的，与 I3 处理相比，I1 和 I2 处理 5 月 17 日的平均光合速率分别提高了 4.9%和 5.3%，5 月 26 日的平均光合速率分别提高了 4.7%和 2.4%，由此说明，适当提高灌水频率可以明显提高叶片的光合速率，进而增加光合产物的积累，更有利于光合产物向果实的运转和积累，从而提高产量。

表 3-1　不同灌水处理对温室番茄叶片某些生理指标的影响(2012 年)

处理	光合速率/ (μmol·m^{-2}·s^{-1})			气孔导度/ (cm·s^{-1})			叶水势/MPa			细胞液浓度/%		
	05-17	05-26	06-20	05-17	05-26	06-20	05-17	05-26	06-20	05-17	05-26	06-20
I1Kcp1	18.9	18.6	14.3	1.32	1.26	0.72	−0.88	−0.82	−1.03	14.2	13.4	15.2
I1Kcp2	21.4	19.1	15.5	1.39	1.43	0.81	−0.53	−0.68	−0.90	11.3	10.5	15.0
I1Kcp3	22.6	20.3	16.0	1.51	1.57	0.87	−0.42	−0.45	−0.65	9.0	9.5	14.8
I1Kcp4	21.0	20.3	15.2	1.56	1.55	0.90	−0.38	−0.43	−0.60	8.9	8.4	14.2
I2Kcp1	19.4	18.3	14.1	1.31	1.32	0.59	−0.90	−0.93	−1.05	14.1	14.3	15.0
I2Kcp2	20.5	19.0	15.3	1.38	1.41	0.76	−0.57	−0.65	−0.98	12.9	12.4	14.9
I2Kcp3	21.5	20.2	16.0	1.51	1.56	0.78	−0.42	−0.32	−0.73	10.3	8.5	14.5
I2Kcp4	22.8	19.1	16.4	1.51	1.53	0.88	−0.42	−0.38	−0.75	10.0	9.5	13.2
I3Kcp1	19.6	17.1	13.7	1.38	1.23	0.64	−0.97	−0.97	−1.00	13.7	14.0	16.0
I3Kcp2	19.1	18.6	15.8	1.45	1.41	0.72	−0.58	−0.78	−1.02	13.0	12.7	14.6
I3Kcp3	20.5	19.6	15.3	1.55	1.55	0.76	−0.43	−0.47	−0.83	9.1	11.8	13.8
I3Kcp4	20.8	19.5	16.2	1.52	1.58	0.81	−0.42	−0.47	−0.73	9.7	10.9	13.6

从表 3-1 中还可以看出,番茄叶片光合速率表现出中期大、后期小的变化规律,这主要是叶片的叶龄引起的,各处理均表现出相似的规律,3 次观测时间的平均光合速率分别为 20.7 μmol·m^{-2}·s^{-1}、19.1 μmol·m^{-2}·s^{-1}和 15.3 μmol·m^{-2}·s^{-1},与 5 月 17 日相比,6 月 20 日的光合速率明显降低,平均降幅为 25.9%。

3.1.2.2　对气孔导度的影响

由表 3-1 可知,在同一灌水频率下,不同灌水量对番茄叶片气孔导度有明显影响。5 月 17 日,Kcp1、Kcp2、Kcp3 和 Kcp4 处理的平均气孔导度分别为 1.34 cm·s^{-1}、1.41 cm·s^{-1}、1.52 cm·s^{-1}和 1.53 cm·s^{-1};5 月 26 日,Kcp1、Kcp2、Kcp3 和 Kcp4 处理的平均气孔导度分别为 1.27 cm·s^{-1}、1.42 cm·s^{-1}、1.56 cm·s^{-1}和 1.55 cm·s^{-1}。由此可以看出,气孔导度随灌水量的变化规律与光合速率相类似,当灌水量小于 0.9E_{pan}时,气孔导度随灌水量的减小而减小,这是由于当水分亏缺达到一定程度,土壤水分不足以满足根系吸水需求,为了保持蒸腾与根系吸水之间的动态平衡,气孔开度会自我调节变小。当灌水量大于 0.9E_{pan}时,气孔导度增加幅度较小,甚至还有降低的趋势,说明番茄叶片气孔导度对灌水量的响应也存在阈值,当灌水量高于或低于此阈值后,叶片气孔导度均有降低的趋势。在同一灌水量下,I1、I2 和 I3 等处理 5 月 17 日的平均气孔导度分别为 1.44 cm·s^{-1}、1.43 cm·s^{-1}和 1.48 cm·s^{-1},5 月 26 日的平均气孔导度分别为 1.45 cm·s^{-1}、1.46 cm·s^{-1}和 1.44 cm·s^{-1}。

由此可见，不同灌水频率对番茄叶片气孔导度没有明显影响，也就是说，不同灌水频率对叶片气孔蒸腾没有明显影响。

从表 3-1 中还可以看出，番茄叶片气孔导度也表现出中期大、后期小的变化规律，这也主要是叶片的叶龄引起的，各处理均表现出相似的规律，3 次观测时间的平均气孔导度分别为 1.45 $cm \cdot s^{-1}$、1.45 $cm \cdot s^{-1}$和 0.77 $cm \cdot s^{-1}$，与 5 月 17 日相比，5 月 26 日的气孔导度无变化，6 月 20 日的气孔导度明显降低，气孔导度平均降低了 46.87%。这主要由叶片的叶龄引起，从叶片的发生至衰老凋萎，其气孔导度一般来说也呈单峰曲线变化，到番茄生育后期，随着叶片的衰老，组织结构受到破坏，气孔开度减小。由此可见，后期因气孔开度的减小势必会降低叶片的蒸腾速率。

3.1.2.3　对细胞液浓度的影响

图 3-7 给出了温室番茄开花坐果期内连续两周隔天观测的不同处理细胞液浓度变化过程。从图 3-7 中可以看出，不同灌水频率和灌水量明显影响温室番茄叶片细胞液浓度。在同一灌水频率下，灌水量越小，其叶片细胞液浓度越大，且差异随水分亏缺时间的延长而增大。每次灌水前，各处理细胞液浓度差异较大，如在 I1 灌水频率下（5 月 29 日灌水），5 月 28 日各灌水量处理之间的差异较大，与 Kcp4 相比，Kcp3、Kcp2 和 Kcp1 处理的细胞液浓度分别提高了 27.7%、66.1%和 109.7%；灌水后（5 月 30 日）各灌水量处理之间差异较小，与 Kcp4 相比，Kcp3、Kcp2 和 Kcp1 处理的细胞液浓度仅分别提高了 9.3%、4.5%和 5.3%。这是因为灌水量越小，作物越易发生水分亏缺，促使光合产物向叶片积累，叶片可溶性糖含量等溶质增加，且叶片水分得不到及时供应而失水加重，从而导致叶片细胞液浓度增大。不同灌水频率对细胞液浓度的影响主要表现在灌水时间的不同，在整个观测周期内，同一灌水量不同灌水频率的细胞液浓度均值没有明显差异。

表 3-1 同时也给出了 2012 年度温室番茄不同处理细胞液浓度变化过程，从表中可以看出，在同一灌水频率下，不同灌水量对温室番茄叶片细胞液浓度的影响与 2011 年试验结果一致，即灌水量越小，其叶片细胞液浓度越大，每次灌水前，各处理细胞液浓度差异较大，如在 I1 灌水频率下（5 月 27 日灌水），5 月 26 日各灌水量处理之间的差异较大，与 Kcp4 相比，Kcp3、Kcp2 和 Kcp1 处理的细胞液浓度分别提高了 13.1%、25.0%和 59.5%；灌水后（6 月 20 日）各灌水量处理之间差异较小，与 Kcp4 相比，Kcp3、Kcp2 和 Kcp1 处理的细胞液浓度仅分别提高了 4.2%、5.6%和 7.0%。由此说明，番茄叶片细胞液浓度的大小仅受灌水量大小的影响，而不受灌水频率高低的左右。

从表 3-1 中还可以看出，番茄叶片细胞液浓度表现出中期小、后期大的变化规律，各处理均表现出相似的规律，3 次观测时间各处理的平均细胞液浓度分别为 11.4%、11.3%和 14.6%，与 5 月 17 日相比，5 月 26 日的细胞液浓度没有太大变化，6 月 20 日的细胞液浓度明显增大，增幅为 28.3%。这主要由叶片的叶龄引起，从叶片的发生至衰老凋萎，其叶片组织结构不断生长变化，在叶片生长初期，叶片组织鲜嫩，含水率较高，细胞液浓度相对较低；到番茄生育后期，随着叶片的衰老，组织结构受到破坏，叶片含水率降低，其细胞液浓度相应增大。

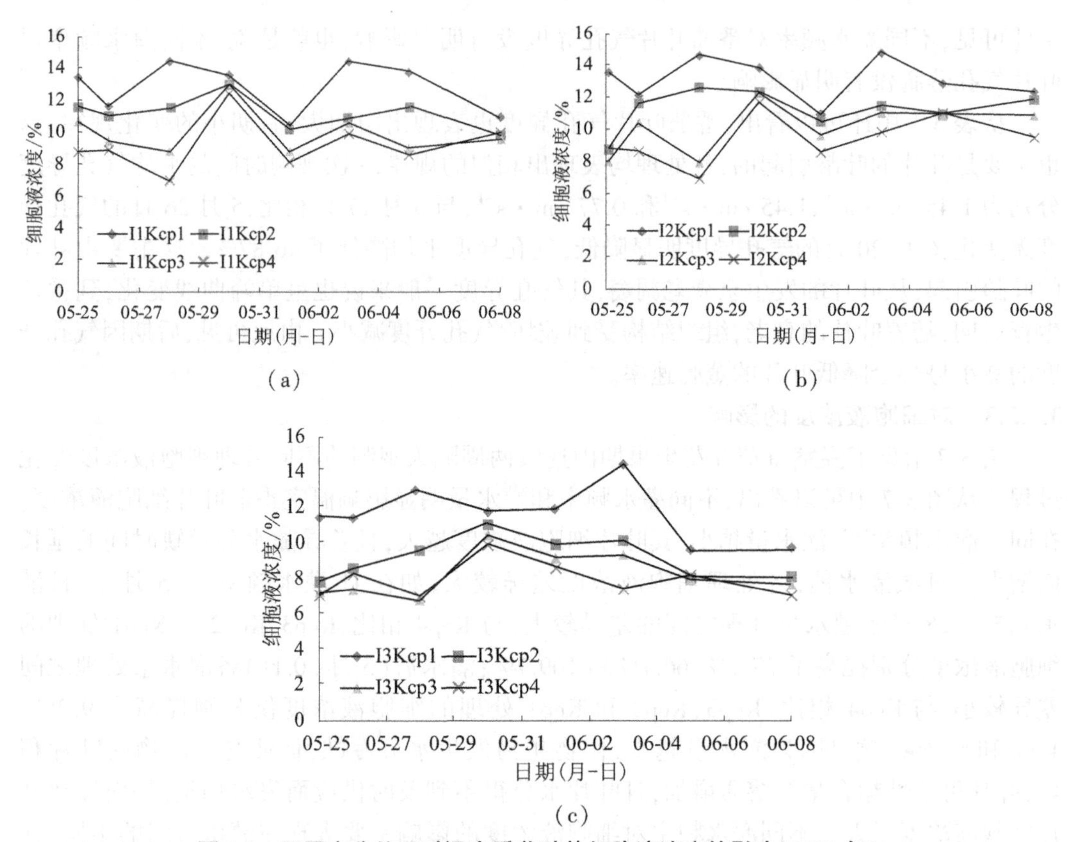

图 3-7 不同水分处理对温室番茄叶片细胞液浓度的影响(2011 年)

3.1.2.4 对叶水势的影响

叶水势是衡量作物水分状况的重要指标之一,其高低可表征作物从相邻的组织或土壤中吸收水分以确保其正常生理活动进行的能力。图 3-8 给出了温室番茄连续两周(2011 年开花坐果期内)隔天观测的不同处理叶水势变化过程。从图 3-8 中可以看出,不同灌水频率和灌水量对温室番茄叶水势产生明显影响。在同一灌水频率下,叶水势随灌水量的减小而降低,且差异随灌水间隔的延长而增大。每次灌水前,各处理叶水势差异较大,如在 I1 灌水频率下(5 月 29 日灌水),与 Kcp4 相比,灌水前(5 月 28 日),Kcp2 和 Kcp1 处理的叶水势分别降低了 82.8%和 137.9%,这是因为灌水量小,叶片细胞液浓度含量增大(见图 3-8),对水的吸引力增大,溶液的溶质越多,溶液的水势越低。即使是灌水后(5 月 30 日)各灌水量处理之间差异仍较大,与 Kcp4 相比,Kcp2 和 Kcp1 处理的叶水势分别降低了 40.0%和 112.0%,说明叶水势的变化要滞后于细胞液浓度。

表 3-1 同时给出了 2012 年度温室番茄不同水分处理叶水势的观测结果,从表中可以看出,在同一灌水频率下,不同灌水量对温室番茄叶水势产生的影响与 2011 年试验结果一致。叶水势随灌水量的减小而降低,每次灌水前,各处理叶水势差异较大,如在 I1 灌水频率下(5 月 27 日灌水),与 Kcp4 相比,灌水前(5 月 26 日),Kcp3、Kcp2 和 Kcp1 处理的叶水势分别降低了 4.7%、58.1%和 90.7%,即使是灌水后(6 月 20 日)各灌水量处理之间差异仍较大,与 Kcp4 相比,Kcp3、Kcp2 和 Kcp1 处理的叶水势分别降低了 8.3%、50.0%和

71.7%,说明叶水势的变化要滞后于细胞液浓度。在整个观测时间内,同一灌水量不同灌水频率的叶水势均值差异较小。由此说明,番茄叶水势的大小仅受灌水量大小的影响,而受灌水频率高低的影响很小。

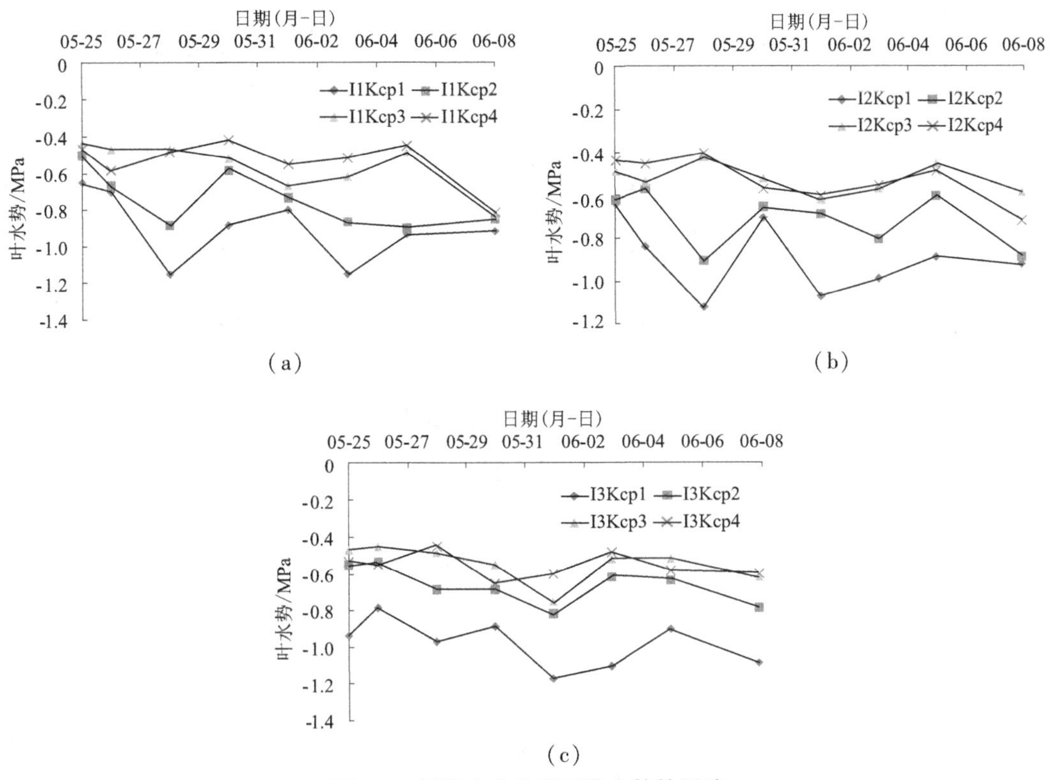

图 3-8　不同水分处理对叶水势的影响

从表 3-1 中还可以看出,与叶片光合速率相似,番茄的叶水势也表现出中期大、后期小的变化规律,各处理均表现出相似的规律,3 次观测时间各处理的平均叶水势分别为 −0.6 MPa、−0.67 MPa 和 −0.90 MPa,5 月 17 日和 5 月 26 日之间的叶水势没有太大差异,6 月 20 日的叶水势明显减小,减幅为 50%。这主要由叶片的叶龄引起,从叶片的发生至衰老凋萎,其叶片组织结构不断生长变化,在叶片生长初期,叶片组织鲜嫩,含水率较高,细胞液浓度相对较低,叶水势相应较高;到番茄生育后期,随着叶片的衰老,组织结构受到破坏,叶片含水率降低,其细胞液浓度相应增大,叶水势减小。

3.2　不同灌溉制度对设施蔬菜植株形态生长的影响

3.2.1　土壤水分状况对设施蔬菜形态生长的影响

3.2.1.1　对株高和茎粗的影响

1.*番茄*

图 3-9~图 3-12 分别给出了各水分处理番茄株高和茎粗的变化过程。从图中可以看

出,株高、茎粗在营养生长期(苗期)内迅速增长,当进入营养生长与生殖生长并进时期(开花坐果期)其增长速度逐渐放缓,随着生育阶段的推移,逐渐进入生殖生长时期,由于受人为打顶的影响,株高和茎粗基本停止生长。

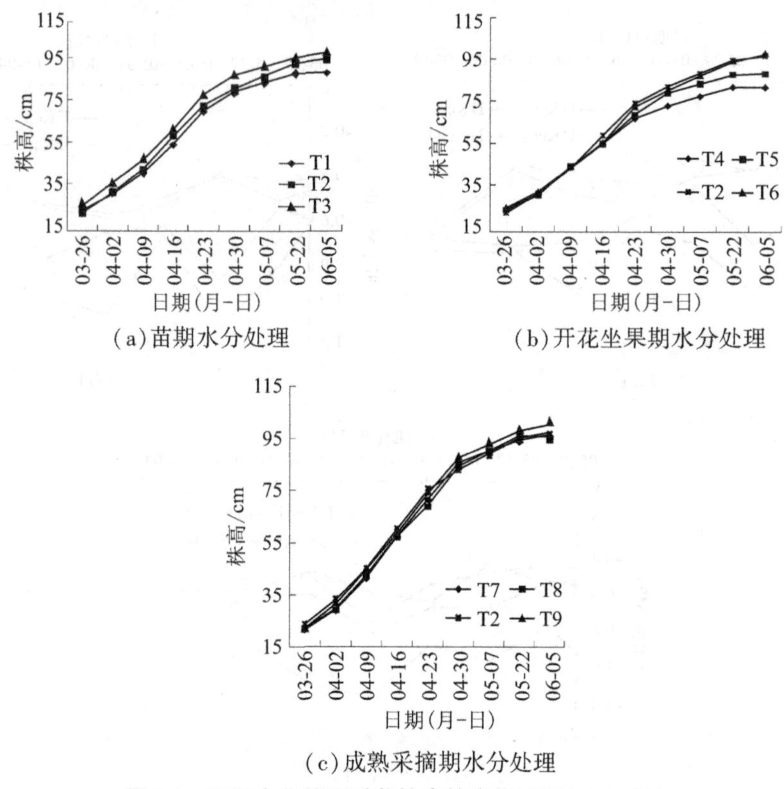

(a)苗期水分处理

(b)开花坐果期水分处理

(c)成熟采摘期水分处理

图 3-9 不同水分处理番茄株高的变化过程(2008 年)

苗期土壤水分调控对番茄株高的影响比较明显。由图 3-9(a)可知,第一个试验期(2008 年),番茄定植后 13 d 之内 T1、T2、T3 处理株高没有明显差别,这是因为此时段水分基本一致,各处理水分尚未拉开,但从第 18 天(4 月 2 日)T3 处理灌水后,其株高明显高于 T1、T2 处理,在整个生育期内番茄的株高随土壤含水率的增大而增大,即 T1<T2<T3;而在第二个试验期(2009 年),番茄移栽时,土壤含水率较高(1 m 土层的平均土壤含水率均大于 85%田间持水量),整个苗期水分未拉开,因而各处理番茄株高无明显差异(茎粗和叶面积也类似,以下不再阐述)。水分处理前各处理茎粗无明显差异,在水分亏缺阶段,T1 处理的茎粗明显低于 T2 处理和 T3 处理,而 T2 处理和 T3 处理的茎粗没有显著差异,随着生育阶段的推移,高水分处理(T3)逐渐显示出茎粗的生长优势,在开花坐果期要明显高于 T1,即茎粗随土壤含水率的增大而增大。T1 处理进行复水后,茎粗迅速增大,最终超过了 T2 处理,说明苗期水分亏缺抑制了植株的正常生长发育,但复水后表现出生长补偿效应。由此说明,番茄的生长补偿效应主要体现在茎粗上,这是由于番茄在第四穗花开花后进行了人为打顶,打顶后株高生长基本停止。这说明苗期土壤水分过高,植株徒长,不利于水分和养分向果实的传输;土壤水分过低,抑制了株高和茎粗的增长。从植株生长发育来看,番茄苗期土壤水分控制下限在田间持水量的 50%~60%时,可使幼苗保

持适宜的生长量,防止幼苗徒长,有利于培育壮苗。

开花坐果期是番茄营养生长的旺盛期,并且已开始进入生殖生长阶段,因此这一时期是营养生长与生殖生长并进的时期,各器官都要求有充足的光合产物以维持其快速生长,对于水、肥的需求量也增大。在番茄开花坐果期进行土壤水分调控,T2处理和T6处理的株高在整个生长发育阶段均无明显差异,但略高于T5处理,而明显高于T4处理,番茄株高随水分胁迫程度的增大而减小;开花坐果期水分处理明显影响番茄茎粗,各处理茎粗的大小顺序为T6>T2>T5>T4,T6处理与T2处理无明显差异,但明显高于T4处理和T5处理;即使T4处理复水后,其茎粗也未出现反弹,充分说明此阶段为番茄植株生长对水分需求的敏感时期。较高的水分供应有利于茎粗的增长,而适度的水分胁迫对茎粗的限制作用较小,但当水分胁迫比较严重时,番茄茎粗的增长明显受到了抑制。由于苗期没有进行土壤水分调控,株高、茎粗在此阶段均无明显著差异。综上所述,番茄在开花坐果期土壤水分控制下限在田间持水量的70%~80%时,植株发育良好,可为开花坐果及果实的形成奠定良好的营养基础。

当番茄进入成熟采摘期,此时营养生长已基本结束,主要为生殖生长,在此阶段进行土壤水分调控,对番茄株高和茎粗影响较小,主要表现在水分亏缺加快了植株的衰老。

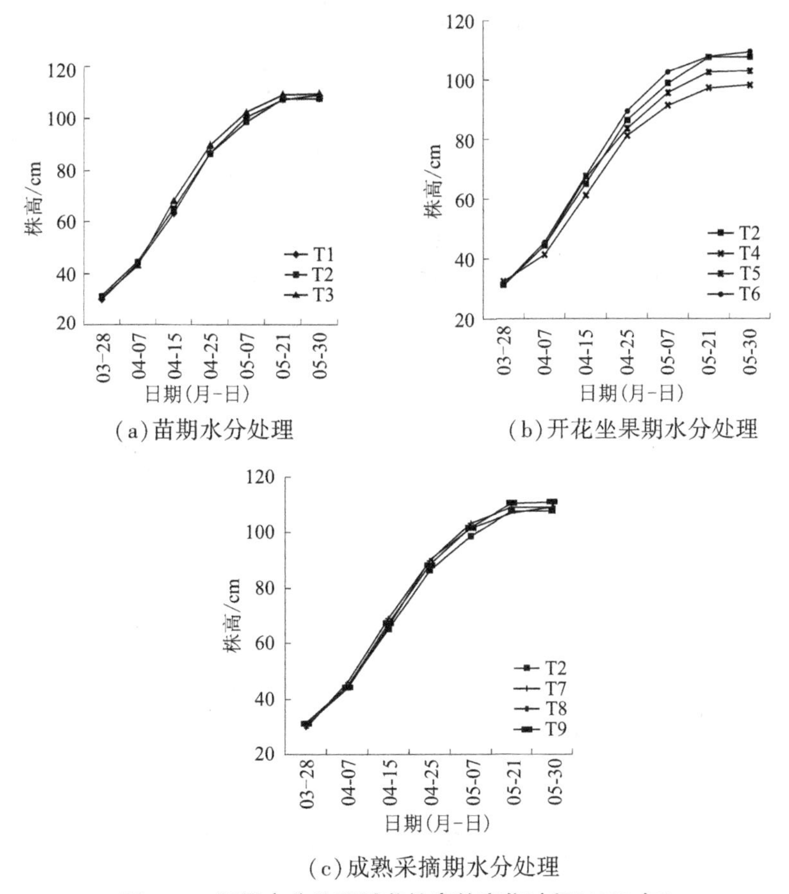

图3-10　不同水分处理番茄株高的变化过程(2009年)

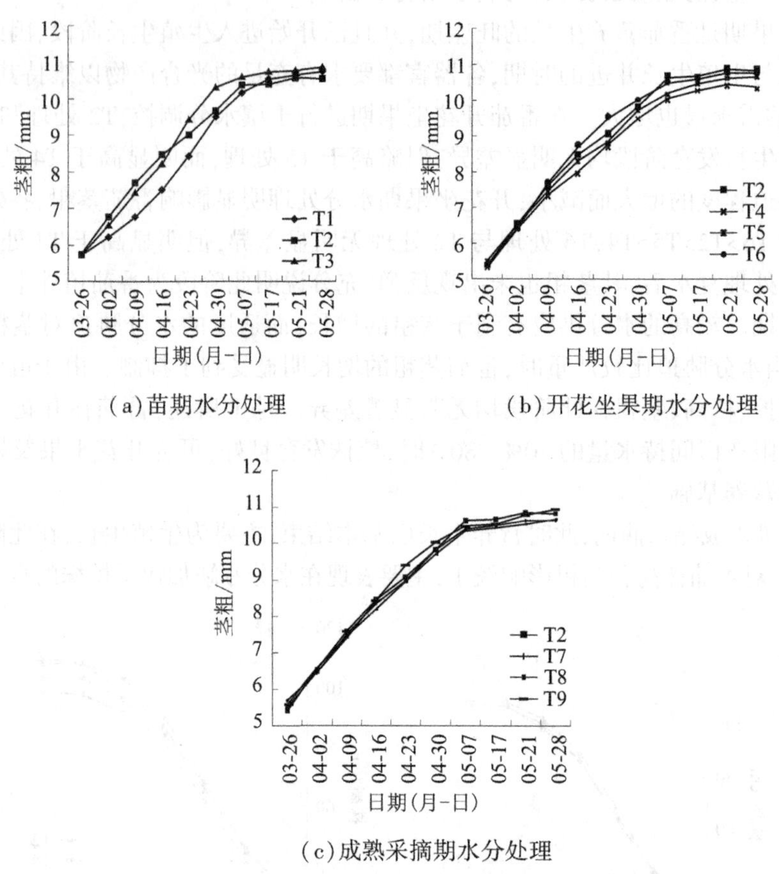

(a)苗期水分处理　(b)开花坐果期水分处理

(c)成熟采摘期水分处理

图 3-11　不同水分处理番茄茎粗的变化过程(2008 年)

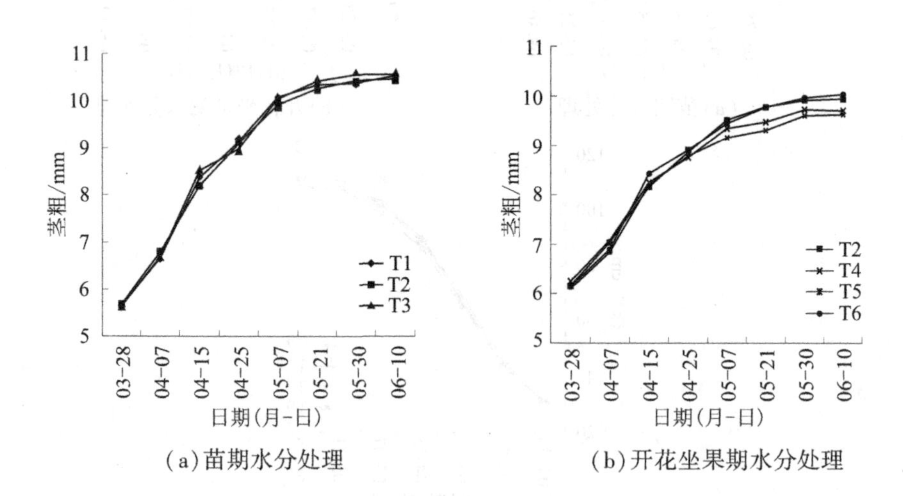

(a)苗期水分处理　(b)开花坐果期水分处理

图 3-12　不同水分处理番茄茎粗的变化过程(2009 年)

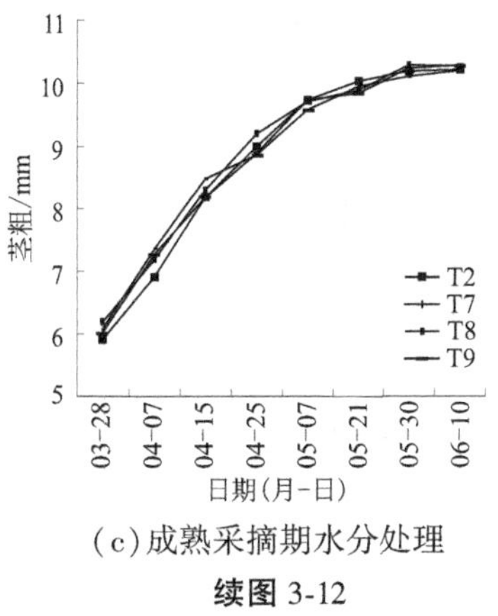

(c)成熟采摘期水分处理

续图 3-12

2.茄子

各水分处理茄子株高和茎粗的变化过程如图 3-13 和图 3-14 所示。由图可知茄子株高、茎粗随生育期的变化与番茄的类似。苗期进行土壤水分调控,株高和茎粗整体趋势是随着土壤含水率的减少呈下降趋势,即 E1<E2<E3<E4,E2 处理和 E3 处理的株高在水分亏缺阶段无明显差异,复水后 E2 处理的株高明显超过了 E3 处理,显示出生长补偿效应。由此说明,茄子的生长补偿效应主要体现在株高上,此因茄子没有进行打顶。这说明苗期土壤水分过高,植株徒长,不利于水分和养分向果实的传输;土壤水分过低,抑制了株高和茎粗的增长。从植株生长发育来看,茄子苗期土壤水分控制下限在田间持水量的 60%~70%时,可使幼苗保持适宜的生长量,防止幼苗徒长,有利于培育壮苗。

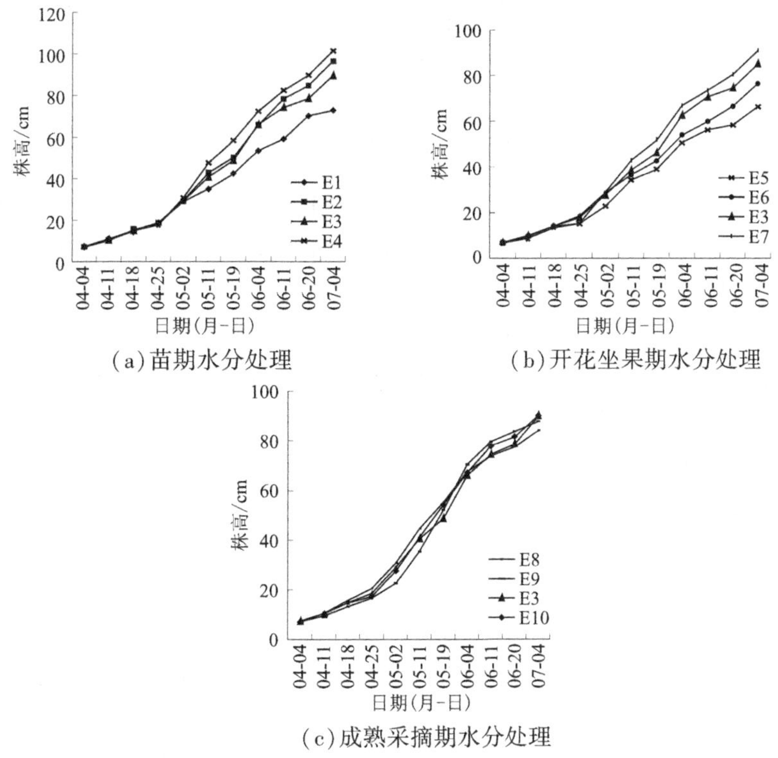

(a)苗期水分处理　　(b)开花坐果期水分处理

(c)成熟采摘期水分处理

图 3-13　不同水分处理茄子株高的变化过程(2008 年)

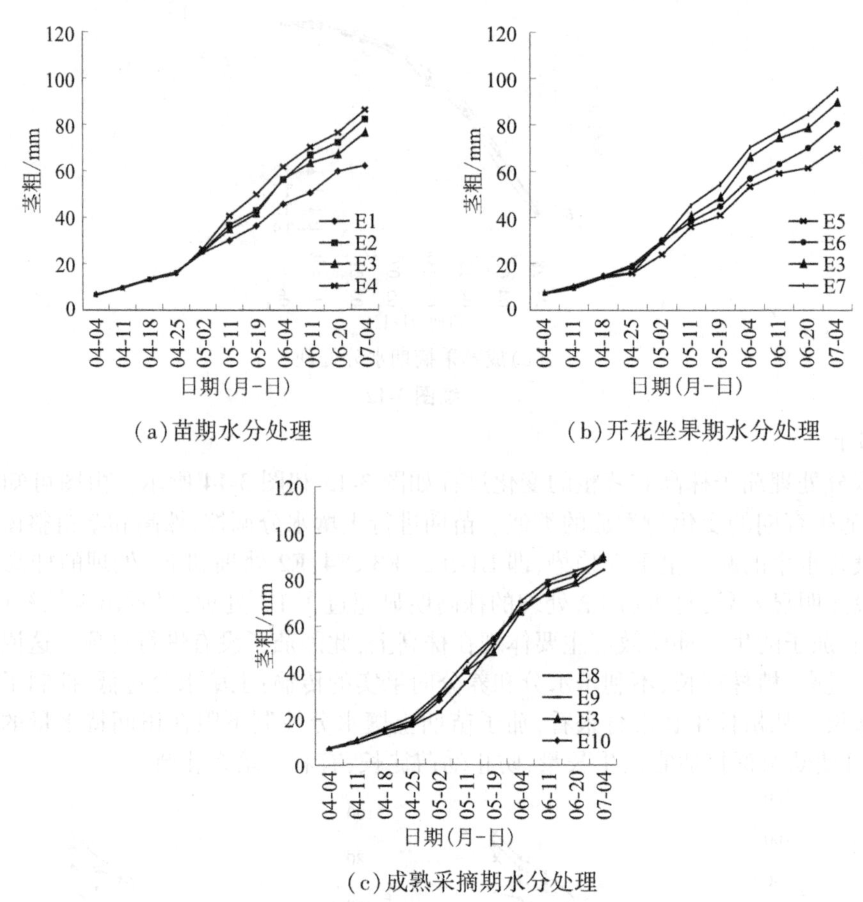

(a)苗期水分处理

(b)开花坐果期水分处理

(c)成熟采摘期水分处理

图 3-14　不同水分处理茄子茎粗的变化过程(2008 年)

开花坐果期是茄子营养生长的旺盛期,并且已开始进入生殖生长阶段,因此这一时期是营养生长与生殖生长并进的时期,各器官都要求有充足的光合产物以维持其快速生长,对于水、肥的需求量也增大。在此阶段进行水分调控,株高和茎粗均表现出随土壤含水率的增大而增大,即 E5<E6<E3<E7,而 E3 处理和 E7 处理之间的差异较小。因而,此阶段土壤水分亏缺茄子的正常生长发育,即使 E5 处理复水后,其株高、茎粗也未出现反弹,充分说明此阶段为番茄植株生长对水分需求的敏感时期。由于苗期没有进行土壤水分调控,茄子株高和茎粗在此阶段均无显著差异。综上所述,茄子在开花坐果期土壤水分控制下限在田间持水量的 70%~80%时,植株发育良好,可为开花坐果及果实的形成奠定良好的营养基础。成熟采摘期水分调控对茄子株高和茎粗的影响规律与番茄的一致。

3.2.1.2　对叶面积指数的影响

1.番茄

番茄叶面积指数表现为苗期小、开花坐果期大、成熟采摘期减小的变化规律。苗期由于植株个体矮小,叶片数较少,叶面积指数也较小;进入开花坐果期,植株生长旺盛,叶片数增多,叶面积增大,叶面积指数几乎呈直线上升,番茄于开花坐果期后期叶面积指数达到最大;此后,由于群体趋于封闭,下部叶片接受光照越来越少,加之植株逐渐衰老,下部叶片逐渐黄化和脱落,叶面积指数逐渐变小。

番茄不同土壤水分处理条件下的叶面积指数变化过程分别如图 3-15 和图 3-16 所示。从图中可以看出,灌水充足条件下有利于叶片的生长,特别是在开花坐果期这种差别较为明显。与充分灌水分处理(TCK)相比,各种亏水处理的叶面积指数都有所下降,缺水越严重,叶面积指数下降得也越多。苗期、开花坐果期水分处理对番茄叶面积指数的影响基本相似,叶面积指数基本上随着土壤含水率的增大而增大,苗期水分亏缺处理 T1 在后期复水后均表现出生长补偿效应;开花坐果期番茄叶面积指数均表现出随土壤含水率的增大而增大,即 T7>T2>T5>T4,严重水分亏缺处理 T4,即使后期复水后其叶面积指数也未表现出补偿效应;成熟采摘期番茄以生殖生长为主,叶面积的增长速率减缓,水分处理对番茄叶面积指数的影响不大,各水分处理之间差异主要表现为土壤含水率越低叶片老化越快。

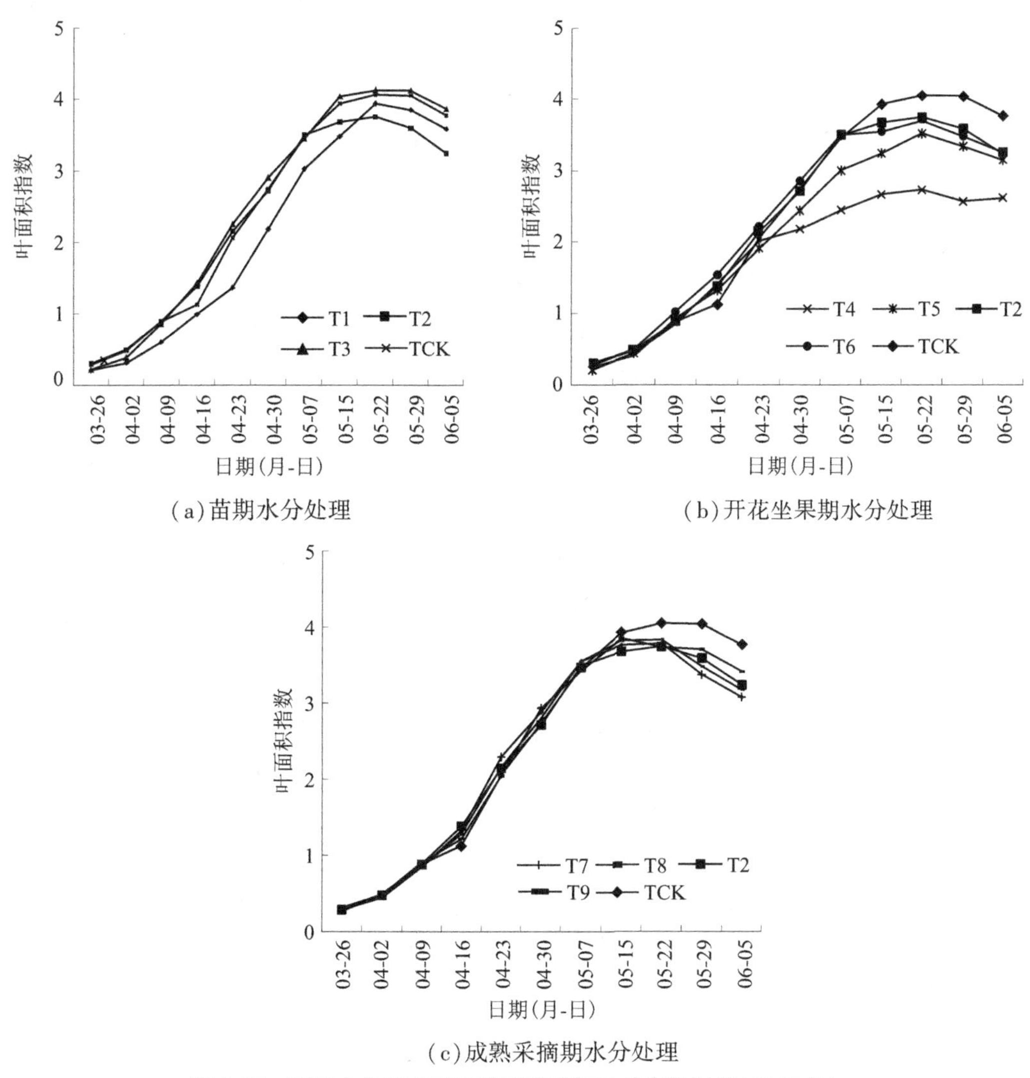

(a)苗期水分处理

(b)开花坐果期水分处理

(c)成熟采摘期水分处理

图 3-15　不同水分处理下番茄叶面积指数的变化过程(2008 年)

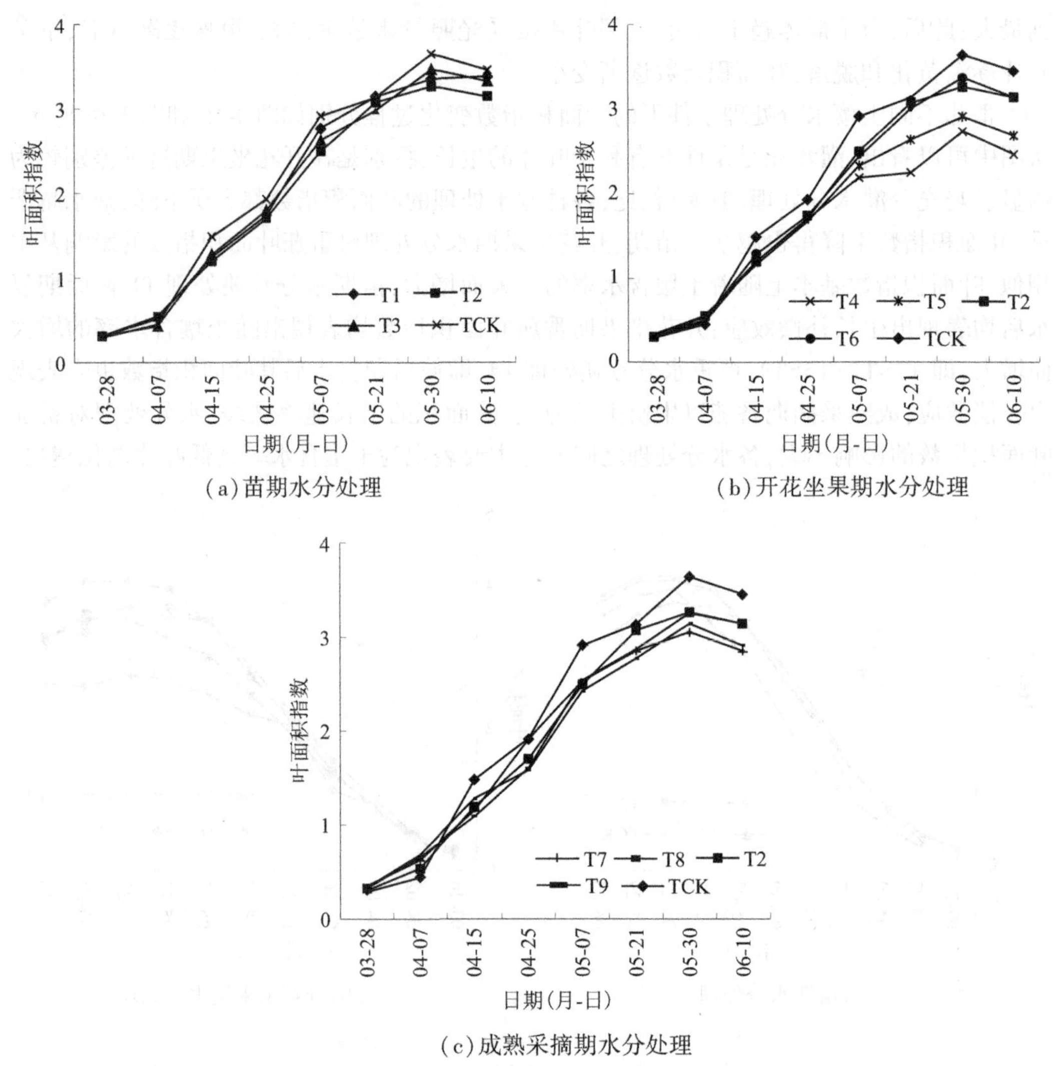

(a)苗期水分处理

(b)开花坐果期水分处理

(c)成熟采摘期水分处理

图 3-16 不同水分处理下番茄叶面积指数的变化过程(2009 年)

2.*茄子*

茄子叶面积指数随生育期的变化规律与番茄类似。但茄子在成熟采摘期中期叶面积指数达到最大。从图 3-17 中可以看出,不同水分处理对茄子的叶面积指数均有一定影响,灌水充足条件下有利于叶片的生长,特别是在开花坐果期这种差别较为明显。与充分灌水分处理(ECK)相比,各种亏水处理的叶面积指数都有所下降,缺水越严重,叶面积指数下降得也越多。苗期水分处理、开花坐果期水分处理对茄子叶面积指数的影响基本相似,叶面积指数基本上随着土壤含水率的增大而增大,苗期水分亏缺处理 E2 在后期复水后均表现出生长补偿效应;开花坐果期茄子叶面积指数均表现出随土壤含水率的增大而增大,即 E7>E3>E6>E5,严重水分亏缺处理 E5,即使后期复水后其叶面积指数也未表现出补偿效应;成熟采摘期茄子以生殖生长为主,叶面积的增长速率减缓,水分处理对番茄叶面积指数的影响不大,各水分处理之间差异主要表现为土壤含水率越低叶片老化越快。

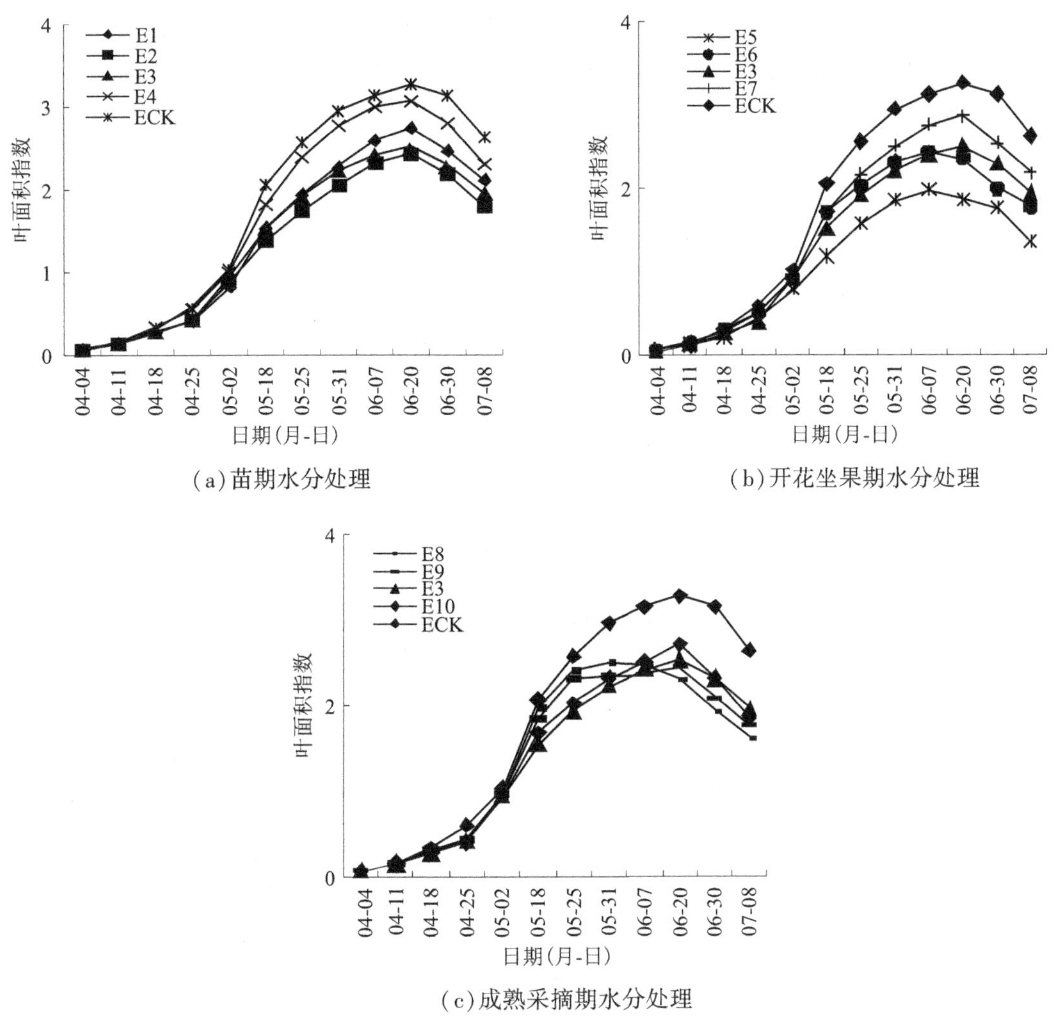

(a)苗期水分处理

(b)开花坐果期水分处理

(c)成熟采摘期水分处理

图 3-17　不同水分处理下茄子叶面积指数的变化过程(2008 年)

3.2.1.3　茎粗与叶面积指数的关系

基于上述土壤水分状况对番茄茎粗和叶面积指数的分析可知,土壤水分调控对叶面积指数与基部茎粗的影响基本一致,将番茄整个生育期各处理实测茎粗与叶面积指数进行对比分析(见图 3-18、图 3-19),结果表明,2 个试验期内番茄叶面积指数均随茎粗的增大而增大,且茎粗与叶面积指数呈现良好的指数关系,其回归方程式如下:

$$\mathrm{LAI}=a\mathrm{e}^{bD_s} \tag{3-1}$$

式中:LAI 为番茄叶面积指数;D_s为番茄植株基部茎直径,mm;a、b 均为回归系数。

经回归分析,2 个试验期回归方程决定系数 R^2均大于 0.97,二者关系达到极显著水平($P<0.01$),且回归方程的系数也均达到极显著水平(见表 3-2)。由表 3-2 可见,2 个试验期所得叶面积指数与基部茎粗回归方程的系数大小较为接近,因而采用 2008 年度所得叶面积指数和茎粗的回归方程计算 2009 年度番茄叶面积指数,其估算值与实测值的对比及误差分析结果如图 3-20 所示。从图 3-20 可见,估算值与实测值较为接近,集中地分布在

$y=x$ 直线的周围,计算所得最大相对误差为 12.7%,平均相对误差为 4.86%,说明采用番茄基部茎粗可较准确地估算番茄叶面积指数,该模型可为番茄叶面积指数快速准确地测定提供理论支持。

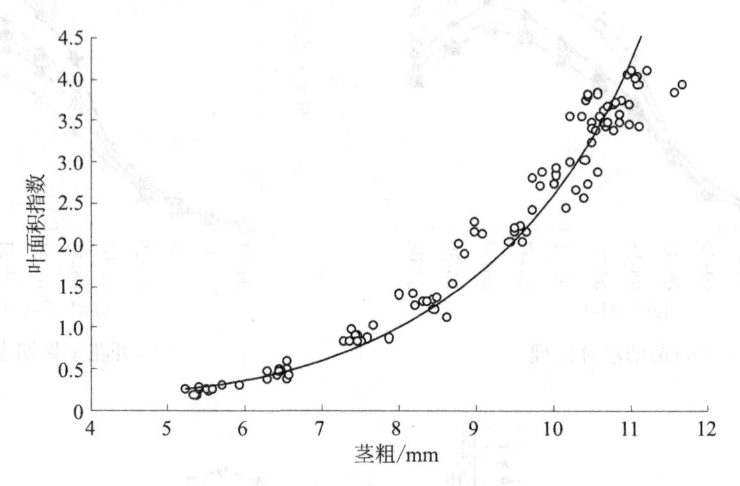

图 3-18　番茄茎粗与叶面积指数的关系(2008 年)

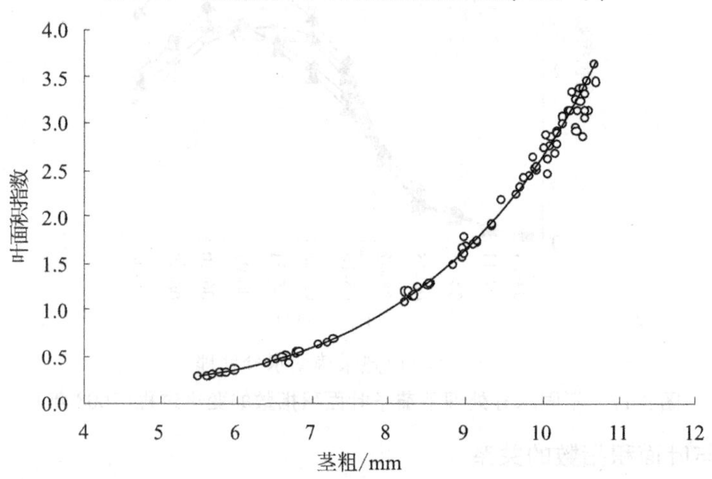

图 3-19　番茄茎粗与叶面积指数的关系(2009 年)

表 3-2　回归方程系数的参数估计

试验期	方程决定系数 R^2	回归系数		P 值
2008 年	0.971 2	a	0.021 7	<0.01
		b	0.480 8	<0.01
2009 年	0.985 3	a	0.019 5	<0.01
		b	0.489 4	<0.01

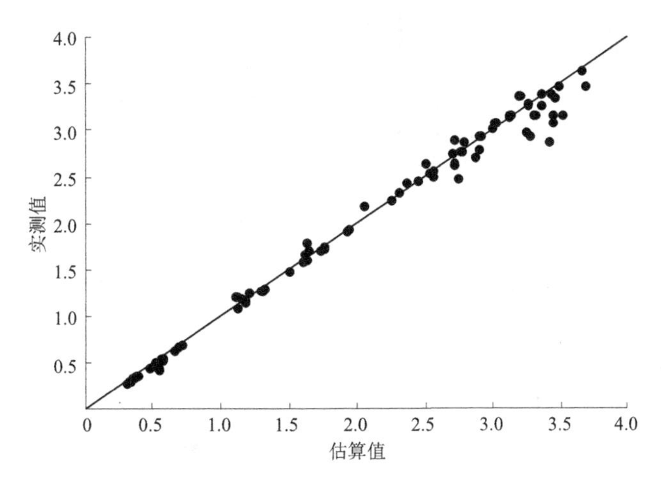

图 3-20　番茄茎粗与叶面积指数估算值与实测值的关系(2009 年)

但在实际中,由于茎粗在整个生育期内的变化规律为迅速增大—缓慢增长—停止生长,且茎粗在整个生育期的变化规律呈现 Logistic 曲线;而叶面积指数在整个生育期内的变化为迅速增大—缓慢增长—缓慢减小,且叶面积指数在整个生育期的变化规律呈现 3 次多项式曲线。因此,式(3-1)只能反映番茄植株在生长发育阶段,即茎粗和叶面积指数增长阶段,而不适用于表达番茄生长后期茎粗与叶面积指数的关系。

3.2.2　基于水面蒸发量灌水频率和灌水量耦合对番茄形态生长的影响

3.2.2.1　**对株高的影响**

株高是衡量番茄生长发育状况的重要指标之一,图 3-21 给出了 2012 年度试验期内不同水分处理温室番茄株高的变化过程。从图 3-21 可以看出,番茄株高在营养生长期(苗期)内迅速增长,当进入营养生长与生殖生长并进时期(开花坐果期)其增长速度逐渐放缓,随着生育阶段的推移,逐渐进入生殖生长时期,番茄由于受人为打顶的影响,株高基本停止生长。从图 3-21 中还可以看出,在同一灌水频率下不同灌水量明显影响番茄株高,在番茄定植后 37 d(5 月 6 日)之内各处理株高没有明显差别,这是因为番茄移栽时,土壤含水率较高(1 m 土层的平均土壤含水率均大于 80%的田间持水量),番茄移栽后各处理均灌 20 mm 活苗水,此时段水分基本一致,加之此阶段番茄植株较小,耗水量小,各处理水分尚未拉开,从第 50 天(5 月 19 日)不同水分处理之间株高开始显示出差异,具体表现出在整个生育期内番茄株高随灌水量的增大而增大,即 Kcp1< Kcp2< Kcp3< Kcp4;在同一灌水量下,不同灌水频率对番茄株高也存在影响,其中灌水频率 I1 处理和 I2 处理之间差异较小,与 I3 处理相比,I1 处理和 I2 处理的株高明显增大,如 5 月 29 日观测结果显示,I1 处理的株高较 I3 处理的平均增加了 5.1 cm,增幅为 4.4%;I1 处理的株高较 I3 处理的平均增加了 4.6 cm,增幅为 4.0%,而 I1 处理和 I2 处理的仅相差 0.5 cm,可见灌水周期太长会抑制植株的正常生长发育,造成植株矮小,不利于后期花果的生长。

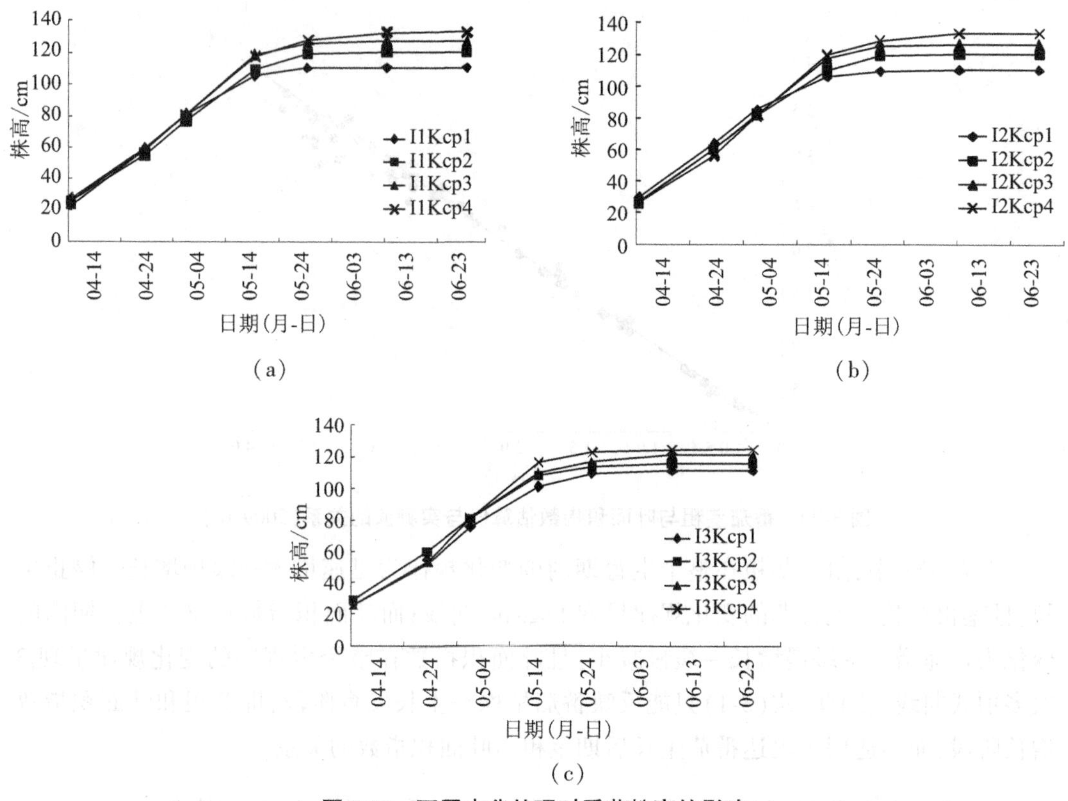

图 3-21 不同水分处理对番茄株高的影响

3.2.2.2 对叶面积指数的影响

叶面积指数(LAI)是作物群体结构的重要指标之一,适宜的叶面积指数是植株充分利用光能,提高产量的重要途径之一。叶面积指数过大或过小均会影响产量。图 3-22 给出了 2012 年度试验期内不同水分处理温室番茄叶面积指数的变化过程。从图 3-22 中可以看出,番茄叶面积指数表现为苗期小、开花坐果期大、成熟采摘期减小的变化规律。苗期由于植株个体矮小,叶片数较少,叶面积指数也较小,随着番茄植株的不断生长壮大,进入开花坐果期,植株生长旺盛,叶片数增多,叶面积迅速增大,叶面积指数几乎呈直线上升,番茄于开花坐果期后期叶面积指数达到最大,之后一段时间叶面积指数变化较小,此后,由于群体趋于封闭,下部叶片接受光照越来越少,加之果实不断成熟采摘,植株逐渐衰老,下部叶片逐渐黄化和脱落,叶面积指数逐渐变小。在同一灌水频率下不同灌水量对番茄叶面积指数存在明显影响,但在番茄定植后 37 d(5 月 6 日)之内各处理叶面积指数没有明显差别,这是因为番茄移栽时,土壤含水率较高,此阶段番茄植株较小,耗水量小,各处理水分尚未拉开,从第 50 天(5 月 19 日)不同水分处理之间叶面积指数显示出差异,各灌水频率均表现出相似的结果,Kcp4 处理的叶面积指数最大,Kcp1 处理的叶面积指数最小,Kcp2 处理和 Kcp3 处理的叶面积指数居中,且二者的差异较小。总体而言,在同一灌水频率下,番茄叶面积指数随灌水量的增大而增大。在同一灌水量下,不同灌水频率对番茄叶面积指数也存在影响,与 I3 处理相比,I1 处理和 I2 处理的叶面积指数明显增大,其中 I1 处理的增幅较大,I2 处理的增幅较小,如 5 月 19 日观测结果显示,I1 处理和 I2 处理的平均叶面积指数较 I3 处理分别提高了 11.9%和 3.2%;5 月 29 日,I1 处理和 I2 处理的平均叶面积指数较 I3 处理分别提高了 14.6%和 2.2%。由此可见,灌水量过小和灌水周期过长均会抑制植株叶片的生长,造成群体叶面积指数降低,光合有效面积减小,势必造成群体光合速率下降,使同化物的生产和运输受到抑制,不利于果实的生长,从而造成产量的降低。

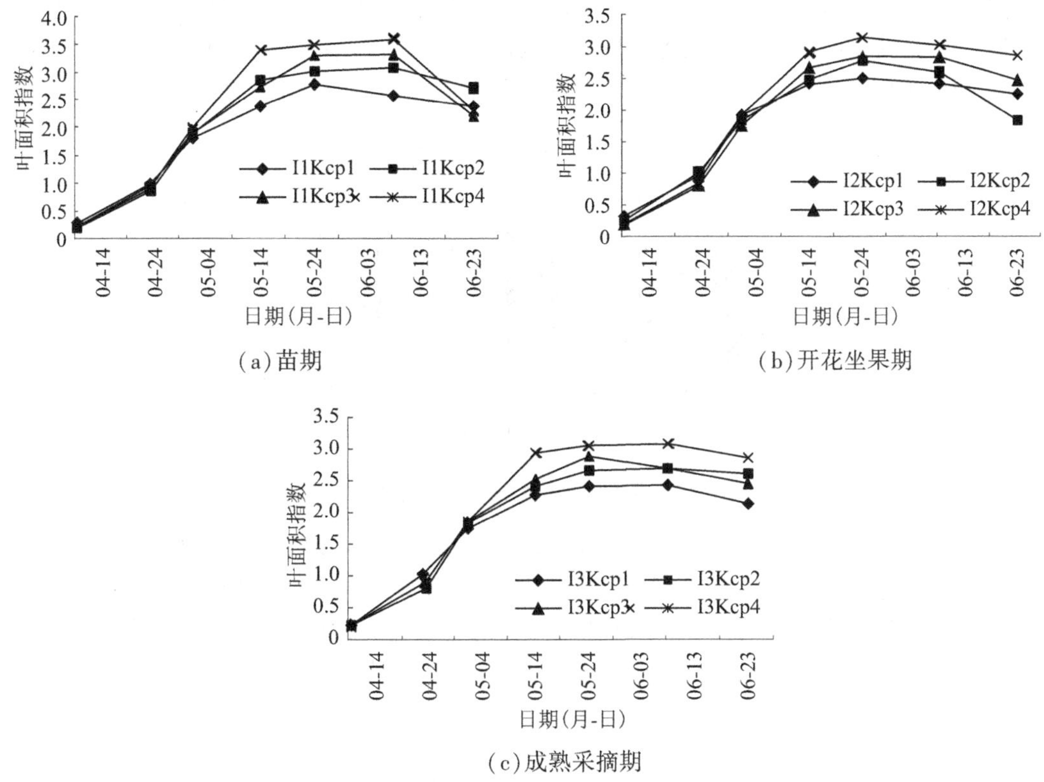

(a)苗期　　(b)开花坐果期

(c)成熟采摘期

图 3-22　不同水分处理对番茄叶面积指数的影响

3.3　不同灌溉制度对设施蔬菜干物质积累的影响

3.3.1　不同土壤水分状况下番茄干物质积累的动态变化

不同时期土壤水分调控对番茄干物质量及根冠比的影响不相同(见图 3-23)。与对照处理相比,其余各处理地上部分干物质累积量均有所降低。苗期进行水分亏缺对番茄叶干重、茎干重及根冠比影响较小,总干重及根冠比均随土壤含水率的升高而增大,即 T1<T2<T3,当番茄进入开花坐果期后,植株处于营养生长与生殖生长并进阶段,并随着植株的生长发育逐渐向生殖生长过渡,在此生育期间土壤水分条件不仅决定整个植株的生长状况,而且对同化物的积累及其在地上部分与地下部分的分配至关重要,直接关系到番茄产量的形成。开花坐果期 T2 处理和 T6 处理的地上部分干物质量、根冠比无明显差异,而与 T4 处理和 T5 处理之间存在明显差异,干物质量明显高于 T4 处理和 T5 处理,而根冠比要明显低于 T4 处理和 T5 处理,水分亏缺虽然提高了根冠比,但这是以牺牲地上部分干

物质的积累为代价的，也就是说，根冠比过大，光合产物在地上部分的积累过少，进一步可能会影响到植株的正常生长发育。如果根冠比过小，茎叶生长过旺，光合产物自身消耗的养分多，同时叶面积过大影响通风透光，降低同化量。成熟采摘期水分亏缺对番茄地上部分干物质量及根冠比的影响虽无开花坐果期影响大，但仍存在一定影响，水分亏缺提高了根冠比但降低了干物质量。从图3-23中还可以看出，苗期和开花坐果期水分亏缺对叶干重和茎干重的影响程度相同，且各处理均表现出叶干重高于茎干重，而成熟采摘期对叶干重和茎干重的影响程度不同，水分亏缺对叶干重的影响明显大于对茎干重的影响。

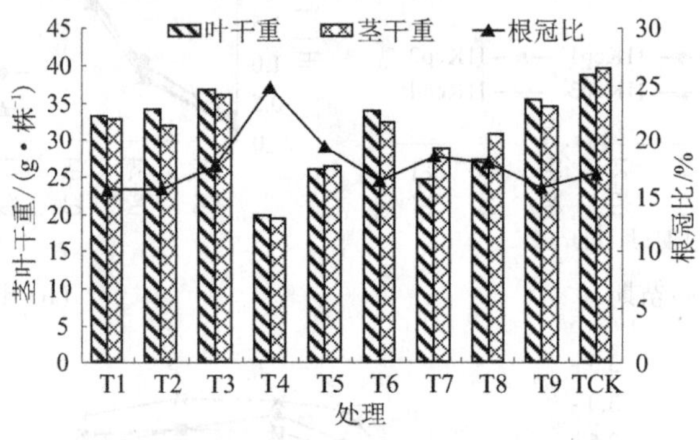

图3-23　收获结束后不同水分处理番茄的干物质量(2008年)

2009年试验期所得各处理地上部分干物质重与2008年所得结论相似(见图3-24)，各处理(除T9处理外)地上部分干物质量明显低于TCK处理，且各处理的叶干重高于茎干重，在苗期和开花坐果期，水分亏缺对茎干重和叶干重的影响程度一致，而在成熟采摘期，水分亏缺对叶干重的影响程度要明显高于对茎干重的影响程度。

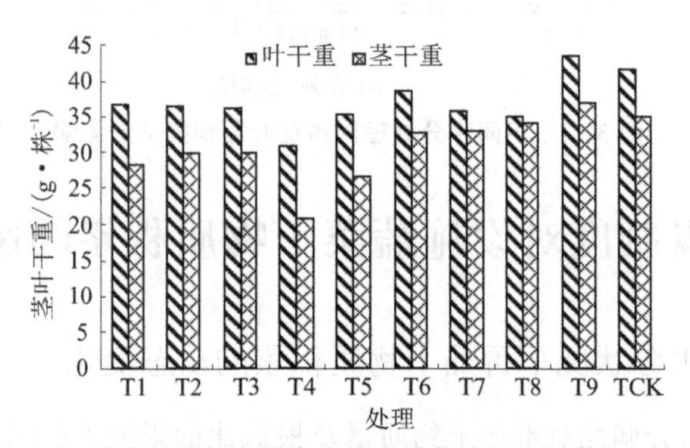

图3-24　收获结束后不同水分处理番茄的干物质量(2009年)

3.3.2　不同土壤水分状况下茄子干物质积累的动态变化

从图3-25可以看出，温室茄子地上部分干重随土壤含水率的增加呈先增加后减小的变化趋势。苗期进行水分调控时，E3处理地上部分干重和单株平均干重最大，ECK、E4处理地上部分干重、单株平均干重最小。根干重和根冠比则是随着土壤含水率的上升而逐渐减小，E1>E2>E3>ECK>E4。E1、E2处理由于水分控制下限较低，此期茄子以营养生长为主，随着温度上升而蒸腾旺盛，植株地上部生长一定程度上受到抑制，干物质积累也少，根干重和根冠比逐渐变大。E4、ECK 处理根干重和根冠比较小，说明由于水分过多植株长期处于不利于根系生长的水分环境，限制了根系的发展，同时限制了地上部生长，因而干物质积累少。

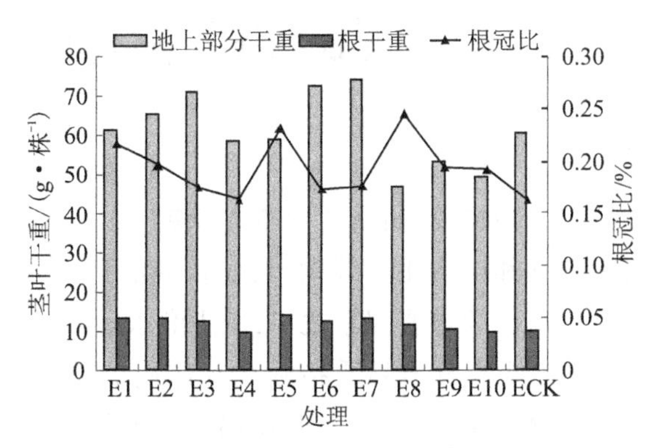

图 3-25　收获结束后不同水分处理茄子的干物质量(2008 年)

开花坐果期从以营养生长为主逐渐向生殖生长过渡，在此生育期间土壤水分条件不仅决定整个植株的生长状况，而且对同化物的积累及其在地上部分与地下部分的分配至关重要，直接关系到茄子中后期产量的形成。各处理开花坐果期的干物质积累量都表现出很好的规律性，随土壤含水率的增大，地上部分干重逐渐增大，E7>E3>E6>E5，其中 E6、E3、E7 各处理之间差异不明显，与 E5 处理有明显差异。而根干重逐渐减小，根冠比呈递减趋势，E5>E7>E3>E6。这说明 E5 处理的土壤含水率过低，根冠比过大，光合产物在地上部分的积累过少，进一步可能会影响到植株的正常生长发育。如果根冠比过小，茎叶生长过旺，光合产物自身消耗的养分多，雌花发育受抑制，果实膨大也慢，同时叶面积过大影响通风透光，降低同化量。

成熟采摘期土壤水分调控与苗期和开花坐果期呈现的规律相似，不同的是 E3 处理的地上部分干重和根干重要大于 E10 处理的，但根冠比却小于 E10 处理的，这最有可能的是前两个生育阶段灌溉提供给植物较好的营养水平，首先满足根的生长，运到冠部的养分就少，使得前期根冠比较大，茄子在开花结果后，营养与光合产物用于枝叶的生长，供应根部的数量相对较少，同化物多用于繁殖器官，加上根系逐渐衰老，使根冠比降低。这说明茄子成熟采摘期地上部干物质的积累对土壤水分相对比较敏感，而根干重变化不大，根冠比差异不明显。

综上所述，蔬菜植株地上部分和根部二者之间相互依赖、相互制约。根系生长良好，其地上部分的枝叶也会比较茂盛；同样，地上部分生长良好，也会促进根系的生长。但是当根系生长过于旺盛，就会限制地上部分的生长；同理，当地上部分生长过于旺盛，植株呈现“徒长”的时候，就会限制根系的生长。而灌溉是影响植株生长的关键因素。水分亏缺抑制了植株正常生长，植株易早衰；而过量灌溉导致植株疯长，不利于干物质积累，使营养生长和生殖生长失调。因此，根系与根冠比过小、过大都不利于作物的生长发育和节水优质高产，故选用合理的灌溉制度，优化根与冠之间的比例，在农田灌溉中就显得尤为重要。适宜水分状况不仅可使植株形成了适宜的生物量，而且同化产物在根冠之间的分配更趋合理，有利于促进根系的发育和提高根系活力，为产量的形成和提高奠定基础。

第 4 章　不同灌溉制度对设施典型蔬菜品质的影响

随着经济的快速发展,人们对果蔬质量的要求越来越高,设施果蔬以富含矿物质、维生素、有机酸、人体必需氨基酸和抗氧化剂等物质,而备受消费者青睐。灌溉水是影响设施果蔬生长发育和果实品质形成的重要因素之一,减少灌水量可提高果蔬品质,但设施果蔬品质特性是一个综合概念,是各单项品质指标相互作用的总和,其不仅包括外观(大小、均匀度、形状、色泽)和口感(可溶性糖、有机酸)品质,还包括营养(可溶性蛋白、VC)和存储(果实硬度)品质,品质指标多而杂,仅考虑几个指标难以反映果蔬的综合品质。尽管近似理想解(TOPSIS)法、主成分分析(PCA)法、层次分析(AHP)法和灰色关联(GRA)法等已用于果蔬综合品质的评价,但这些方法都是基于大量的单项品质指标,而测量各品质指标需要耗费大量的人力和物力。因此,急需构建可反映番茄综合品质的简化指标,试图为日光温室番茄生产中获得优质果实提供更加精准的灌溉管理模式。

4.1　不同灌溉制度对设施蔬菜品质的影响

4.1.1　土壤水分状况对设施典型蔬菜果实品质的影响

4.1.1.1　对设施蔬菜外观品质的影响

茄果类蔬菜的外观品质是其果实商品品质的重要组成部分,主要包括果实的大小、形状、色泽、表面特征、鲜嫩程度、整齐度、成熟一致性、有无裂痕和损伤等,这些指标与果实的风味品质(果实入口后给予口腔的触、温、味和嗅的综合感觉)相比更容易理解和掌握,因而它是衡量果实商品品质及价值的最普遍、最直接的标尺,也是果实进行等级划分的重要依据。本研究主要针对外观品质中较容易鉴别和测定的果实大小、形状、畸形果(包括裂果、烂果、脐腐果、虫洞果等)等指标进行分析,探索不同生育阶段不同土壤水分状况对果实外观品质的影响机制。

1.番茄

表 4-1 给出了苗期不同水分处理温室番茄果实畸形果重、单果重、果实横径、果实纵径等外观品质,从表 4-1 中可以看出,2008 年试验期,苗期水分调控(T1、T2、T3)对果实的畸形果形成量、单果重、果实横径及纵径等存在明显影响,其中 T3 处理的畸形果重最大,T1 处理的畸形果重最小,说明苗期土壤含水率越高,越易形成畸形果,其原因可能是苗期为番茄植株营养生长阶段,水分过高,植株徒长,通风不良,烂果裂果增多;与 TCK 处理相

比，T1、T2 和 T3 等处理的单果重分别提高了 3.33%、15.33% 和 12.25%，即苗期水分亏缺明显提高果实的单果重，但水分亏缺严重（T1）对单果重没有明显改善；番茄果实横径和纵径对土壤水分状况的响应规律与单果重基本相似，各处理均较 TCK（对照）处理显著提高了果实的横径和纵径，但过度水分亏缺对果实横径和纵径均无明显改善。因 2009 年苗期土壤水分未产生明显差异，T1、T2、T3 等处理之间在畸形果形成量、单果重、果实横径等方面均无明显差异。

表 4-1　苗期不同水分处理温室番茄的外观品质

年份	处理	畸形果重/($t \cdot hm^{-2}$)	单果重/g	横径/cm	纵径/cm
2008	T1	3.07c	147.03c	6.55b	5.28c
	T2	4.48b	164.10a	6.89a	5.71a
	T3	6.41a	159.72b	6.85a	5.52b
	TCK	4.43b	142.29d	6.49b	5.28c
2009	T1	6.42a	149.76a	6.66a	5.11b
	T2	6.48a	151.76a	6.79a	5.23a
	T3	6.45a	150.54a	6.62a	5.15b
	TCK	5.47a	144.06b	6.45b	5.01c

注：表中小写字母表示在 $P=0.05$ 下各处理间的差异性。

开花坐果期土壤水分调控对滴灌条件下温室番茄果实畸形果量存在明显影响（见表 4-2），2 年试验结果表明，与 TCK 相比，T4、T6 处理显著增加了畸形果的形成量，2 年平均分别增加了 54.95% 和 30.30%，这表明开花坐果期过度水分亏缺或土壤水分过高均易造成温室番茄烂果、裂果的形成，而轻度水分亏缺（T2）可在一定程度上降低番茄烂果、裂果的形成；开花坐果期不同水分处理温室番茄的平均单果重、果实横径和纵径亦存在明显差异，因这 3 项指标从不同角度上反映了果实的大小，故而 3 项指标对土壤水分状况的响应规律基本相似。其中，T2、T6 处理的平均单果重、果实横径和纵径等 3 项指标值均显著高于其他处理，且二者间的 3 项指标均无显著性差异，但 T6 处理的各指标值均有减小的趋势，由此说明番茄果实的大小随水分亏缺程度的增大呈现先增大后减小的变化趋势，即番茄果实的大小对土壤水分状况的响应存在阈值（土壤水分控制下限为田间持水量的 70%），当土壤水分控制下限低于此值，易形成小果，高于此值时，果实亦有减小的趋势。从表 4-2 中还可以看出，虽然 T4、T5 处理的单果重均明显高于对照处理，但二者的总产量均显著低于对照处理，这主要是因为水分亏缺抑制了番茄的坐果率而导致产量降低。

成熟采摘期茄果类蔬菜主要进行生殖生长，是茄果类蔬菜产量和品质形成的重要时期，该阶段水分胁迫势必会对其产量及外观大小等产生影响。从表 4-3 中可以看出，不同土壤水分状况下温室番茄的畸形果形成量存在差异，与对照相比，T9 处理的畸形果量有

表 4-2　开花坐果期不同水分处理温室番茄的外观品质

年份	处理	畸形果重/(t·hm⁻²)	单果重/g	横径/cm	纵径/cm
2008	T4	7.36a	155.86b	6.69b	5.58b
	T5	4.39c	159.72ab	6.74ab	5.52b
	T2	4.48c	164.10a	6.89a	5.71a
	T6	6.08b	163.40a	6.94a	5.68a
	TCK	4.43c	142.29c	6.49c	5.28c
2009	T4	7.98a	145.46b	6.48b	5.02b
	T5	5.93b	148.98ab	6.53b	4.99b
	T2	6.48b	151.76a	6.79a	5.23a
	T6	6.82ab	151.47a	6.62ab	5.22a
	TCK	5.47c	144.06b	6.45b	5.01b

所减少,但二者差异较小,T7、T8 和 T2 等处理的 2 年平均畸形果形成量分别增加了33.64%、17.88%、10.71%,即畸形果重随水分亏缺程度的增大而增大;成熟采摘期不同水分处理温室番茄的平均单果重、果实横径和纵径亦存在明显差异,且 3 项指标值的大小均呈现出随水分亏缺程度的增大而减小的变化规律。因此,番茄在成熟采摘期土壤水分控制下限应保持在田间持水量的 70%以上,不仅提高了产量,而且果实较大,同时还能降低番茄的畸形果的形成。

表 4-3　成熟采摘期不同水分处理温室番茄的外观品质

年份	处理	畸形果重/(t·hm⁻²)	单果重/g	横径/cm	纵径/cm
2008	T7	5.12a	148.08b	6.70b	5.46b
	T8	4.65ab	151.85b	6.71b	5.46b
	T2	4.48ab	164.10a	6.89a	5.71a
	T9	3.97b	163.69a	7.03a	5.72a
	TCK	4.43ab	142.29c	6.49c	5.28c
2009	T7	8.11a	145.25b	6.59b	5.01c
	T8	7.02b	150.88a	6.66b	5.16b
	T2	6.48b	151.76a	6.79a	5.23ab
	T9	5.29c	153.71a	6.81a	5.28a
	TCK	5.47c	144.06b	6.45c	5.01c

综上所述，番茄苗期过度水分亏缺（田间持水量的 50%～55%）虽对总产量没有显著影响，且畸形果形成减少，但果实总体偏小，不利于提高果实的外观品质；开花坐果期过度水分亏缺（田间持水量的 65%以下）易形成小果和畸形果，水分过高（田间持水量的 80%以上）亦不利于果实外观品质的提升；成熟采摘期过度水分亏缺（田间持水量的 65%以下）使畸形果增加，且果实偏小。因而，从果实的外观品质角度看，当番茄土壤水分（占田间持水量的百分比）下限控制在苗期 60%～65%、开花坐果期 70%～75%、成熟采摘期 70%～75%时，在不降低番茄产量的同时，降低了番茄畸形果形成量，且果实较大，在一定程度上改善了果实的外观品质，进而有利于提高番茄的商品价值。

2.茄子

表 4-4 给出了温室茄子果实畸形果重、单果重、果实横径、果实纵径等外观品质的影响。从表 4-4 中可以看出，茄子的畸形果数总体较小，仅占商品产量的 1%左右，且土壤水分对畸形果数量的影响没有明显规律性表现，但不同生育阶段的土壤水分状况对果实大小和坐果数有着不同程度的影响。苗期水分调控对茄子坐果数没有明显影响，差异主要表现在果实大小（单果重和横径）上，单果重和横径均随土壤水分的增加而增大。茄子在开花坐果期对土壤水分也非常敏感，水分亏缺不仅降低了果实单果重、横径、纵径，而且降低了坐果数，即果实大小和坐果数均随水分亏缺程度的增大而减小，与开花坐果期充分供水处理（E7）相比，重度（E4）、中度（E5）和轻度（E3）水分胁迫处理的平均单果重分别降低了 9.5%、6.4%和 1.4%，坐果数分别降低了 18.2%、9.7%和 0.5%，但当土壤水分控制下限超过田间持水量的 70%（E3）后，其各项指标的增大幅度明显减小。因此，若以外观品质为衡量指标，茄子开花坐果期的土壤水分控制下限应为田间持水量的 70%～80%。此外，开花坐果期水分亏缺对茄子果实的畸形果重无明显影响。成熟采摘期茄果类蔬菜主要进行生殖生长，是茄果类蔬菜产量和品质形成的重要时期，该阶段水分胁迫势必会对其产量及外观大小等产生影响。成熟采摘期土壤水分调控对茄子各外观品质指标的影响规律与其开花坐果期相类似，即果实大小和坐果数均随水分亏缺程度的增大而降低，与成熟采摘期充分供水处理（E10）相比，重度（E8）、中度（E9）和轻度（E3）水分胁迫处理的平均单果重分别降低了 9.4%、6.0%和 2.6%，坐果数分别降低了 7.8%、4.4%和 0.2%，当土壤水分控制下限超过田间持水量的 70%（E3）后，其各项指标的增大幅度明显减小。由此说明，开花坐果期和成熟采摘期同等程度的水分亏缺对茄子外观大小（如单果重）影响效应一致，但坐果数对水分亏缺响应不一致，就坐果数而言，开花坐果期对水分亏缺更为敏感。

综上所述，茄子苗期过度水分亏缺虽对坐果数没有明显影响，但其果实偏小，且产量明显降低，不利于优质高产的统一。开花坐果期过度水分亏缺（田间持水量的 65%以下）易形成小果，水分过高（田间持水量的 80%以上）亦不利于果实外观品质的提高；成熟采摘期过度水分亏缺（田间持水量的 65%以下）会造成果实偏小。当土壤水分（占田间持水量的百分比）下限控制在苗期 60%～70%、开花坐果期 70%～80%、成熟采摘期 70%～75%时，果实较大，在一定程度上改善了茄子果实的外观品质，有利于提高茄子的商品价值。

表 4-4 不同水分处理茄子果实的外观品质

处理	畸形果重/$(t \cdot hm^{-2})$	单果重/g	横径/cm	纵径/cm
E1	0.736	249.56	7.98	11.56
E2	0.200	259.38	8.16	11.59
E3	0.317	266.06	8.32	12.07
E4	0.934	277.85	8.44	12.04
E5	0.138	244.37	8.02	11.38
E6	0.413	252.68	8.14	11.63
E7	0.515	269.94	8.36	12.05
E8	0.703	247.50	8.15	11.31
E9	0.427	256.82	8.36	11.72
E10	0.866	273.09	8.47	12.21
ECK	0.677	269.24	8.39	12.09

4.1.1.2 对设施蔬菜果实储运品质的影响

硬度是果蔬品质评价的重要指标之一,与采后果实储运特性有密切关系,因此保持果实硬度是提高其货架寿命的有效途径之一。图 4-1 给出了番茄 3 个生育阶段土壤水分调控对果实硬度影响的变化过程(4 个取样日期分别代表一、二、三、四穗果)。从图 4-1 中可以看出,第一穗果的硬度最小,随着采摘时间的推移,硬度逐渐增大,到第三穗果时硬度达到最大,而第四穗果硬度又有所降低,总体上番茄果实硬度随采摘时间的推移呈现先增大后减小的变化规律,且各处理对第一穗果的硬度影响较小,各处理之间均无明显差异,这可能是因为第一穗果成熟过程中植株叶面积指数较大,果实所接受的光照较少,且通风状况相对较差,导致第一穗果软化,硬度较小。由图 4-1(a)可知,与 TCK 处理相比,T1、T2 和 T3 等处理均明显提高了第二穗果和第三穗果的硬度,但 T1 处理果实硬度明显高于其他处理,而 T2、T3 处理之间的差异较小,说明苗期进行水分亏缺可提高番茄果实的硬度。开花坐果期土壤水分调控对番茄果实硬度存在明显影响,突出表现集中在采摘高峰期(第二、三穗果),尤其对第三穗果的影响更为明显,果实硬度随水分亏缺程度的增大而增大,且各处理的果实硬度明显高于对照处理,到第四穗果,各处理果实硬度差异有所减小。成熟采摘期土壤水分调控对番茄果实硬度的影响在前三穗果上相似,不同之处是成熟采摘期第四穗果硬度随水分亏缺程度的增加而增大。

不同水分处理对番茄果实硬度的影响如图 4-2 所示,果实硬度在 2 个试验期内的变化规律基本相似。以 2008 年度为例,各处理番茄果实硬度变化范围为 2.13~2.75 $kg \cdot cm^{-2}$,开花坐果期重度水分亏缺处理(T4)硬度最大,对照处理(TCK)硬度最小,说明开花坐果期水分亏缺对果实硬度影响最为敏感。苗期水分亏缺对番茄果实硬度无明显影响,开花坐果期和成熟采摘期不同水分处理对番茄果实硬度均有明显影响,果实硬度随土壤含水率的增大而降低。

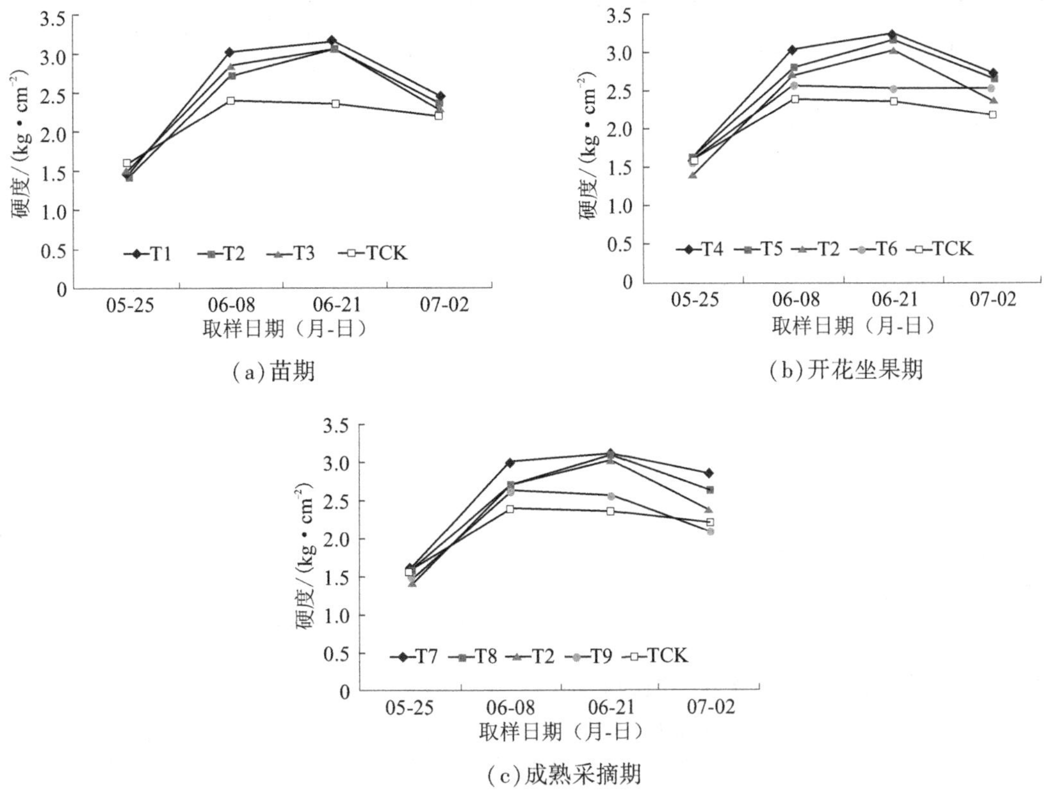

图 4-1　不同水分处理番茄果实的硬度(2008 年)

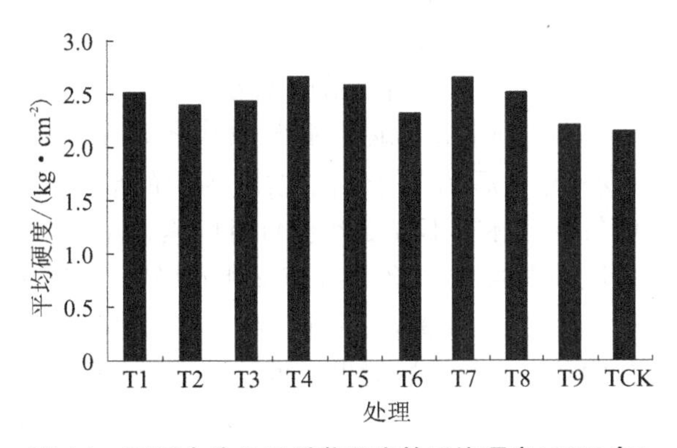

图 4-2　不同水分处理番茄果实的平均硬度(2008 年)

不同水分处理对番茄(见图 4-2)和茄子(见表 4-5)果实硬度的影响不相同,茄子果实硬度普遍高于番茄果实硬度。茄子果实硬度变化范围为 3.63~4.54 kg · cm^{-2};任何生育阶段进行土壤水分调控,茄子硬度随土壤含水率的增大均呈现出先减低后增加的变化趋势,说明水分过高或过低均可提高茄子果实的硬度。

表 4-5 不同水分处理茄子果实的营养品质指标(2008 年)

处理	硬度/($kg \cdot cm^{-2}$)	可溶性糖含量/%	硝态氮含量/($mg \cdot kg^{-1}$)	可溶性蛋白含量/($mg \cdot kg^{-1}$)
E1	4.22	2.54	362.4	2.59
E2	3.83	1.44	315.5	2.26
E3	3.92	1.33	267.2	2.26
E4	4.45	1.30	244.5	2.16
E5	4.53	2.48	421.0	2.36
E6	4.03	1.41	333.3	2.28
E7	4.54	1.38	256.5	2.95
E8	3.93	1.56	468.3	2.50
E9	3.72	1.39	339.8	2.37
E10	4.06	1.32	263.8	2.32
ECK	3.63	1.24	223.4	1.86

4.1.1.3 对设施蔬菜果实营养品质的影响

茄果类蔬菜的营养品质主要指果实中的营养成分,如维生素 C 含量、可溶性糖含量、有机酸含量、蛋白质含量、硝酸盐含量等,这些营养品质指标与果实的外观品质相比属于“隐性”指标,不能通过观、听、嗅等感官上进行判断,需要通过试验分析才能确定,但这些指标是果实食用及风味优劣的重要依据,因而也是衡量果实综合品质的重要指标。

1.番茄果实可溶性糖、有机酸及糖酸比

图 4-3 给出了不同土壤水分状况下各采摘时期温室番茄果实可溶性糖含量的变化过程。从图 4-3 中可以看出,除个别水分亏缺处理外,其余各处理番茄果实可溶性糖含量均随着采摘时间的推移呈现先增大后减小的变化规律,因糖的形成和累积要经历一个相当复杂的过程,这一过程中每一个环节不仅受番茄自身因素(品种、自身发育状况等)的影响,而且受气象条件等环境因素的制约,各个环节又相互联系、相互制约,从而导致各采摘期的可溶性糖含量差异较大。从图 4-3 中还可以看出,与对照处理相比,各处理均明显提高果实可溶性糖含量,其中苗期水分亏缺对果实可溶性糖含量的影响最小,且各水分处理之间的差异较小[见图 4-3(a)];开花坐果期不同水分处理果实可溶性糖含量存在显著差异,且可溶性糖含量随水分亏缺程度的增大而增大[见图 4-3(b)];因采摘初期,各水分处理之间未产生差异,故而成熟采摘期各水分处理对第一穗果可溶性糖含量无明显影响,其影响主要表现在第二穗以上果实,且果实可溶性糖含量随水分亏缺程度的增大有逐渐增大的趋势[见图 4-3(c)]。

综上所述,在番茄整个采摘过程中,不论哪一个水分处理,仅采用其中一次的可溶性糖含量测定值均不能完全代表整个采摘期的可溶性糖含量,将各采摘时间的可溶性糖含量进行平均可以在一定程度上淡化由采摘时间的不同所产生的差异。

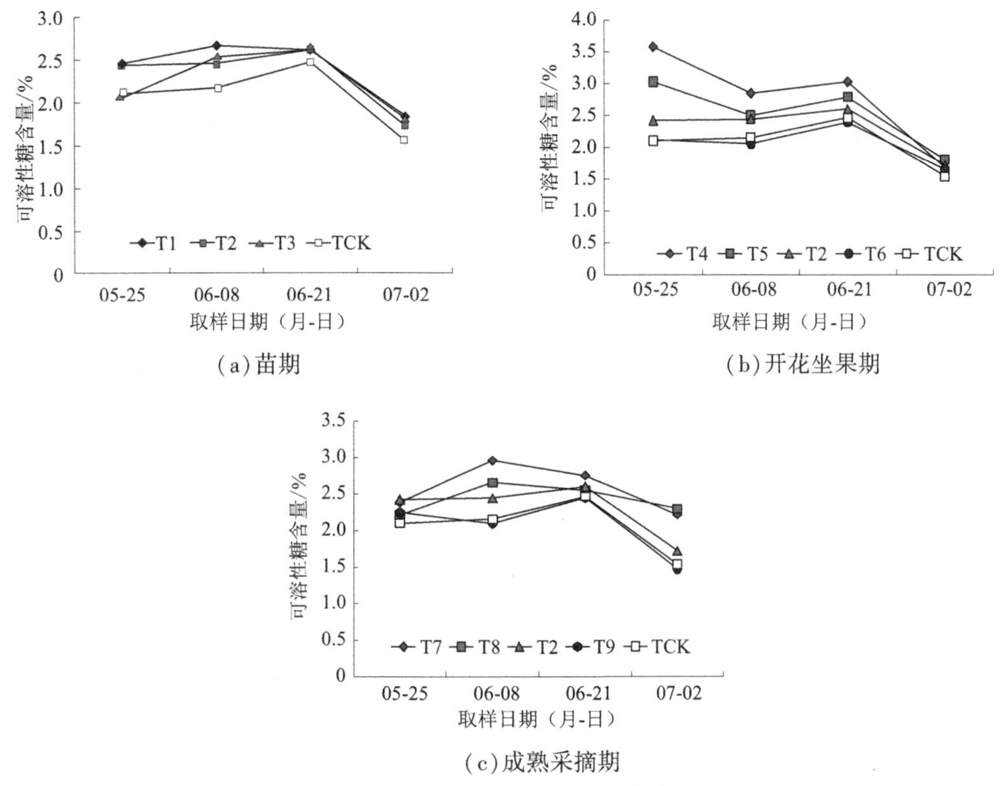

图 4-3　不同水分处理番茄果实的可溶性糖含量(2008 年)

图 4-4 给出了不同土壤水分状况下各采摘时期温室番茄果实酸度(以柠檬酸含量的百分比表示)的变化过程。从图 4-4 中可以看出,除个别水分亏缺处理外,其余各处理果实有机酸含量的变化规律基本相似,番茄果实有机酸含量随采摘时间的推移呈现先减小后增大的变化规律,即采摘初期和采摘末期果实酸度较大,而丰产期(采摘中期)内果实的酸度相对较小,但各处理的酸度在整个采摘期内的变化较为平缓。苗期水分调控对番茄果实有机酸含量无明显影响;开花坐果期水分调控对番茄果实有机酸含量的影响较为明显,其中重度水分亏缺处理(T4)的有机酸含量最大,且有机酸含量随采摘时间的推移呈现递增的趋势,高水分处理(T9)和对照处理(TCK)的有机酸含量最小,且二者之间无显著性差异;成熟采摘期水分调控对番茄果实有机酸含量的影响最为明显,有机酸含量呈现随水分亏缺程度的增大而增大的变化规律。与可溶性糖含量相类似,将同一处理各采摘时间的酸度进行平均以表示该处理在整个采摘期的平均酸度。

番茄果实糖酸比是评价番茄果实品质优劣的一个重要指标,其大小主要取决于果实可溶性糖含量及有机酸含量的大小。表 4-6 给出了 2 个试验期内不同土壤水分调控下温室番茄果实可溶性糖含量、酸度及糖酸比。由表 4-6 可见,苗期进行土壤水分调控对番茄果实可溶性糖含量、有机酸含量及糖酸比的影响程度较小,而开花坐果期和成熟采摘期水分调控对番茄果实可溶性糖含量、有机酸含量及糖酸比的影响程度较大,且 2 个生育阶段对果实的糖酸比影响结果相类似。以开花坐果期为例,中度水分亏缺处理(T5)和重度水分亏缺处理(T4)均显著($P<0.05$)提高了番茄果实可溶性糖含量和有机酸含量,与对照处理

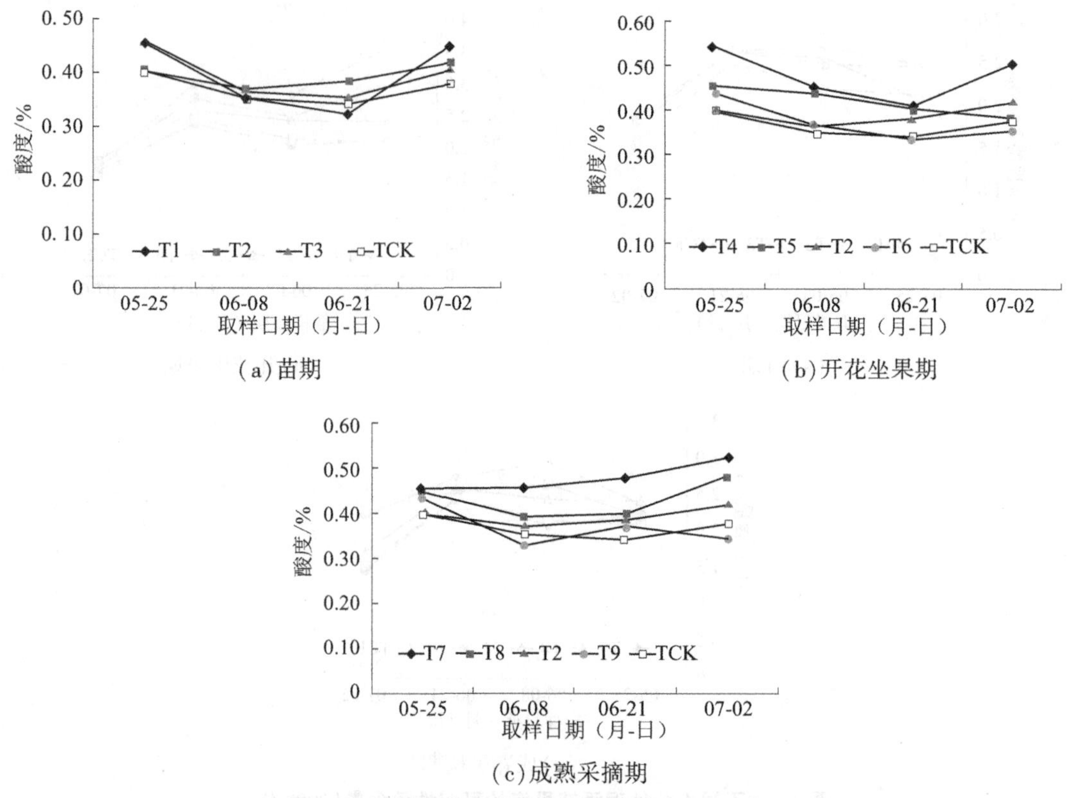

(a)苗期 (b)开花坐果期 (c)成熟采摘期

图 4-4 不同水分处理番茄果实的酸度(2008 年)

(TCK)相比,2008 年试验期,轻度水分亏缺处理(T2)、中度水分亏缺处理(T5)和重度水分亏缺处理(T4)的可溶性糖的含量分别提高了 11.17%、22.49%、32.14%,而酸度分别提高了 6.89%、14.27%、30.26%;2009 年试验期,T2、T5 和 T4 等处理的可溶性糖含量分别提高了 12.81%、25.49%、31.91%,而酸度分别提高了 0.12%、13.05%、27.18%。由此说明酸度随水分亏缺的增长速度快于可溶性糖含量的增长速度,因而当番茄受到重度水分亏缺(T4),其糖酸比显著($P<0.05$)低于轻度水分亏缺处理(T2)和中度水分亏缺处理(T5)。因此,不论是开花坐果期还是成熟采摘期,温室番茄果实糖酸比随土壤水分的增大均表现出先增大后减小的变化规律,过度水分亏缺和土壤水分过高均不利于番茄果实糖酸比的提高。

2.番茄果实硝酸盐含量

硝酸盐是作物氮素的主要来源,其含量水平反映作物的氮素营养状况,在大多数情况下它是作物丰产优质的积极因素,但果实中过多的硝酸盐危害人体健康。图 4-5 给出了不同水分处理番茄果实硝酸盐含量随采摘时间不同的变化过程。从图 4-5 中可以看出,除个别水分亏缺处理外,其他各处理番茄果实硝酸盐含量均随采摘时间呈波浪形变化规律,且各处理的变化规律基本相似。采摘期内平均硝态氮含量在不同水分处理间均存在显著性差异(见图 4-6),其中苗期水分调控对番茄果实硝酸盐含量的影响较小,而开花坐果期和成熟采摘期的影响较大,果实内硝态氮含量随水分亏缺程度的增大而增加,即 T4>T5>T2≈T6>TCK,T7>T8>T2≈T9>TCK。由此可见,硝态氮含量与土壤水分的关系密切,水分亏缺越严重,果实内硝态氮含量越高。

表 4-6　不同水分处理番茄果实的糖酸比

生育阶段	处理	2008 年			2009 年		
		可溶性糖含量/%	酸度/%	糖酸比	可溶性糖含量/%	酸度/%	糖酸比
苗期	T1	2.38a	0.39a	6.05a	2.22ab	0.50a	4.40a
	T2	2.30a	0.39a	5.87ab	2.35a	0.51a	4.57a
	T3	2.26ab	0.40a	5.73b	2.31a	0.52a	4.49a
	TCK	2.07b	0.37a	5.65b	2.08b	0.51a	4.06b
开花坐果期	T4	2.73a	0.48a	5.73b	2.75a	0.65a	4.21b
	T5	2.53b	0.42b	6.05a	2.61a	0.58b	4.50a
	T2	2.30c	0.39bc	5.87ab	2.35b	0.51c	4.57a
	T6	2.06d	0.37c	5.50c	2.10c	0.51c	4.15bc
	TCK	2.07d	0.37c	5.65bc	2.08c	0.51c	4.06c
成熟采摘期	T7	2.58a	0.47a	5.43c	2.68a	0.63a	4.23bc
	T8	2.43b	0.43ab	5.67b	2.51b	0.58a	4.30b
	T2	2.30c	0.39b	5.87a	2.35c	0.51b	4.57a
	T9	2.07d	0.37b	5.62b	2.17d	0.52b	4.13c
	TCK	2.07d	0.37b	5.65b	2.08d	0.51b	4.06c

中国农业科学院蔬菜花卉所根据世界卫生组织和联合国粮农组织（WHO/FAO）规定，提出蔬菜可食部分硝态氮含量的分级评价标准，根据标准，当蔬菜可食部分硝态氮含量小于 432 mg · kg^{-1}时为一级标准，属于轻度污染（可生食）；当 432 mg · kg^{-1}<硝态氮含量<785 mg · kg^{-1}时为二级标准，属于中度污染（不可生食，可熟食或盐渍）。本研究在 2 年内不同水分处理番茄的硝酸盐含量变化范围分别为 120.33 ~ 183.48 mg · kg^{-1} 和 217.85 ~ 278.26 mg · kg^{-1}，番茄硝态氮含量均在可生食允许范围内，完全达到了卫生指标要求，不会危害人体健康。

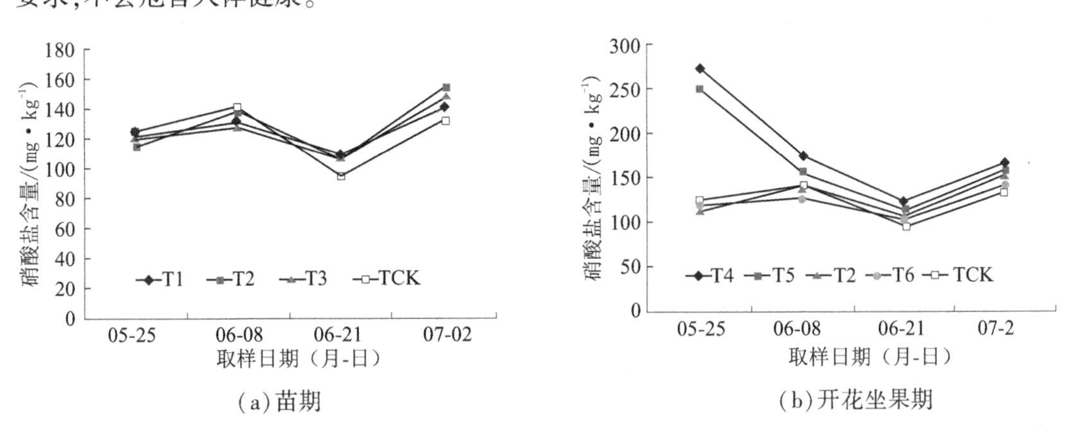

图 4-5　不同水分处理番茄果实的硝酸盐含量(2008 年)

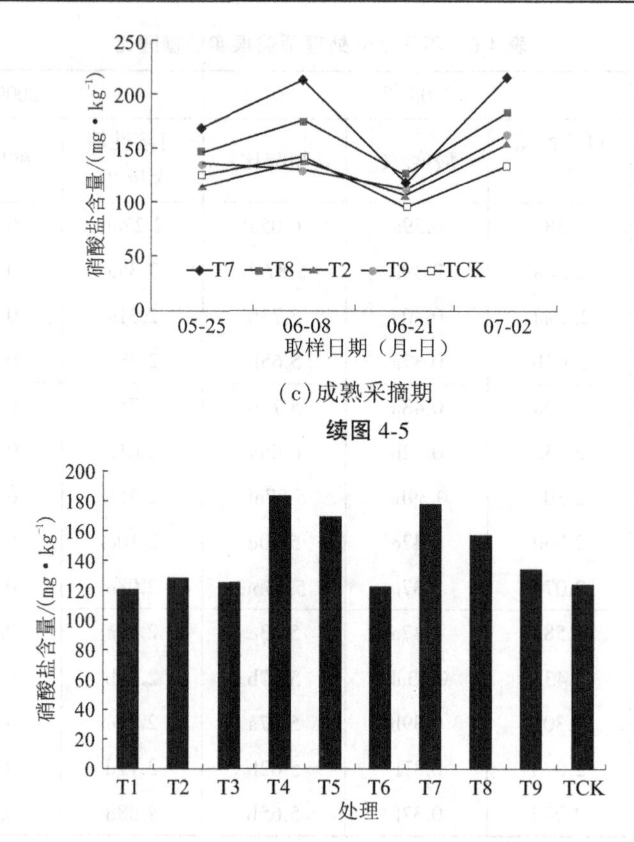

(c)成熟采摘期

续图 4-5

图 4-6　不同水分处理番茄果实的平均硝酸盐含量(2008 年)

3.番茄果实可溶性蛋白含量

可溶性蛋白含量也是影响番茄果实品质的指标之一，不同生育阶段不同水分处理对番茄果实可溶性蛋白含量有一定的影响。由图 4-7 可知，与 TCK 处理相比，T2、T4、T5、T7、T8 等处理的可溶性蛋白含量分别提高了 6.18%、5.73%、9.65%、12.97%、3.77%；但方差分析结果表明，开花坐果期和成熟采摘期不同水分亏缺处理之间均无显著性差异，由此说明，土壤水分调控对番茄果实可溶性蛋白含量的影响较小，水分亏缺虽可在一定程度上提高番茄果实的可溶性蛋白含量，但过度水分亏缺不能显著提高番茄果实可溶性蛋白含量。

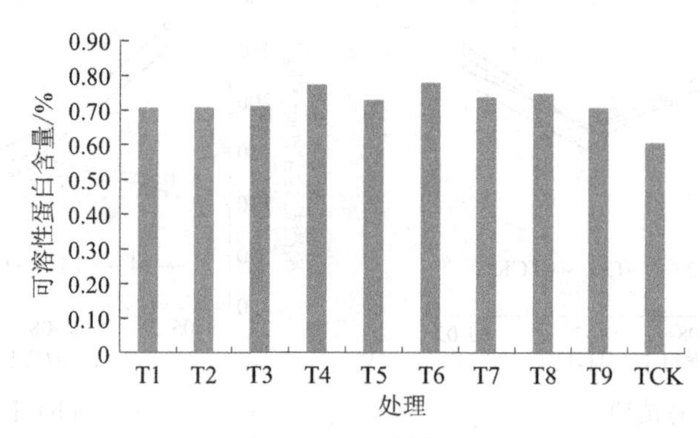

图 4-7　不同水分处理番茄果实的可溶性蛋白含量(2009 年)

4.番茄维生素 C 含量

维生素 C 是植物和大多数动物体内合成的一类己糖内酯化合物，由于人类缺乏合成 VC 的关键酶而只能从食物中获取，番茄果实富含大量的 VC，VC 含量的大小势必成为衡量番茄果实品质的重要指标。不同土壤水分调控对番茄果实 VC 含量的影响如图 4-8 所示，开花坐果期和成熟采摘期不同土壤水分调控对番茄果实 VC 含量的影响均存在明显差异，与对照处理（TCK）相比，开花坐果期除高水分处理（T6）外，其余各水分处理均显著提高了番茄果实的 VC 含量，其大小顺序为：T4>T5>T2>TCK>T6；成熟采摘期各处理 VC 含量均明显高于 TCK 处理，其大小顺序为：T7>T8>T2>T9>TCK，也就是说，不论是开花坐果期还是成熟采摘期，水分亏缺均可提高番茄果实的 VC 含量，且随着水分亏缺程度的增大而增大。从图 4-8 中还可以看出，2 个生育阶段同一程度水分亏缺对果实 VC 含量的影响程度不同，成熟采摘期重度（T7）和中度（T8）水分亏缺处理的 VC 含量较开花坐果期重度（T4）和中度（T5）水分亏缺处理分别高出 11.48%和 11.96%，成熟采摘期番茄果实的 VC 含量高于开花坐果期的，说明在番茄成熟采摘期进行水分亏缺更有利于番茄果实 VC 含量的提高。

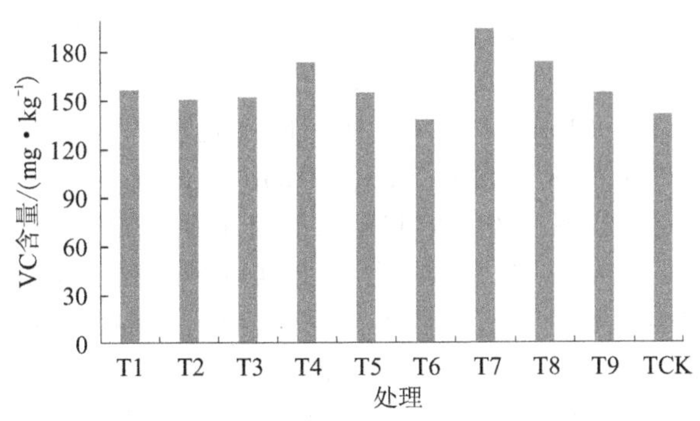

图 4-8　不同水分处理番茄果实的 VC 含量（2009 年）

5.茄子果实营养品质

土壤水分状况对茄子果实可溶性糖含量也具有明显影响（见表 4-5），在各水分处理中，可溶性糖含量随土壤水分的增加而降低。可溶性糖含量由高到低的水分处理依次为：（E1、E5、E8）>（E2、E6、E9）>E3>（E4、E7、E10）>ECK。E1 处理的可溶性糖含量最大，ECK 处理的可溶性糖含量最小，任何生育阶段水分亏缺均会明显提高茄子的可溶性糖含量，且可溶性糖含量随水分亏缺程度的增大而增大。番茄和茄子果实的可溶性糖含量均随水分亏缺程度的增大而增大，这是因为果实作为一个强大的代谢库，在果实生长过程中从源组织获得大量的同化物，果实获得同化物的能力在很大程度上取决于果实库强度，而果实库强度大小是由果实中蔗糖的浓度决定的，因此与蔗糖代谢相关的酶的活性就成为决定库强大小的关键因子，进而影响果实的糖积累。

表 4-5 给出了土壤水分状况对茄子果实硝酸盐含量的影响，随着灌溉水分升高，茄子果实中硝酸盐含量逐渐降低，其高低次序为 50%>60%>70%>80%，即（E1、E5、E8）>（E2、E6、E9）>E3>（E4、E7、E10）>ECK，其中 E8 处理的硝酸盐含量最高为 468.3 mg・kg^{-1}。由此可见，硝态氮含量与土壤水分的关系密切，水分亏缺越严重，果实内硝态氮含量越高。本研究茄子硝酸盐含量的变化范围为 223.4～468.3 mg・kg^{-1}，除 E8 处理外，其余果实硝酸

盐含量均低于国家规定的一级标准(当蔬菜可食部分硝态氮含量小于432 mg·kg^{-1}时为一级标准),而番茄硝态氮含量均在可生食允许范围内,完全达到了卫生指标要求,不会危害人体健康。

由表4-5可以看出,不同土壤水分状况对茄子果实中的可溶性蛋白含量影响与番茄相似,其中对照处理的可溶性蛋白含量最小,其他各处理茄子果实可溶性蛋白含量差异较小,说明土壤水分调控对茄子果实可溶性蛋白含量的影响较小。

4.1.2 基于水面蒸发量控制灌水频率和灌水量耦合对番茄品质的影响

4.1.2.1 对番茄外观品质的影响

平均单果重、果实横径和果实纵径均是番茄果实大小的衡量指标。一般来说,番茄平均果重、果实横径和纵径等外观品质主要取决于种植模式,但是,在相同种植模式下,平均单果重、果实横径和纵径在一定程度上受灌溉水的影响。鉴于此,本研究主要针对番茄外观品质中较容易鉴别和测定的平均单果重、果实横径和纵径等指标进行分析,探索不同灌水频率和不同灌水量对番茄果实外观品质的影响。

平均果重为番茄果实大小的衡量指标,图4-9给出了2011年度、2012年度和2013年度不同水分处理番茄平均果重、果实横径和纵径。2011年度番茄平均单果重变化范围为124.50(I3Kcp1)~159.93 g(I2Kcp4),果实横径的变化范围在6.20(I3Kcp1)~6.74 cm(I1Kcp4)之间,果实纵径的变化范围在5.25(I3Kcp1)~5.74 cm(I1Kcp4)之间。2012年度番茄平均单果重的变化范围在142.6(I3Kcp1)~176.8 g(I2Kcp4)之间,果实横径的变化范围在6.5(I3Kcp1)~6.9 cm(I1Kcp4)之间,果实纵径的变化范围在5.5(I2Kcp1)~6.3 cm(I1Kcp4)之间。2013年度番茄平均单果重的变化范围在143.6(I3Kcp1)~189.2 g(I2Kcp4)之间,果实横径的变化范围在6.6(I3Kcp1)~7.3 cm(I1Kcp3)之间,果实纵径的变化范围在5.5(I2Kcp1)~6.0 cm(I1Kcp4)之间。平均单果重、果实横径和纵径对灌水频率和灌水量的响应规律基本一致,平均单果重、果实横径和纵径均随灌水频率的增大有增加的趋势,但方差分析结果显示,相同灌水量不同灌水频率处理间果实横径和纵径均无显著性差异($P>0.05$);在同一灌水频率下,平均单果重、果实横径和纵径均随灌水量的增加呈现先快速增大后缓慢增大的变化规律,即番茄果实的大小对土壤水分状况的响应存在一个阈值($0.9E_{pan}$),当土壤水分控制下限低于此值,易形成小果,土壤水分控制下限高于此值时,果实亦有减小的趋势。

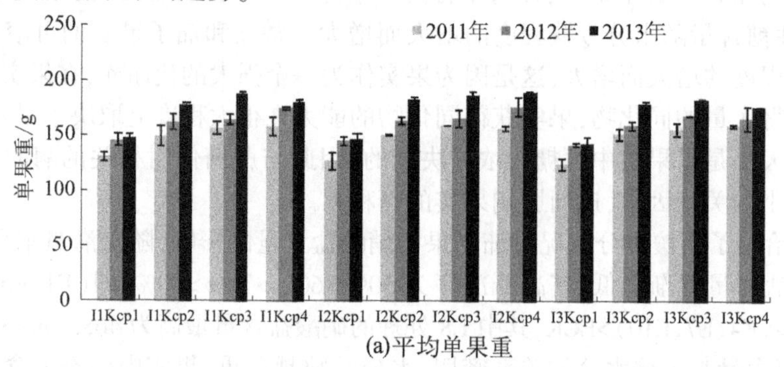

(a)平均单果重

图4-9 2011年度、2012年度和2013年度不同水分处理番茄果实外观品质

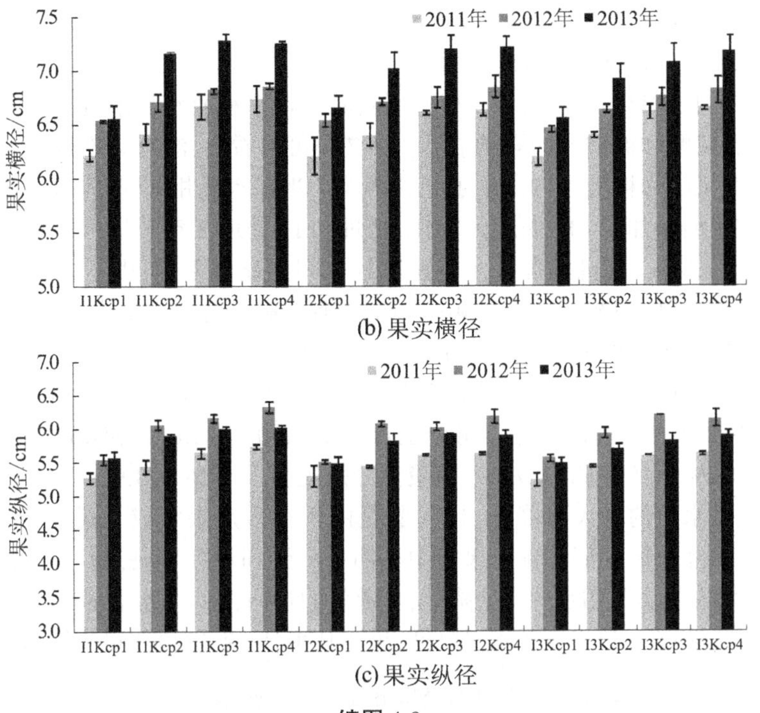

(b) 果实横径

(c) 果实纵径

续图 4-9

4.1.2.2　对番茄果实储运品质的影响

图 4-10 给出了不同水分处理下的果实硬度。从图 4-10 中可以看出，不同灌水处理显著影响了果实硬度。当灌水量相同时，果实硬度随灌水频率的增大呈现增加的趋势，与 I3 处理相比，I1 处理和 I2 处理的 3 年平均果实硬度分别提高了 7.75%和 3.11%，但方差分析结果显示没有显著性差异。在同一灌水频率下，硬度随灌水量的增大而减小，与 Kcp4 处理相比，Kcp3、Kcp2 和 Kcp1 等处理的平均硬度值分别提高了 3.00%、6.34%和 18.82%，这是因为灌水量越小，作物发生的水分亏缺程度越大，水分亏缺造成番茄果实较小，果实的减小使果实 TSS 和细胞密度提高，进而小果有增大果实硬度的趋势，从而提高了果实硬度。

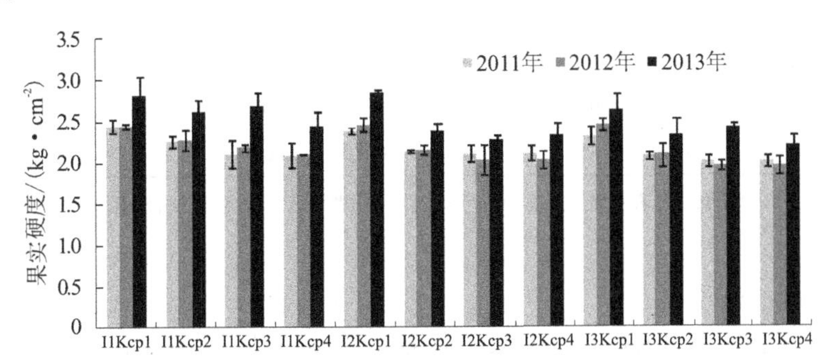

图 4-10　2011 年度、2012 年度和 2013 年度不同水分处理番茄果实硬度

4.1.2.3 对设施蔬菜果实营养品质的影响

1.可溶性糖、有机酸和糖酸比

表4-7给出了2011年度和2013年度不同灌水频率和灌水量组合处理对温室番茄果实可溶性糖、有机酸和糖酸比的影响。从表4-7中可以看出,灌水频率和灌水量对番茄果实可溶性糖、有机酸和糖酸比均产生了显著影响。当灌水量相同时,番茄可溶性糖含量随灌水频率的增大而增加,与I3处理比较,I2处理和I1处理2年平均可溶性糖含量分别提高了4.13%和11.61%;有机酸含量在各灌水频率间无显著差异;由于糖酸比是可溶性糖和有机酸的比值,因此糖酸比随灌水频率的增大有提高趋势,与I3处理比较,I2处理和I1处理2年糖酸比的平均值分别提高了1.77%和10.54%。当灌水频率相同时,可溶性糖含量、有机酸含量和糖酸比均随灌水量的增大而显著降低,与Kcp4处理相比,Kcp3、Kcp2和Kcp1等处理的2年平均可溶性糖含量分别提高了6.90%、22.05%和46.99%,有机酸含量分别提高了3.96%、8.91%和20.79%,糖酸比分别提高了2.26%、9.91%和17.56%;番茄可溶性糖含量随灌水量的增大而降低,这主要是由于在番茄果实成长过程中,大约80%的水分伴随同化物经由韧皮部传输至果实中。当番茄受到水分亏缺,韧皮部液汁浓度增大,通过韧皮部传输至果实中的水分就会降低,且成熟的番茄,果实重量的92%以上是由水分组成的。因此,水分胁迫导致果实含水量降低,果实减小,单果重降低,可溶性糖含量增大。

表4-7 不同水分处理番茄果实的营养品质指标

品质指标	年份	I1Kcp1	I1Kcp2	I1Kcp3	I1Kcp4	I2Kcp1	I2Kcp2	I2Kcp3	I2Kcp4	I3Kcp1	I3Kcp2	I3Kcp3	I3Kcp4
TSS/%	2011	5.69a	5.21bc	5.02cd	4.36fg	5.65a	4.80de	4.59ef	4.38fg	5.33b	4.76de	4.40fg	4.27g
	2012	4.80a	4.37b	4.30bc	3.96ef	4.76a	4.19cd	4.08de	3.95ef	4.75a	4.21c	3.96ef	3.91f
	2013	5.63a	4.96b	4.67cd	4.35e	5.52a	4.80bc	4.62cde	4.35e	5.72a	4.82bc	4.45de	4.41de
VC/(mg·kg^{-1})	2012	194.0a	173.9ab	139.3c	140.2c	182.8a	146.5bc	128.8c	124.0c	183.6a	143.3c	126.2c	127.2c
	2013	178.9a	160.7b	132.9de	111.0g	172.0a	151.4bc	140.5cde	129.7ef	174.2a	143.9cd	118.4g	119.9fg
SSC/%	2011	3.66a	3.13bc	2.44ab	2.38de	3.41ab	2.91c	2.41d	2.08ef	3.16bc	2.40de	2.20def	1.99f
	2013	3.32a	2.81bc	2.59cd	2.36d	3.08ab	2.54cd	2.41cd	2.32d	3.18ab	2.65cd	2.37d	2.35d
OA/%	2011	0.71a	0.64abc	0.62bc	0.61bcd	0.70a	0.66abc	0.64abc	0.62bc	0.68ab	0.63bc	0.59cd	0.54d
	2013	0.53a	0.46b	0.43bcd	0.40e	0.53a	0.45bcd	0.43bcd	0.42de	0.54a	0.46b	0.45bcd	0.43bcd
SAR	2011	5.17a	4.92ab	3.96cd	3.95cd	4.86ab	4.43bc	3.79de	3.35e	4.67ab	3.80de	3.70de	3.66de
	2013	6.32a	6.10a	6.06a	5.85a	5.80a	5.65a	5.60a	5.54a	5.90a	5.70a	5.36a	5.51a
SP/%	2013	0.77a	0.66b	0.65b	0.62bc	0.70ab	0.63bc	0.66b	0.58c	0.77a	0.68b	0.67b	0.58c

注:TSS表示可溶性固形物; VC表示维生素C;SSC表示可溶性糖;OA表示有机酸;SAR表示糖酸比;SP表示可溶性蛋白。

2.可溶性固形物

可溶性固形物含量(TSS)是影响果实营养品质和口感的重要因素之一。从表4-7中可以看出,灌水频率和灌水量均显著影响了可溶性固形物含量。当灌水量相同时,可溶性固形物含量随灌水频率的增大而增加,与I3处理相比,I1处理的3年平均TSS提高了4.25%,在同一灌水频率下,TSS含量随水分亏缺程度的增加而显著增大,与Kcp4处理相比，Kcp3、Kcp2 和 Kcp1 等处理的 3 年平均 TSS 分别提高了 5.52%、10.87%和 25.97%，这是因为水分亏缺增强了蔗糖合成酶和蔗糖磷酸合成酶的活力，促使同化产物向果实传输，加快蔗糖中果糖和葡萄糖的形成速度和形成量。水分亏缺条件下，淀粉向糖的转化越多是形成 TSS 越高的主要原因。

3.VC 含量

维生素 C 是植物和大多数动物体内合成的一类己糖内酯化合物，由于人类缺乏合成 VC 的关键酶而只能从食物中获取。而番茄果实中富含大量的 VC，VC 含量的大小势必成为衡量番茄果实品质的重要指标。表 4-7 给出了 2012 年和 2013 年试验期不同灌水频率和灌水量组合处理对温室番茄果实 VC 含量的影响，从中可以看出，在同一灌水量下，就 2 年试验果实平均 VC 含量而言，其随灌水频率增大有降低趋势，与 I3 处理比较，I2 处理和 I1 处理 2 年果实平均 VC 含量分别提高了 3.41%和 8.30%；在同一灌水频率下，不同灌水量显著影响了果实 VC 含量，果实 VC 含量随灌水量的增大而显著降低，与 Kcp4 处理相比，Kcp3、Kcp2 和 Kcp1 等处理的 2 年果实平均 VC 含量分别提高了 4.51%、22.30%和 44.32%。

4.可溶性蛋白

不同灌水频率和不同灌水处理对番茄果实可溶性蛋白含量的影响如表 4-7 所示。由表 4-7 可知，灌水频率对果实可溶性蛋白无显著影响($P>0.05$)，说明灌水频率对番茄果实可溶性蛋白含量影响较小，而灌水量显著影响果实中可溶性蛋白含量($P<0.01$)。在相同灌水频率下，果实可溶性蛋白含量随灌水量的增大而显著降低，与 Kcp4 处理相比，Kcp3、Kcp2 和 Kcp1 等处理果实平均 VC 含量分别提高了 11.86%、11.86%和 27.12%，由此说明，水分亏缺虽可在一定程度上提高番茄果实的可溶性蛋白含量，但轻度水分亏缺不能显著提高番茄果实的可溶性蛋白含量。

4.2　不同品质指标与产量、耗水量的相关性分析

4.2.1　不同品质指标之间的相关关系

4.2.1.1　**番茄**

表 4-8 给出了温室番茄果实外观品质、储运品质及营养品质等各单项品质指标之间的相关系数。从表 4-8 中可以看出，畸形果重与可溶性糖含量、有机酸、硝酸盐含量及 VC 含量等营养品质指标之间达到显著相关($P<0.05$)，与单果重、横径、纵径等外观品质指标之间关系不显著；而单果重、横径和纵径三者之间相关系数均大于 0.764 6，即三者之间的相关性均达到极显著水平，3 个指标均可表征番茄果实大小。由此可知，畸形果重和单果重 2 项指标即可综合反映果实外观品质的优劣。从表 4-8 中还可以看出，果实硬度与各外观品质指标之间相关系数的绝对值均小于 0.631 9，仅与部分营养品质指标(可溶性糖含量、硝酸盐含量、蛋白质含量)之间达到极显著正相关。各营养品质指标之间的相关性虽显复杂，但总体表现出 2 个特点：一是糖酸比与其他各营养品质指标之间的相关性均无达到显著水平；二是 VC 含量与除糖酸比外其他营养品质指标之间均达到显著正相关，其中与可溶性糖含量和酸度之间达到极显著正相关。糖酸比和 VC 含量也是人们对番茄果实最为关心的 2 项营养品质指标，因而采用糖酸比和 VC 含量即可综合反映番茄果实营

养品质的总体水平。

表 4-8　番茄果实各品质指标之间的相关性

指标	畸形果重	单果重	横径	纵径	硬度	可溶性糖	有机酸	糖酸比	硝酸盐	VC	蛋白质
畸形果重	1.000 0										
单果重	−0.385 3	1.000 0									
横径	−0.311 9	0.846 9	1.000 0								
纵径	−0.294 9	0.884 4	0.848 4	1.000 0							
硬度	0.394 5	−0.234 9	−0.257 9	−0.519 3	1.000 0						
可溶性糖	0.707 0	−0.383 0	−0.359 7	−0.542 1	0.823 5	1.000 0					
有机酸	0.733 5	−0.527 5	−0.485 2	−0.573 8	0.603 2	0.924 7	1.000 0				
糖酸比	0.012 4	0.335 2	0.302 5	0.055 3	0.620 6	0.267 0	−0.119 4	1.000 0			
硝酸盐	0.664 0	−0.359 3	−0.454 3	−0.504 3	0.763 4	0.939 3	0.926 5	0.104 2	1.000 0		
VC	0.740 3	−0.356 3	−0.124 7	−0.374 1	0.528 9	0.810 4	0.844 8	−0.011 1	0.703 4	1.000 0	
蛋白质	0.539 4	−0.367 8	−0.171 4	−0.535 5	0.769 9	0.852 8	0.718 2	0.401 0	0.660 9	0.725 2	1.000 0

注：相关系数临界值：$P=0.05, r=0.631\ 9$；$P=0.01, r=0.764\ 6$。

4.2.1.2　茄子

表 4-9 给出了茄子各单项品质指标之间的相关性，从表中可以看出，茄子单果重与果实横径、硬度、可溶性糖含量均达到显著相关，其中与可溶性糖含量达到极显著水平，与其他指标之间均未达到显著水平；也就是说，茄子果实越大，其果实硬度就越大，货架寿命越长，且其营养品质越高；可溶性蛋白含量除与硬度和硝酸盐含量达到显著相关外，与其他各品质指标均未达到显著相关。此外，由上文可知，土壤水分状况对茄子果实畸形果重无明显影响，且除 E8 处理外，其余各处理的硝酸盐含量均未超过一级标准。综上所述，可采用单果重（或横径、外观品质）、硬度（储运品质）和可溶性蛋白含量（营养品质）综合评价茄子果实的品质性状。

表 4-9　茄子果实各品质指标之间的相关性

指标	畸形果重	单果重	横径	纵径	硬度	可溶性糖	硝态氮	可溶性蛋白
畸形果重	1							
单果重	−0.816 5	1						
横径	0.577 5	0.711 8	1					
纵径	0.249 6	0.202 5	−0.524 5	1				
硬度	0.865 8	0.622 2	−0.347	−0.151 1	1			
可溶性糖	−0.641 2	−0.747 2	0.176	−0.125 6	0.662 1	1		
硝态氮	0.442 7	0.333 4	−0.565	−0.500 5	−0.473	0.229 9	1	
可溶性蛋白	−0.609 2	−0.237 8	0.426	0.445 2	0.681 6	−0.062 3	0.631 7	1

注：相关系数临界值：$P=0.05$ 时，$r=0.602\ 1$；$P=0.01$ 时，$r=0.734\ 8$。

4.2.2　不同品质指标与产量、耗水量的关系

表 4-10 给出了 2011 年度、2012 年度和 2013 年度温室番茄平均单果重、果实横径、果实纵径、果实硬度、可溶性固形物含量、有机酸含量、VC 含量等单项品质指标与灌水量、耗水量、产量的关系。从表 4-10 中可以看出，各单项品质指标均与耗水量的关系密切，且不同品质指标与耗水量的关系有一定差异。平均单果重、果实横径和纵径均随灌水量的增加呈现先快速增大后缓慢增大的变化规律，各外观品质指标（如平均单果重、果实横径和果实纵径）均与灌水量或耗水量呈现二次抛物线关系，且均达到极显著水平（$P<0.01$），这意味着水分亏缺和过度供水均有降低果实外观品质的趋势。番茄产量与果实横径和纵径在 2011 年度均呈现二次抛物线关系，在 2012 年度和 2013 年度呈现线性递增关系。

表 4-10　番茄果实各品质指标与灌水量、耗水量、产量的关系

年份	品质指标	产量（Y）	灌水量（I_r）	耗水量（ET）
2011	平均单果重（MFW）	$Y=1.318\,3\text{MFW}-63.042$ $R^2=0.918\,1^{**}$	$\text{MFW}=-0.001\,6I_r^2+1.036\,1I_r-11.888$ $R^2=0.978\,6^{**}$	$\text{MFW}=-0.003\,3\text{ET}^2+2.374\,4\text{ET}-261.99$ $R^2=0.901^{**}$
	果实横径（FD）	$Y=-229.72\text{FD}^2+3\,048.9\text{FD}-9\,969.9$ $R^2=0.920\,4^{**}$	$\text{FD}=-1\times10^{-5}I_r^2+0.008\,9I_r+4.912\,8$ $R^2=0.966\,9^{**}$	$\text{FD}=-3\times10^{-5}\text{ET}^2+0.025\,3\text{ET}+1.909\,8$ $R^2=0.929\,6^{**}$
	果实纵径（FL）	$Y=-275.83\text{FL}^2+3\,125\text{FL}-8\,704.3$ $R^2=0.908\,4^{**}$	$\text{FL}=-9\times10^{-6}I_r^2+0.007\,1I_r+4.243\,4$ $R^2=0.963\,5^{**}$	$\text{FL}=-3\times10^{-5}\text{ET}^2+0.020\,2\text{ET}+1.821\,8$ $R^2=0.925\,5^{**}$
	可溶性固形物含量（TSS）	$Y=-27.278\text{TSS}+266.15$ $R^2=0.554\,3^{**}$	$\text{TSS}=-0.006\,6I_r+6.69$ $R^2=0.783\,1^{**}$	$\text{TSS}=-0.008\,5\text{ET}+7.568\,9$ $R^2=0.697\,8^{**}$
	果实硬度（FF）	$Y=-91.266\text{FF}+331.02$ $R^2=0.551\,2^{**}$	$\text{FF}=-0.001\,9I_r+2.685\,2$ $R^2=0.716\,3^{**}$	$\text{FF}=-0.002\,3\text{ET}+2.898\,3$ $R^2=0.577\,7^{**}$
2012	平均单果重（MFW）	$Y=1.363\text{MFW}-82.19$ $R^2=0.902^{**}$	$\text{MFW}=-0.000\,9I_r^2+0.619I_r+61.359$ $R^2=0.978\,6^{**}$	$\text{MFW}=-0.001\,5\text{ET}^2+1.184\text{ET}-59.487$ $R^2=0.913^{**}$
	果实横径（FD）	$Y=117.1\text{FD}-647.7$ $R^2=0.921^{**}$	$\text{FD}=-9\times10^{-6}I_r^2+0.006I_r+5.574$ $R^2=0.97^{**}$	$\text{FD}=-1\times10^{-5}\text{ET}^2+0.011\text{ET}+4.419$ $R^2=0.930^{**}$
	果实纵径（FL）	$Y=52.89\text{FL}-178.7$ $R^2=0.874^{**}$	$\text{FL}=-3\times10^{-5}I_r^2+0.021\,1I_r+2.805$ $R^2=0.916^{**}$	$\text{FL}=-6\times10^{-5}\text{ET}^2+0.043\text{ET}+1.600$ $R^2=0.920^{**}$
	可溶性固形物含量（TSS）	$Y=-4\,071\text{TSS}+311.9$ $R^2=0.727^{**}$	$\text{TSS}=-0.004I_r+5.506$ $R^2=0.794^{**}$	$\text{TSS}=-0.006\text{ET}+6.378$ $R^2=0.835^{**}$
	果实硬度（FF）	$Y=-67.25\text{FF}+283.9$ $R^2=0.636^{**}$	$\text{FF}=-0.002I_r+2.812$ $R^2=0.671^{**}$	$\text{FF}=-0.003\text{ET}+3.291$ $R^2=0.740^{**}$
2013	平均单果重（MFW）	$Y=1.079\text{MFW}-30.32$ $R^2=0.960^{**}$	$\text{MFW}=-0.000\,4I_r^2+2.095I_r+86.78$ $R^2=0.942^{**}$	$\text{MFW}=-0.010\text{ET}^2+6.487\text{ET}-811.0$ $R^2=0.939^{**}$
	果实横径（FD）	$Y=66.05\text{FD}-305.8$ $R^2=0.918^{**}$	$\text{FD}=-4\times10^{-5}I_r^2+0.023I_r+3.874$ $R^2=0.934^{**}$	$\text{FD}=0.007\text{ET}+4.968$ $R^2=0.717^{**}$
	果实纵径（FL）	$Y=94.88\text{FL}-393.1$ $R^2=0.885^{**}$	$\text{FL}=-2\times10^{-5}I_r^2+0.014I_r+3.868$ $R^2=0.892^{**}$	$\text{FL}=-7\times10^{-5}\text{ET}^2+0.042\text{ET}+1.033$ $R^2=0.841^{**}$
	可溶性固形物含量（TSS）	$Y=-34.82\text{TSS}+326.2$ $R^2=0.880^{**}$	$\text{TSS}=-0.008I_r+6.781$ $R^2=0.860^{**}$	$\text{TSS}=-0.014\text{ET}+8.992$ $R^2=0.854^{**}$
	果实硬度（FF）	$Y=-56.40\text{FF}+297.6$ $R^2=0.417^{*}$	$\text{FF}=-0.002I_r+3.083$ $R^2=0.45^{*}$	$\text{FF}=-0.004\text{ET}+3.883$ $R^2=0.534^{**}$
	维生素 C 含量（VC）	$Y=-0.662\text{VC}+252.7$ $R^2=0.676^{**}$	$\text{VC}=-0.378I_r+232.6$ $R^2=0.851^{**}$	$\text{VC}=-0.652\text{ET}+331.7$ $R^2=0.824^{**}$
	有机酸含量（OA）	$Y=-38.79\text{Sa}+335.6$ $R^2=933^{**}$	$\text{Sa}=-0.007I_r+6.391$ $R^2=0.872^{**}$	$\text{Sa}=-0.013\text{ET}+8.410$ $R^2=0.848^{**}$

但是，产量与平均单果重呈显著线性递增关系。TSS 含量、硬度、有机酸含量、VC 含量与灌水量、耗水量均呈线性负相关关系（见表 4-10），且均达到极显著水平（$P<0.01$）。TSS 含量、有机酸含量、VC 含量与产量也均呈现线性负相关关系（见表 4-10），且均达到极显著水平（$P<0.01$）。

4.3 番茄综合品质的构建

番茄各单项品质指标主成分分析结果如图 4-11 所示。由图 4-11 可知，第一主成分和第二主成分的方差贡献率分别为 81.9%和 11.15%，两者累积方差贡献率达 93.0%，即第一主成分和第二主成分涵盖了大部分信息，这表明前两个主成分解释了大部分原始品质指标，能够代表最初的 10 个品质指标来分析番茄综合品质的水平，故提取前两个指标即可。第一主成分荷载值最大，主要反映的是 TSS、SSC、OA、VC 和 SP，代表了营养品质。第二主成分荷载值较大，主要反映的是 SAR、FF 和 TD，代表了果实风味品质、储运品质和外观品质。

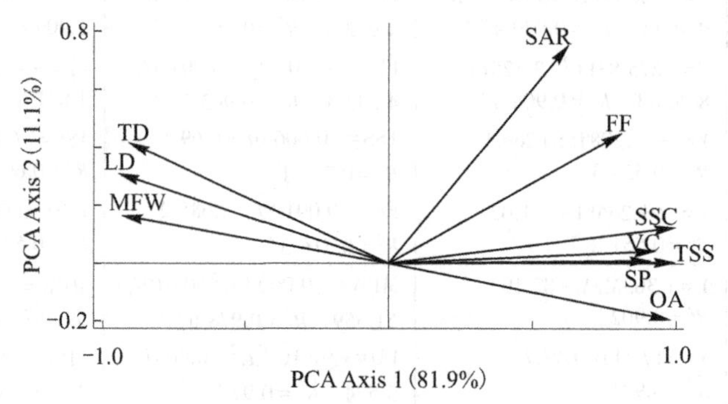

图 4-11 番茄果实品质指标主成分分析法

利用主成分分析法（PCA）对各处理下番茄果实各项品质指标进行综合评价，不同水分处理下番茄果实综合品质得分如表 4-11 所示。由表 4-11 可知，I1Kcp1 处理番茄果实综合品质得分最高，其值为 4.954，该处理综合品质最优；I3Kcp1 处理番茄果实综合品质得分次之，其值为 4.520；I2Kcp4 处理番茄果实综合品质得分最低，其值为−2.778，该处理综合品质最差。

表 4-11 主成分分析法评价 2013 年番茄果实综合品质得分

处理	f_1	f_2	Q
I1Kcp1	4.954	0.802	4.139
I1Kcp2	0.377	1.575	0.484
I1Kcp3	−1.151	1.984	−0.720
I1Kcp4	−2.648	0.977	−2.055
I2Kcp1	3.844	−0.562	3.079

续表 4-11

处理	f_1	f_2	Q
I2Kcp2	−0.819	−0.428	−0.717
I2Kcp3	−1.842	−0.309	−1.540
I2Kcp4	−2.778	−0.326	−2.307
I3Kcp1	4.520	−0.865	3.598
I3Kcp2	−0.095	−0.749	−0.161
I3Kcp3	−1.746	−1.170	−1.557
I3Kcp4	−2.618	−0.929	−2.243

注：f_1 和 f_2 分别代表第一主成分和第二主成分，Q 代表番茄果实综合品质得分。

图 4-12 表明 TSS 与外观品质、营养品质、风味品质均呈显著的相关关系，故 TSS 在一定程度上可以反映番茄果实综合品质水平。基于表 4-11 主成分分析法得到番茄果实综合品质得分，将各处理下番茄综合品质得分与 TSS 进行相关分析，其结果如图 4-12 所示。由图 4-12 可知，番茄综合品质得分与 TSS 呈显著的正相关关系（$P<0.001$），决定系数 R^2 高达 0.981 7，因此 TSS 可以作为表征番茄综合品质的评价指标。

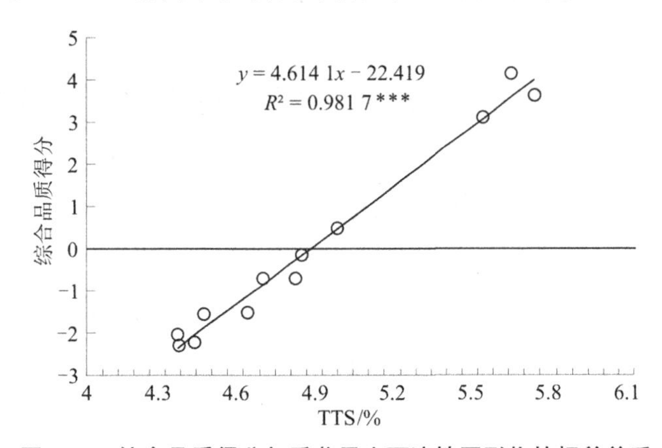

图 4-12　综合品质得分与番茄果实可溶性固形物的相关关系

第5章　设施蔬菜耗水规律及影响因素分析

作物耗水过程受环境因子(太阳辐射、水汽压差、气温、湿度和风速等)、作物因子(株高、LAI和根系分布等)和土壤因子(土壤温度和水分等)等多个因子的综合影响,这些因子通过影响叶片气孔开闭状况、叶片内外和土壤内外水汽压差、水的汽化过程、空气动力学阻力、根系吸水速率等因素间接影响水热传输过程。研究表明,气象因子和土壤水分状况是影响作物耗水的主要因素,其中太阳辐射是驱动作物蒸腾作用的主要动力,而叶片周围的水汽压差和叶温同样是影响蒸腾量变化的关键因子。土壤水分影响作物ET主要是改变了作物根区的土壤水势,水分胁迫条件下土壤水势低,根系吸水阻力大,导致蒸腾速率下降。然而,针对不同水分状况,气象因子对各尺度ET的敏感程度如何,效果是否显著等相关研究还比较欠缺,这些关键性结论是作为调控温室环境阈值,指导农业用水的关键。

5.1　设施蔬菜棵间土壤蒸发变化规律及影响因素

5.1.1　不同行间位置土壤蒸发日变化及差异性分析

5.1.1.1　不同点位土壤蒸发逐日变化

图5-1是2015年和2016年试验期间行间和棵间的土壤蒸发量(E)逐日变化过程,由于棵间土壤含水率高于行间,且接受太阳辐射时间长,导致棵间E高于行间E。2015年全生育期T0.9棵间累积E为41.76 mm,而行间累积E为34.39 mm,T0.5棵间累积E为36.04 mm,行间累积E为24.64 mm;2016年全生育期T0.9棵间累积E为49.36 mm,而行间累积E为43.36 mm,T0.5棵间累积E为41.90 mm,行间累积E为33.53 mm。随着生育期的推进,E逐渐减小,但高土壤水分和辐射条件下的E同样较大,从开花坐果期到成熟采摘期,2015年T0.9棵间最大E较行间高11.4%,T0.5棵间最大E较行间高18.9%;2016年T0.9棵间最大E较行间高18.8%,T0.5棵间最大E较行间高21.9%。

5.1.1.2　不同水分条件下土壤蒸发逐日变化

图5-2是2015年和2016年试验期间T0.9处理和T0.5处理E的逐日变化过程,可以看出,多数情况下,T0.9处理高于T0.5处理,但在太阳辐射强度较低的情况下,二者无明显差异。2015年全生育期,T0.9处理的累积蒸发量较T0.5处理的高15.2%;2016年全生育期,T0.9处理的累积蒸发量较T0.5处理的高18.1%。

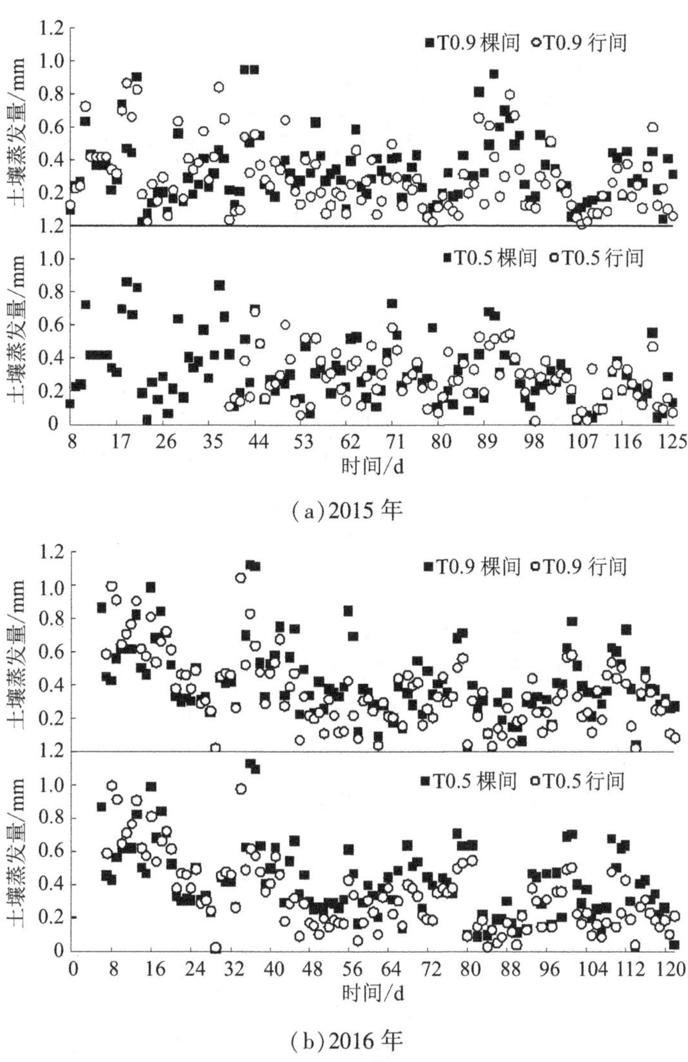

(a)2015 年

(b)2016 年

图 5-1 不同点位土壤蒸发量逐日变化过程

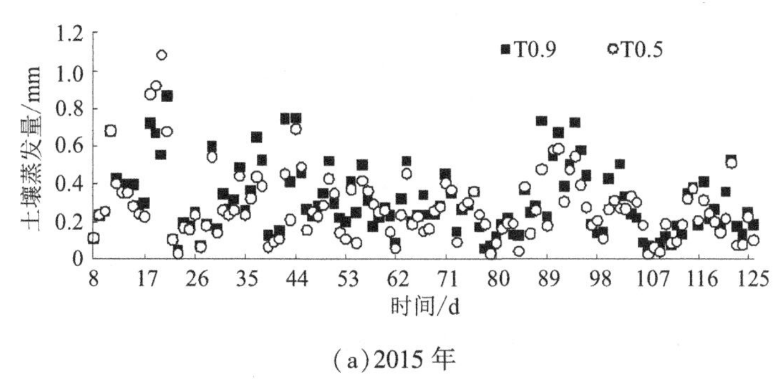

(a)2015 年

图 5-2 不同水分处理土壤蒸发量逐日变化过程

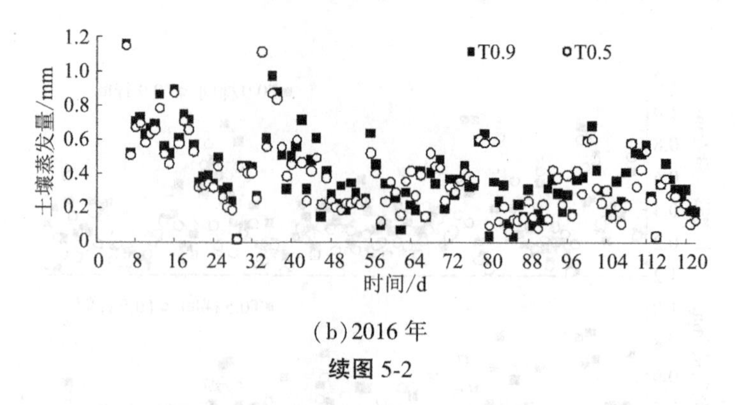

(b)2016 年

续图 5-2

5.1.1.3 不同水分条件下土壤蒸发逐日变化

图 5-3 给出了充分供水条件下温室番茄 3 个生育阶段内不同位置处累积棵间土壤蒸发量。从图 5-3 中可以看出，不同生育阶段内不同位置处的棵间土壤蒸发量不尽相同，各观测点棵间土壤蒸发量的大小顺序为位置 1>位置 2>位置 3，且苗期各观测点处的棵间土壤蒸发量差异较小，开花坐果期和成熟采摘期差异较大，这些差异主要是由番茄植株叶面积指数及表层土壤含水率共同作用所致。滴灌致使距滴头不同位置处的土壤含水率存在明显差异，距滴头越远，其土壤含水率越小，3 个位置处的土壤含水率大小依次为位置 1>位置 2>位置 3，而在叶面积指数较小的苗期，表层土壤含水率是影响不同位置处棵间土壤蒸发量的主导因子；在中后期，由于叶面积指数较大，且番茄采用宽窄行种植，植株叶面积对 3 个位置的覆盖率依次增大，且通气状况依次减弱，故而导致棵间土壤蒸发量依次减小。由此可见，滴灌可减小有效湿润面积以外的土壤表面蒸发，降低了直接损耗于蒸发的水量。

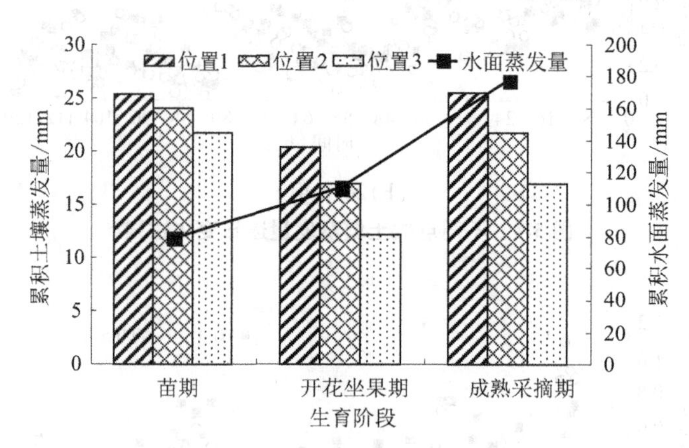

图 5-3 不同位置处棵间土壤蒸发的差异

5.1.2 土壤蒸发与耗水量的占比关系

5.1.2.1 温室番茄阶段棵间土壤蒸发量占阶段需水量的比例

表 5-1 给出了基于水面蒸发量的最优番茄灌溉制度下各阶段棵间土壤蒸发占阶段需水量的比例。从表 5-1 中可以看出，3 月，番茄刚移栽后苗情较小，棵间土壤蒸发量较大，

此阶段的棵间土壤蒸发量相对较大，而需水量较小，日平均需水量为 1.32 mm · d^{-1}，日平均棵间土壤蒸发量为 0.84 mm · d^{-1}，阶段棵间土壤蒸发量占耗水量的比例为 64%；当番茄进入 4 月后，植株开始逐渐生长壮大，植株主要处于营养生长阶段，地上部分迅速生长，叶面积指数逐渐增大，棵间土壤蒸发也相应减少，阶段棵间土壤蒸发量占耗水量的比例降低为 22%；进入 5 月后，植株叶面积指数生长至最大，番茄处于生殖生长并进阶段，棵间土壤蒸发量占耗水量的比例降到最小，仅为 11%；进入 6 月后，番茄地上植株停止生长，番茄主要处于生殖生长阶段，但此阶段植株叶面积指数仍较大，棵间土壤蒸发量占耗水量的比例略有升高，为 13%。当番茄进入 7 月后，随着番茄果实的不断采摘，植株开始逐渐衰老，叶片亦衰老变黄，叶面积指数开始逐渐降低，棵间蒸发量开始有所增加，与此同时，植株蒸腾受到限制，阶段棵间土壤蒸发量占阶段耗水量的比例分别上升至 21%。从全生育期来看，温室番茄的棵间土壤蒸发总量占总耗水量的比例不足 20%，说明番茄需水主要以植株蒸腾为主，棵间土壤蒸发主要在番茄植株刚移栽后，因此在滴灌条件下温室番茄栽培水分管理中，可适当降低移栽后灌水定额，从而减小无效土壤蒸发，进而实现节水的目的。

表 5-1　温室番茄阶段棵间土壤蒸发量与需水量的比值（2011 年）

月份	3	4	5	6	7	全生育期
需水量 ET/mm	19.80	62.61	91.06	100.22	49.40	323.09
土壤蒸发量 E/mm	12.67	13.61	10.16	12.97	10.16	59.57
E/ET	0.64	0.22	0.11	0.13	0.21	0.18
T/ET	0.36	0.78	0.89	0.87	0.79	0.82

5.1.2.2　温室茄子相对土壤蒸发（E_s/E_{pan}）的逐日变化

从图 5-4 可以看出，温室茄子相对土壤蒸发（棵间土壤蒸发与水面蒸发的比值 E_s/E_{pan}）在整个生育期的变化曲线均呈脉冲状，主要是不同土壤水分状况和气象条件影响的结果。灌溉后的晴天，日蒸发速率有明显的上升趋势，而后依次减少。这说明温室内作物的蒸发耗水不仅与能量有关，而且与水分供应状况有密切的关系。这是因为每次一定量的灌水后，入渗到土壤的水分不仅改善了作物根系层的土壤水分条件，也增加了表层土壤含水率，使灌水后一段时间内，随着表层含水量的逐渐减少，棵间蒸发相应地降低。

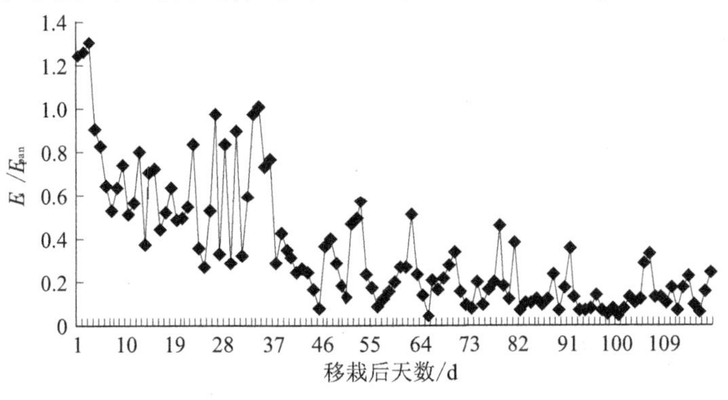

图 5-4　茄子生育期间相对土壤蒸发（E_s/E_{pan}）逐日变化

5.1.2.3 不同调亏处理茄子阶段棵间土壤蒸发量占阶段耗水量的比例

表5-2列出了不同调亏处理茄子各生育阶段棵间土壤蒸发量和其占阶段耗水量的比例。从表5-2中可看出,苗期耗水量较小,日平均耗水量为0.59~1.09 mm·d^{-1},日平均棵间土壤蒸发量为0.51~0.61 mm·d^{-1},棵间土壤蒸发量占阶段耗水量的54.24%~85.55%。苗期重度水分亏缺处理T1的日平均棵间土壤蒸发量为0.51 mm·d^{-1},苗期轻度水分亏缺处理T2的日平均棵间土壤蒸发量为0.56 mm·d^{-1},对照下CK处理的为0.59 mm·d^{-1},这表明苗期水分亏缺抑制了茄子的棵间土壤蒸发,且抑制程度随水分亏缺程度的增大而增大。开花坐果期各处理棵间土壤蒸发量占阶段耗水量的比例明显减小,在17.14%~20.81%之间。同时,该时期实施水分亏缺的处理T3、T4的棵间土壤蒸发量与苗期水分亏缺处理表现出一致规律,为T3<T4<TCK。成熟采摘期各处理棵间土壤蒸发量占阶段耗水量的比例下降至10.34%~13.37%,该时期水分亏缺处理T5、T6的棵间土壤蒸发量依然表现为T5<T6<TCK。这说明,各个时期的水分亏缺均会降低茄子棵间土壤蒸发量,且水分亏缺越严重,降低幅度越大。综观整个生育期,茄子日平均棵间土壤蒸发量和占阶段耗水量的比例均表现出随生育期的推进依次降低的规律。这是因为在苗期茄子植株较小,叶面积指数也较小,形成较好的通风透光环境,茄子棵间土壤蒸发较大,随着生育期的推进,茄子植株逐渐长大,叶面积指数随之增大,棵间土壤蒸发相应减小。

表5-2 不同调亏处理茄子各生育阶段棵间土壤蒸发量占阶段耗水量的比例

生育阶段	处理	T1	T2	T3	T4	T5	T6	TCK
苗期(35 d)(3月31日~5月4日)	ET/mm	20.79	29.19	26.91	34.07	34.96	33.12	38.01
	E/mm	17.78	19.64	19.02	19.64	21.25	20.36	20.62
	E/ET/%	85.55	67.29	70.67	57.64	60.77	61.46	54.24
开花坐果期(28 d)(5月5日~6月1日)	ET/mm	66.44	68.54	59.01	66.80	69.95	67.80	75.58
	E/mm	11.52	13.02	12.28	12.32	12.72	11.62	13.78
	E/ET/%	17.34	19.00	20.81	18.45	18.19	17.14	18.23
成熟采摘期(45 d)(6月2日~7月16日)	ET/mm	153.43	152.85	153.49	152.74	104.75	136.28	152.39
	E/mm	15.86	16.95	16.44	16.63	14.01	15.03	17.38
	E/ET/%	10.34	11.09	10.71	10.89	13.37	11.03	11.41
全生育期(108 d)(3月31日~7月16日)	ET/mm	240.65	250.58	239.41	253.61	209.65	237.20	265.98
	E/mm	45.16	49.61	49.23	48.55	46.98	47.01	50.32
	E/ET/%	18.77	19.80	20.56	19.14	22.41	19.82	18.92

5.1.3 土壤蒸发与环境因子的相关性

5.1.3.1 土壤蒸发与气象因子的相关性

在表层土供水充足的条件下,表土获得连续不断的汽化潜热能以及土面与周围大气之间水汽压梯度的存在是土壤蒸发得以进行的两个重要条件,而太阳辐射是汽化潜热能量的来源,空气水汽压梯度的大小决定着空气里饱和水汽含量和水汽扩散的快慢(王政友,2003),因此太阳辐射、空气饱和水汽压差等气象因子是影响温室番茄棵间土壤蒸发的主要气象因素。为了消除叶面积指数和土壤含水率对棵间土壤蒸发的影响,图 5-5 给出了叶面积指数小于 0.5 且 20 cm 表层土壤含水率大于 20%(质量含水率)时土壤蒸发与太阳辐射、气温、相对湿度及饱和水汽压差等气象因子的关系。从图 5-5 中可以看出,棵间土壤蒸发随太阳辐射、气温及饱和水汽压差的增大而增大,随相对湿度的增大而减小,表明棵间土壤蒸发在土壤供水充足的条件下与太阳辐射等气象因子的关系密切,经回归分析,棵间土壤蒸发与各气象因子均呈现指数关系(见表 5-3),且太阳辐射、相对湿度和饱和水汽压差达到极显著水平,气温达到显著水平。

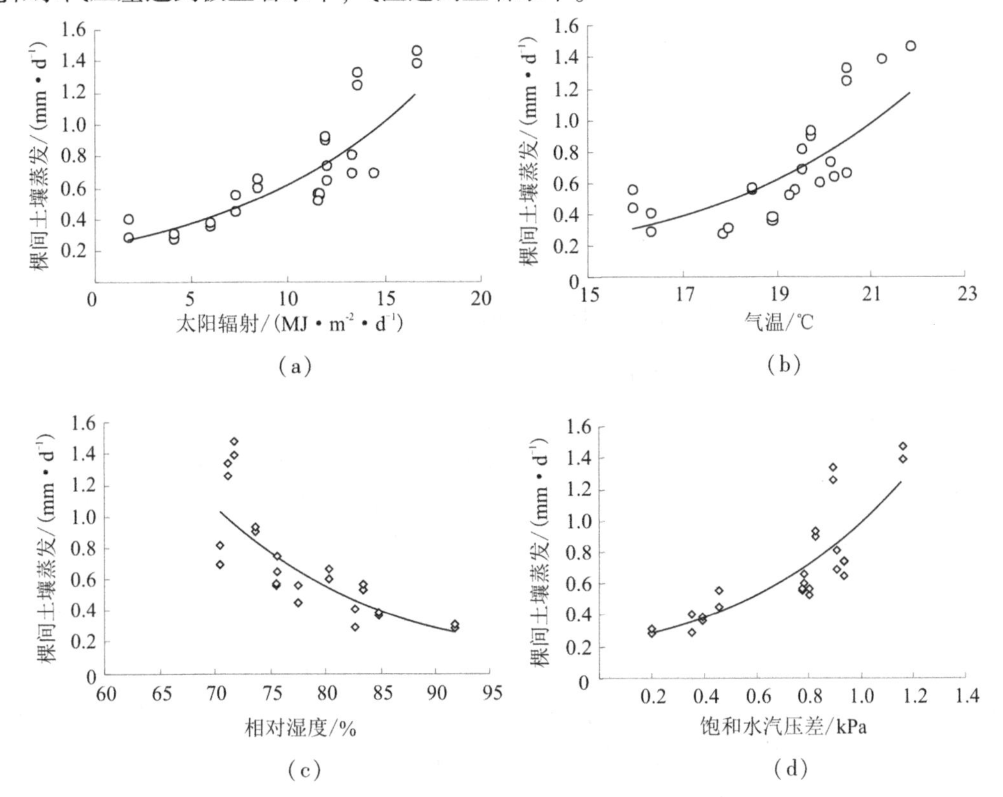

图 5-5　棵间土壤蒸发与太阳辐射、气温、相对湿度及饱和水汽压差的关系

表 5-3　棵间土壤蒸发与气象因子的关系

气象因子	表达式	决定系数 R^2	显著水平
太阳辐射 R_s	$E_s = 0.234\,0e^{0.097\,9R_s}$	0.770 4	**
气温 T	$E_s = 0.008\,7e^{0.224\,5\,T}$	0.570 4	*
相对湿度 RH	$E_s = 98.573e^{-0.064\,8\,\mathrm{RH}}$	0.726 0	**
饱和水汽压差 VPD	$E_s = 0.210\,0e^{1.537\,5\,\mathrm{VPD}}$	0.793 7	**

注: * 表示达到显著水平, ** 表示达到极显著水平。

蒸发皿测量的水面蒸发量(E_{pan})能够综合反映当时的气象状况。图 5-6 同时给出了叶面积指数小于 0.5 且 20 cm 表层土壤含水率大于 20%(质量含水率)时滴灌条件下温室番茄棵间土壤蒸发与冠层上方水面蒸发量(20 cm 标准水面蒸发皿)的关系。由图 5-6 可知,棵间土壤蒸发与蒸发皿蒸发量的关系密切,棵间土壤蒸发随蒸发皿蒸发量的增大而呈线性增大,二者的关系达到极显著水平($P<0.01$)。

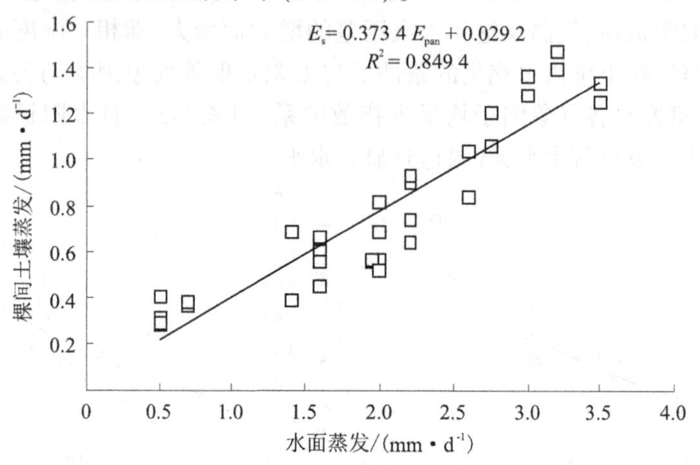

图 5-6　棵间土壤蒸发与水面蒸发的关系

5.1.3.2　土壤蒸发与表层土壤含水率的关系

为消除叶面积指数和气象因素的影响,图 5-7 和图 5-8 分别给出了番茄和茄子叶面积指数变化较小($0.54<LAI<1.2$)时段内相对土壤蒸发(棵间土壤蒸发量与蒸发皿蒸发量的比值 E_s/E_{pan})与表层土壤含水率的关系,从图中可以看出,当表层土壤含水率小于 12%时,番茄和茄子的相对土壤蒸发强度随表层土壤含水率的增加缓慢增加;当表层土壤含水率介于 12%~20%时,番茄和茄子的相对土壤蒸发强度随表层土壤含水率的增大而迅速增大;当表层土壤含水率大于 20%时,番茄和茄子的相对土壤蒸发强度随表层土壤含水率的增加而增加的速度放缓,表明番茄棵间土壤蒸发与表层土壤含水率的关系密切。总体而言,相对土壤蒸发随表层土壤含水率的增大而增大,相对土壤蒸发与表层土壤含水率呈指数关系,经回归分析,回归方程与系数的参数估计均达到极显著($P<0.01$),番茄和茄子的回归关系式分别见式(5-1)和式(5-2):

$$E_s/E_{pan} = 0.024\ 1e^{0.128\ 8\theta} \quad R^2 = 0.868\ 6 \tag{5-1}$$

式中:E_s/E_{pan} 为相对土壤蒸发强度;θ 为 20 cm 表层土壤含水率(%)。

$$E_s/E_{pan} = 0.036\ 4e^{0.085\ 9\theta} \quad r = 0.967\ 5 \tag{5-2}$$

式中:E_s/E_{pan} 为相对土壤蒸发强度;θ 为表层土壤含水率(%)。

5.1.3.3　棵间土壤蒸发量与叶面积指数的关系

在有作物生长条件下,棵间蒸发与叶面积指数有着密切的关系。为消除土壤含水率和气象因素的影响,根据实测资料从中选取表层土壤含水率大于 20%时的棵间土壤蒸发,绘制相对土壤蒸发(E_s/E_{pan})与实测番茄、茄子叶面积指数(LAI)的关系(见图 5-9、图 5-10)。从图中可以看出,相对棵间土壤蒸发度 E_s/E_{pan} 随着叶面积指数 LAI 的增加而

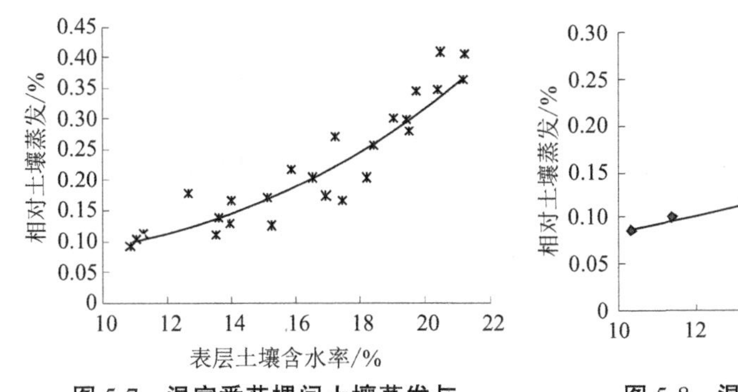

图 5-7 温室番茄棵间土壤蒸发与表层土壤含水率的关系

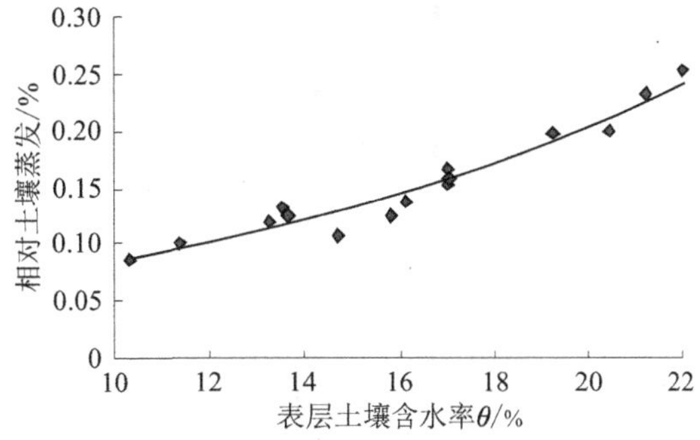

图 5-8 温室茄子相对土壤蒸发与表层土壤含水率的关系

显著减小，当叶面积指数小于 1.0 时，相对土壤蒸发强度随叶面积指数的变化平缓，番茄和茄子的相对土壤蒸发强度分别维持在 0.5 和 0.4 左右；当叶面积指数介于 1.0~3.0 时，番茄和茄子的相对土壤蒸发强度随叶面积指数的增大而迅速减小；当叶面积指数大于 3.0 时，相对土壤蒸发强度随叶面积指数变化趋于平缓，此时番茄和茄子的相对土壤蒸发强度分别维持在 0.10 和 0.20 左右。经回归分析，相对土壤蒸发强度（E_s/E_{pan}）与叶面积指数（LAI）的关系呈现指数函数的形式，回归方程与系数的参数估计均达到极显著（$P<0.01$），番茄和茄子的回归关系式分别见式（5-3）和式（5-4）：

$$E_s/E_{pan}=0.511\,4e^{-0.456\,3LAI}\quad R^2=7\,071 \tag{5-3}$$

式中：E_s/E_{pan}为相对土壤蒸发强度；LAI 为叶面积指数。

$$E_s/E_{pan}=0.590\,5e^{-0.424\,2LAI}\quad r=0.977\,2 \tag{5-4}$$

式中：E_s/E_{pan}为相对土壤蒸发强度；LAI 为叶面积指数。

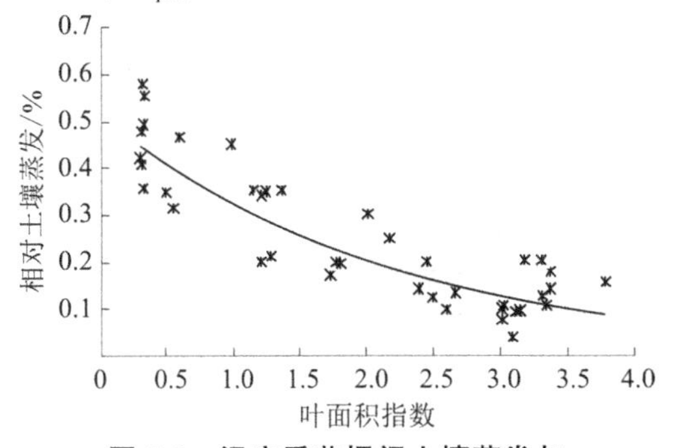

图 5-9 温室番茄棵间土壤蒸发与叶面积指数的关系

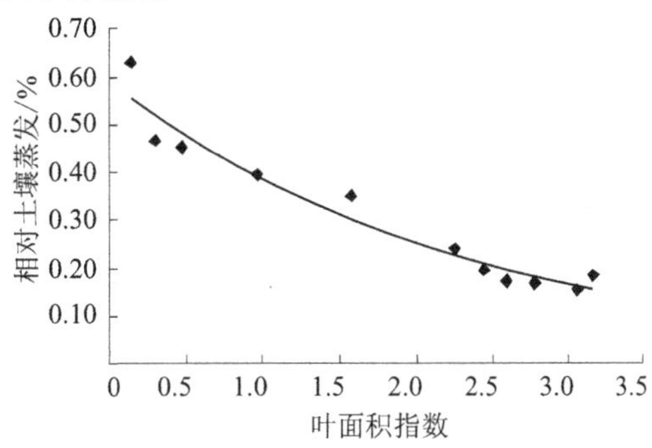

图 5-10 温室茄子相对土壤蒸发与叶面积指数的关系

5.1.3.4 温室茄子棵间蒸发量与气象因子的关系

图 5-11 为土壤棵间蒸发量与各气象因子的日变化曲线。由表 5-4 可知，土壤棵间蒸发量与太阳辐射、温度、饱和水汽压差值、土壤温度呈正相关，与空气湿度呈负相关。太阳辐射与土壤棵间蒸发量的相关系数最高，达 0.89 以上，而气温、饱和水汽压差值和湿度的关系次之。因此，太阳辐射是影响棵间蒸发量的主要因子，其他的气象因子也有一定作用，如较高的气温和较大的饱和水汽压差值可提高棵间蒸发量速率，较低的空气湿度有利于棵间蒸发量的进行。

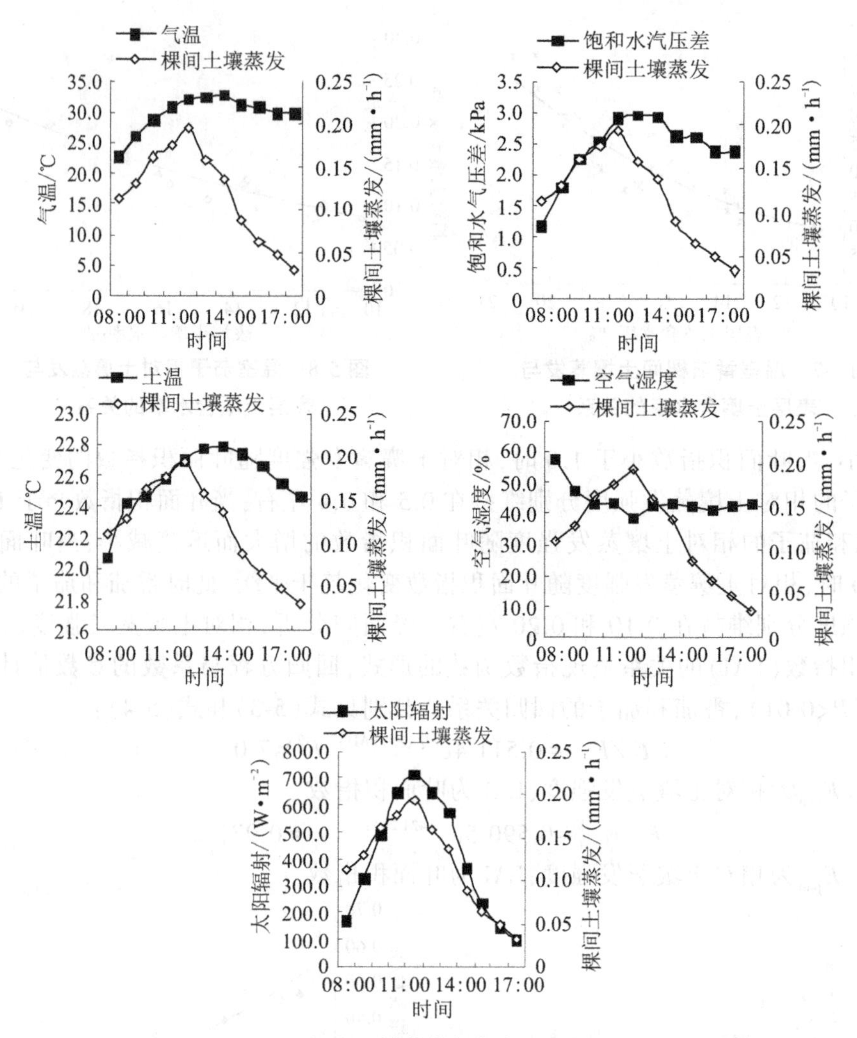

图 5-11　棵间土壤蒸发与气象因子的关系

表 5-4　茄子棵间蒸发与环境因子的相关性

环境因子	单位	相关性	
土壤温度 T_s	°C	$E = 0.0613T_s - 1.2821$	$r = 0.6029$
空气湿度 RH	%	$E = -0.0032\text{RH} + 0.2846$	$r = -0.7933$
饱和水汽压差 VPD	kPa	$E = 0.0523\text{VPD} + 0.0192$	$r = 0.8079$
气温 T	°C	$E = 0.0086T - 0.1089$	$r = 0.7882$
太阳辐射 PAR	W·m^{-2}	$E = 0.0002\text{PAR} + 0.0259$	$r = 0.8759$

5.1.4　灌水后土壤蒸发变化特征

图 5-12 给出了温室番茄苗期(2008 年 3 月 31 日灌水)灌水后 11 d 内棵间土壤蒸发的变化过程。从图 5-12 中可以看出,灌水后 3 d 内虽然棵间土壤蒸发相差较大,但相对土

壤蒸发强度差异较小，且此 3 d 内的相对土壤蒸发强度相对较高，可将此阶段看作为土壤蒸发的第一阶段，此阶段棵间土壤蒸发主要受大气蒸发力控制；灌水后 4~6 d 棵间土壤蒸发虽有所增大（最大相差 0.04 mm · d^{-1}），但相对土壤蒸发强度随着表层土壤含水率的降低而迅速降低；灌水后第 7 天棵间土壤蒸发稍有所反弹，之后直至灌水后第 10 天棵间土壤蒸发受大气蒸发力和表层土壤含水率的双重影响而迅速降低至 0.5 mm · d^{-1}以下；到灌水后第 11 天，虽然水面蒸发强度有所增大，但棵间土壤蒸发仍维持较低水平，不足 0.4 mm · d^{-1}。

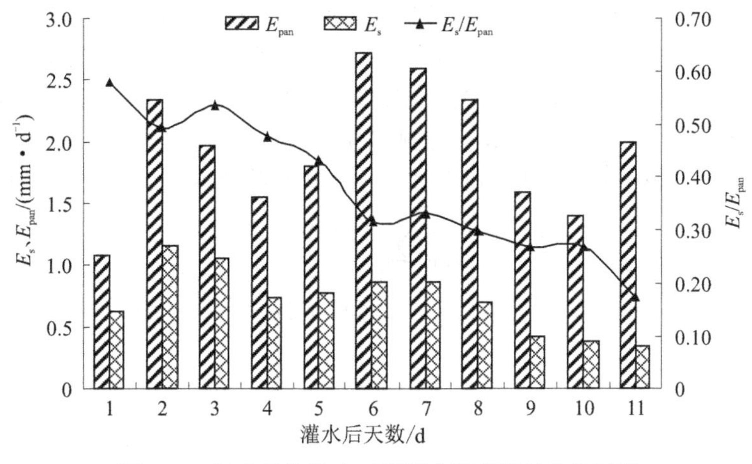

图 5-12　温室番茄灌水后棵间土壤蒸发的变化过程

从图 5-12 中还可以看出，即使灌水后 3 d 内，棵间土壤蒸发强度仅为水面蒸发强度的 60%以下（E_s/E_{pan}<0.6），灌水后 4 d 后，即使水面蒸发强度较大时，棵间土壤蒸发强度均不足 1.0 mm · d^{-1}。由此说明，采用滴灌这种局部湿润的灌溉方式，可减少表面湿润的面积和缩短土壤表面湿润的时期，可在一定程度上减少土壤无效蒸发，达到节水的目的。

5.2　设施蔬菜植株茎流变化特征及影响因素

5.2.1　茎流速率株间变异性分析及标准化处理

图 5-13 给出了充分供水条件下不同番茄和茄子植株（sap1 ~ sap6）茎流速率同步变化的对比。由图 5-13 可知，不论是番茄还是茄子，6 株番茄植株的茎流速率变化趋势基本相似，但茎流速率的大小存在明显差异，不同植株番茄和茄子的最大差异分别达到 60%和 70%左右。造成此差异的主要原因是番茄植株不同位置的茎直径大小及节间长度不同，为使茎流计探头能与茎秆接触良好，且监测结果可靠，选择适合于探头型号的茎直径安装探头，因此不同植株茎流探头安装位置不同（距地面 40 ~ 70 cm），探头上方的叶面积差异较大（番茄 6 个茎流计探头上方的叶面积变化范围为 0.140~0.275 m^2；茄子 6 个茎流计探头上方的叶面积变化范围为 0.055 7~0.172 1 m^2）。从 5 月 2~4 日番茄植株和 5 月 23 ~ 25 日茄子植株日茎流总量与叶面积的关系图（见图 5-15）中可以看出，番茄和茄子植株日茎流量均随叶面积的增大呈线性增大趋势，且 3 d 的回归直线近似平行（直线的斜率分别为

1 876.4、1 887.5、1 898.5)，因此可将茎流速率按探头上方的叶面积进行如下标准化处理：

$$F_i = f_i / \mathrm{LA}_i \tag{5-5}$$

式中：F_i为第 i 个茎秆单位叶面积上的茎流速率，$\mathrm{g \cdot h^{-1} \cdot m^{-2}}$；$f_i$为第 i 个茎秆监测所得茎流速率，$\mathrm{g \cdot h^{-1}}$；LA_i为第 i 个茎秆探头上方的叶面积，$\mathrm{m^2}$。

6 个不同茎秆的茎流速率经各自探头上方叶面积标准化处理后(见图 5-14)仍存在或多或少的差异，番茄和茄子不同植株之间的最大差异均缩小在 15%以内，这是由于不同植株个体发育和构造的不一致性，不同植株在性状上会出现差异而致。因此，在实际茎流速率监测过程中，可选取有代表性的植株 4~6 株进行监测，进行水分状况判别时去掉由探头热电偶、加热器损坏等原因引起的极端植株监测数据，取其余植株监测数据平均值作为诊断依据，这样即可削弱株间变异对监测结果的影响程度。经标准化处理后取算术平均值与群体叶面积指数相乘即可得到小区内的作物蒸腾速率，其计算公式如下：

$$T_{\mathrm{f}} = \frac{1}{1\,000}\left(\sum_{i=1}^{n} \frac{f_i/\mathrm{LA}_i}{n}\right) \cdot \mathrm{LAI} \tag{5-6}$$

式中：T_{f}为植株蒸腾速率，$\mathrm{mm \cdot h^{-1}}$；LAI 为叶面积指数，$\mathrm{m^2 \cdot m^{-2}}$；$n$ 为茎流探头监测数；其他符号意义同前。

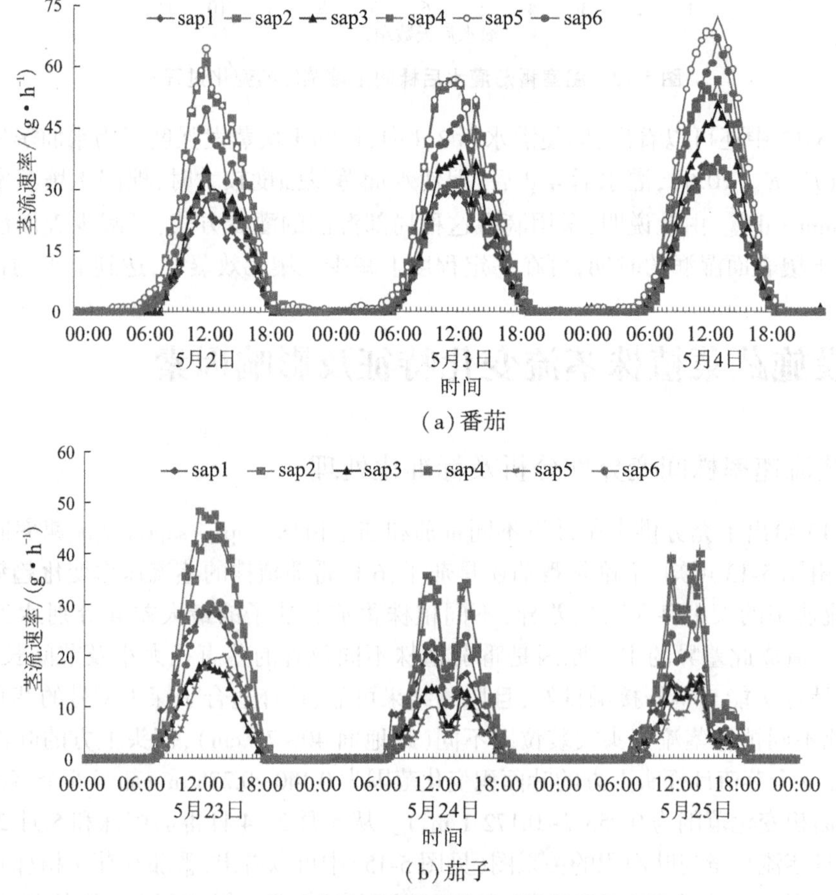

(a)番茄

(b)茄子

图 5-13　标准化处理前植株茎流速率的株间变异

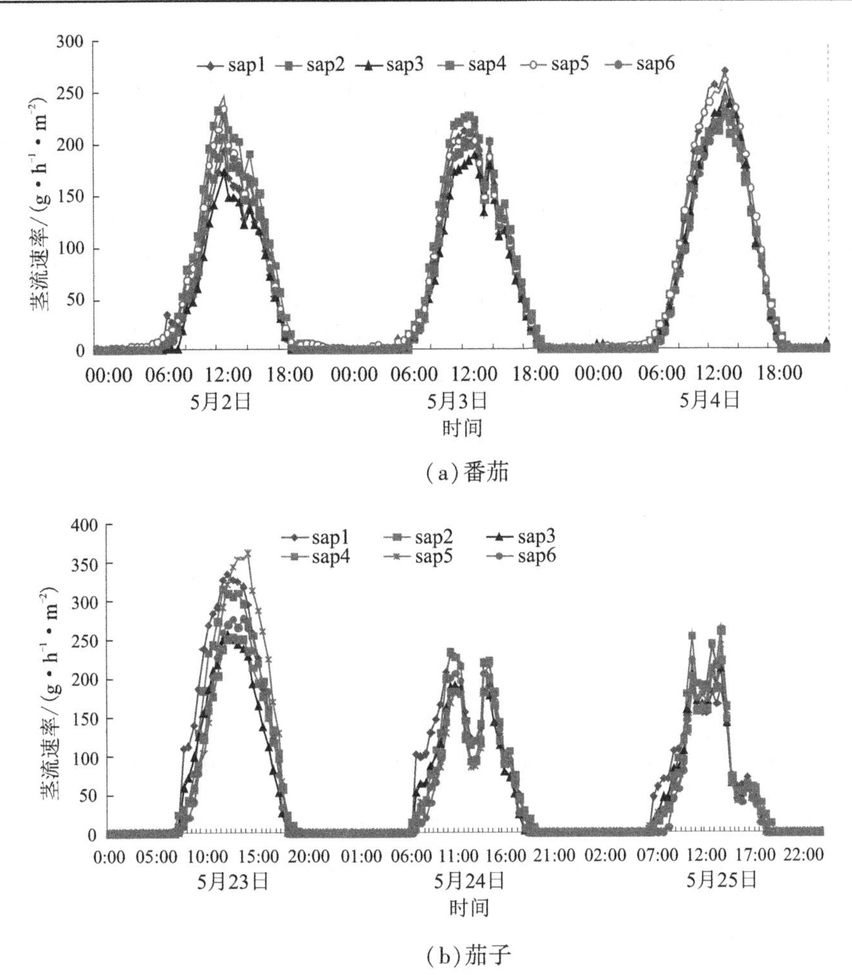

图 5-14　标准化处理后植株茎流速率的株间变异

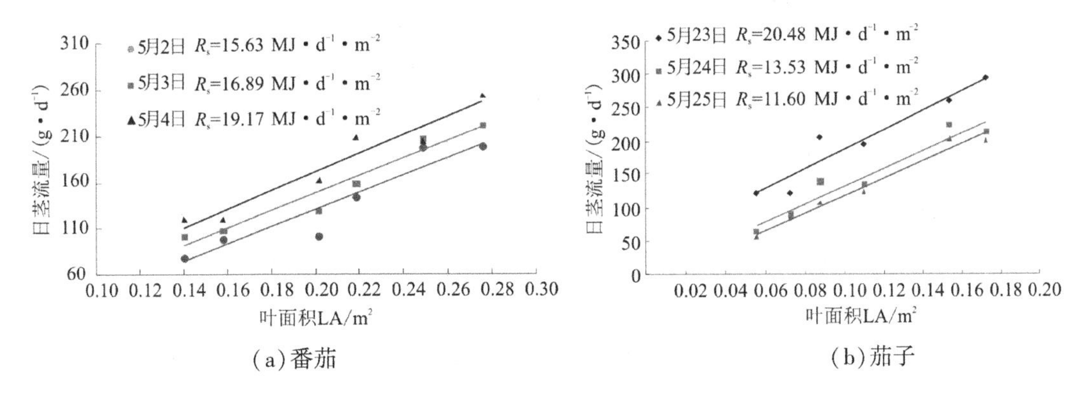

图 5-15　日茎流量与叶面积的相关性

5.2.2　设施蔬菜植株茎流在不同时间尺度的变化特征

5.2.2.1　温室番茄和茄子植株茎流速率的日变化规律

在番茄和茄子生育期内，分别选择有代表性的 3 种天气状况（晴天、多云、阴雨天），每 30 min 采集一次茎流速率数据,监测作物在不同天气条件下植株茎流速率的日变化规律,如图 5-16 和图 5-17 所示。在晴天条件下,番茄和茄子茎流速率的日变化呈现单峰曲线,夜间有微弱的茎流。凌晨 6:00 茎流开始启动,随着太阳辐射的增强和空气饱和差的升高,番茄和茄子植株的茎流速率迅速增大,到 13:00 左右达到最大值,中午较为平缓,14:00 后虽然空气饱和差仍有小幅度增大,但茎流速率却随着太阳辐射的降低而迅速减小,夜间在没有太阳辐射的情况下仍存在微弱茎流。在多云条件下,番茄和茄子植株茎流速率变化曲线均呈现多峰型,由于太阳辐射的不稳定变化,茎流的变化也极其不稳定,但其依然随着太阳辐射的变化而呈现规律性变化。在阴雨天,太阳辐射较弱,植株茎流速率随太阳辐射的缓慢升高而增大,随太阳辐射的缓慢降低而减小,茎流变化较为平缓。

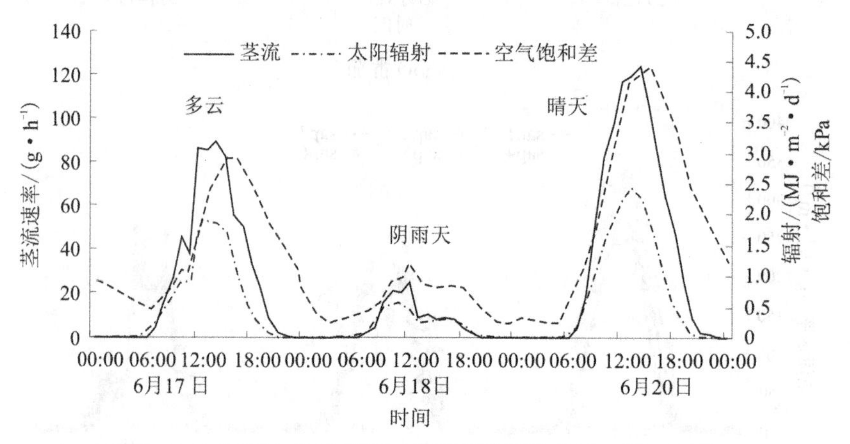

图 5-16　不同天气条件下温室番茄茎流速率的日变化规律

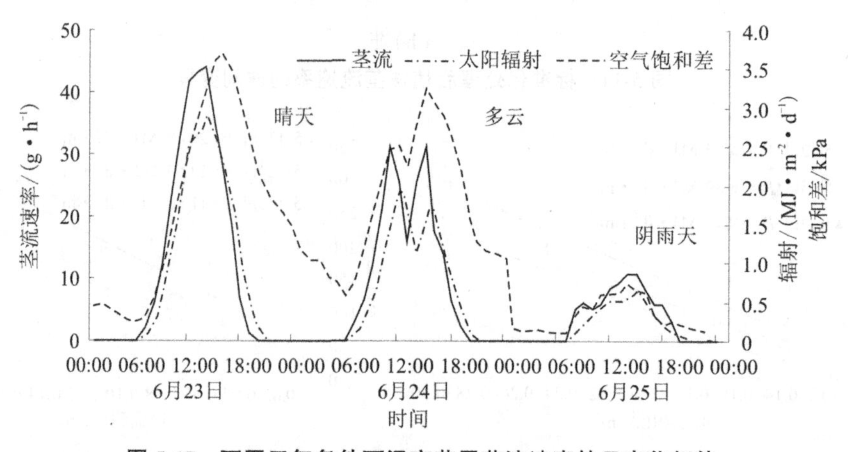

图 5-17　不同天气条件下温室茄子茎流速率的日变化规律

5.2.2.2　温室番茄植株茎流速率的生育期变化规律

图 5-18 给出了 2015 年和 2016 年采用茎流计监测并计算得到番茄日蒸腾量的逐日变化过程,2 个试验期的监测时间分别从移栽后第 69 天和第 41 天开始。可以看出,从移栽后的第 60 天开始,不同水分处理的日茎流量逐渐显现出差异,且随着生育期的推进,差异不断增大,其中晴天差异最大,阴雨天和灌水后的差异最小,2 年 T0.9 的平均日茎流量

分别较 T0.7 处理高 21.8%和 12.5%,较 T0.5 处理高 34.2%和 29.2%。不同水分处理之间,温室番茄的日最大蒸腾量也不相同,2015 年 T0.9、T0.7 和 T0.5 等处理的日最大蒸腾量分别为 6.21 $mm \cdot d^{-1}$、4.91 $mm \cdot d^{-1}$和 4.61 $mm \cdot d^{-1}$,2016 年分别为 6.98 $mm \cdot d^{-1}$、5.98 $mm \cdot d^{-1}$和 4.51 $mm \cdot d^{-1}$,2015 年 T0.9 处理的日最大蒸腾量分别较 T0.7 处理和 T0.5 处理高 21.0%和 25.8%,2016 年的分别高 14.3%和 35.4%。可见,水分胁迫在很大程度上减弱了植株蒸腾量,植株长期处于水分胁迫条件下,加速了叶片的衰老,叶细胞活性降低,生理机制逐渐弱化,导致植株蒸腾能力降低。

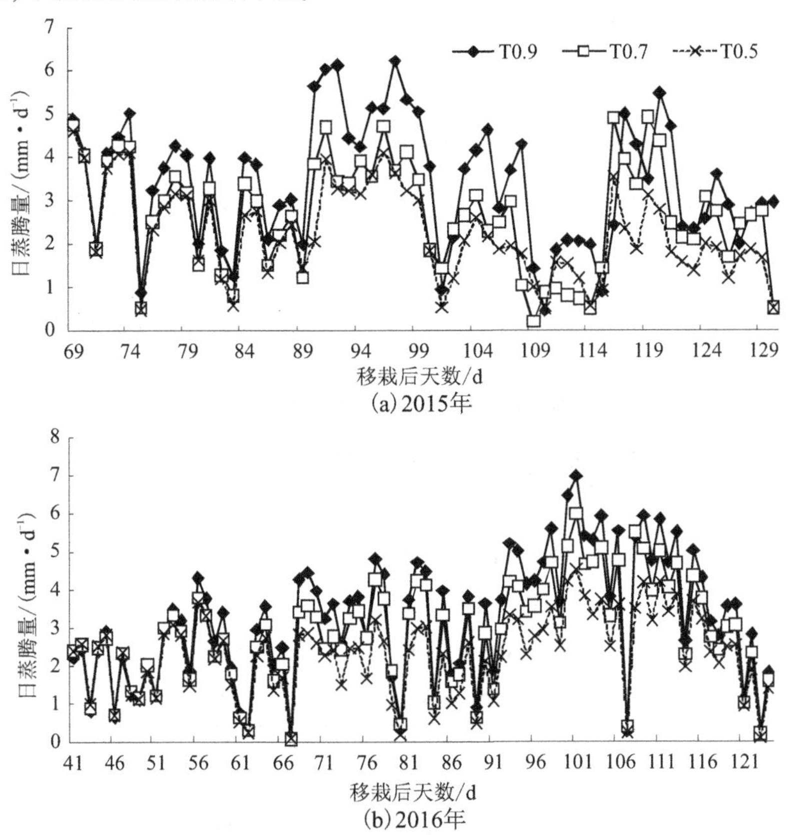

图 5-18　不同水分处理温室番茄植株茎秆液流生育期动态变化

5.2.3　设施蔬菜植株茎流速率与环境因子的相关性

5.2.3.1　温室番茄植株茎流速率与气象因子的关系

植株茎流的变化规律是内因(冠层的结构、气孔的开度、茎秆的水力结构等)和外因(土壤水分状况和气象因素等)共同作用的结果。对于土壤供水充分条件下温室番茄而言,光照、饱和水汽压差是影响植株蒸腾的主要气象因素。为了消除叶面积和土壤含水率对植株茎流速率的影响,试验分别于番茄开花坐果期(5 月 2~13 日)和成熟采摘期(6 月 9~19 日)进行植株茎流连续监测。图 5-19 分别给出了两个时段充分供水条件下番茄单位叶面积上日茎流量与太阳总辐射和饱和水汽压差的关系。从图 5-19 中可以看出,番茄植株茎流随太阳总辐射和饱和水汽压差的增大而增大，表明番茄植株茎流速率与太阳辐射和饱和水汽压差的关系密切，经回归分析，在显著水平 $\alpha=0.01$ 时达到显著水平，两个时段的植株日茎流量(F)与总辐射(R_s)呈线性关系，与饱和水汽压差(VPD)呈对数关系(回归方程如表 5-5 所示)。从图 5-19 中还可以看出，开花坐果期茎流量随总辐射的增长速率明显快于成熟采摘期，在相同饱和水汽压差条件下，开花坐果期的茎流量明显高于成熟采摘期，这是由于开花坐果期番茄处于营养生长与生殖生长并进阶段，组织鲜嫩，而进入成熟采摘期后，番茄组织开始逐渐趋于老化，因而同等气象条件下单位叶面积上茎流量表现出减小的趋势。

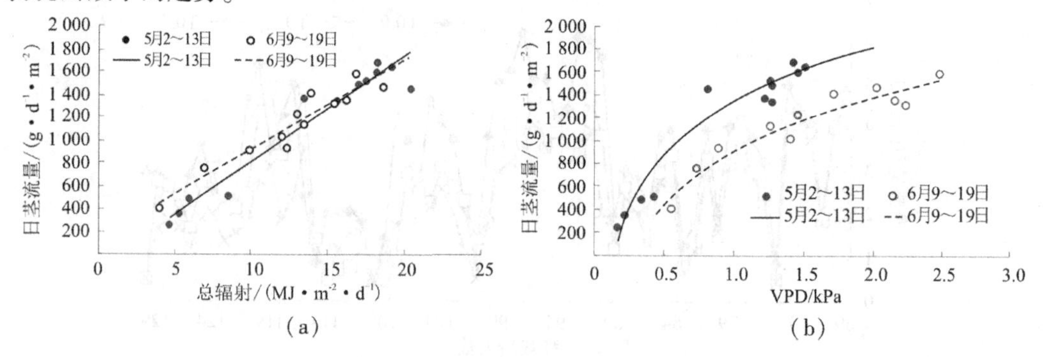

图 5-19 日茎流量与总辐射的关系

表 5-5 日茎流量与总辐射、饱和水汽压差的回归方程

时段	回归方程	决定系数 R^2	P 值
5 月 2~13 日	$F=92.323R_s-114.99$	0.939 1	<0.001
	$F=673.89\ln(\mathrm{VPD})+1\ 342.1$	0.942 3	<0.001
6 月 9~19 日	$F=77.718R_s+143.69$	0.902 6	<0.001
	$F=681.21\ln(\mathrm{VPD})+927.48$	0.920 3	<0.001

建立环境气象因子与番茄植株茎流量之间的数量关系，可以揭示气象因子对作物水分生理变化的影响，并可以利用气象要素来预测作物的蒸腾耗水量。基于以上对温室番茄植株茎流量与总辐射、饱和水汽压差等主要气象因子的关系分析，在土壤充分供水的条件下，茎流量的大小主要受气象因素的影响，采用 5 月 2~13 日和 6 月 9~19 日的实测茎流数据，以总辐射和饱和水汽压差为主要因子进行多元回归(见表 5-5)，方程形式如下：

$$F=aR_s+b\ln(\mathrm{VPD})+c \tag{5-7}$$

式中：F 为单位叶面积的日茎流量，$g\cdot d^{-1}\cdot m^{-2}$；$R_s$ 为日总辐射，$MJ\cdot m^{-2}\cdot d^{-1}$；VPD 为饱和水汽压差，kPa；$a$、$b$、$c$ 均为回归系数。

回归方程的决定系数及系数的参数估计结果如表 5-6 所示，由表可知，回归模型的决定系数 R^2 在 0.90 以上，各系数参数估计值的显著水平均小于 0.01，参数估计值达到极显著水平。

表 5-6　回归方程及系数的参数估计

决定系数	方程 P 值	回归系数		t 值	系数 P 值
0.953 6	<0.001	a	64.821 0	8.975 9	<0.001
		b	194.485 9	3.883 4	<0.001
		c	283.658 7	2.880 4	0.009 2

5.2.3.2　土壤水分对温室番茄植株茎流速率的影响

水分是蔬菜生长发育的重要条件。蔬菜对土壤水分状况的要求与其对土壤水分利用能力与对水分消耗相联系，从而影响着蔬菜的蒸腾能力。对不同供水条件下番茄植株的茎流速率进行了连续监测（见图 5-20），结果表明土壤水分的高低对番茄植株的茎流有明显的影响，但不同供水条件下番茄植株的茎流变化趋势相同。此期间充分供水处理（80%FC）的土壤水分维持在田间持水量的 80%以上，中度水分亏缺（60%FC）处理的茎流速率明显低于 80%FC 处理的，当番茄经受长期水分胁迫后，即便进行复水（6 月 11 日），茎流速率仍明显低于充分供水处理，这是因为番茄经受长时间水分亏缺，而且温室内部气温又偏高，加速了叶片老化，使叶细胞活性降低，对其生理机制造成了严重的负面影响，致使叶片蒸腾能力减弱。为更加清楚地阐明水分亏缺对茎流速率的影响，图 5-21 给出了 60%FC 处理相对于 80%FC 处理茎流速率的偏差（简称相对偏差）的逐日变化规律。相对偏差值的计算公式如下：

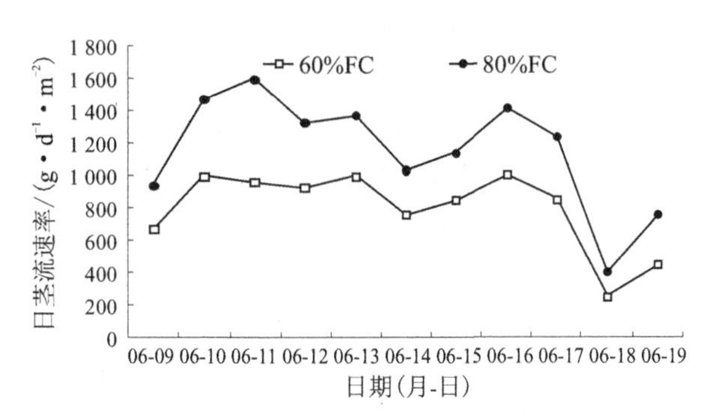

图 5-20　不同供水条件下的茎流速率

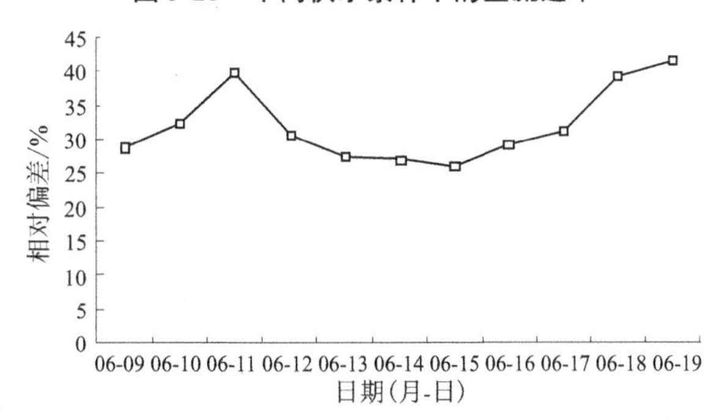

图 5-21　60%FC 的茎流速率相对偏差的日变化过程

$$D_R = 100(F_{80} - F_{60})/F_{80} \tag{5-8}$$

式中：D_R为茎流速率的相对偏差，%；F_{80}和F_{60}分别为80%FC和60%FC处理的日茎流速率，$g \cdot d^{-1} \cdot m^{-2}$。

从图5-21中可以看出，灌水前60%FC处理茎流速率的相对偏差随着土壤含水率的降低而逐渐增大，直至6月11日计划湿润层内的土壤含水率降低至水分控制下限，相对偏差也达到最大值；灌水后第1天（6月12日），相对偏差值迅速减小，之后3 d相对偏差的变化趋于平缓，说明此阶段60%FC处理没有发生水分亏缺，而其与80%FC处理产生差异主要是由前段水分亏缺对植株组织结构产生损坏而引起的；从灌水后第5天（6月16日）相对偏差开始逐渐增大，之后，随着土壤水分含量的降低而逐渐增大。

5.2.3.3 温室番茄茎流速率与水面蒸发的关系

蒸发皿测量的水面蒸发量（E_{pan}）能够综合反映当时的气象状况。近年来，国内外许多学者以蒸发皿蒸发量为基础，根据预先设定的蒸发皿系数（K_{cp}）来制订灌溉计划，研究不同灌水量时作物生长和产量的变化，进而制定科学的灌溉制度。国外多采用国际A型标准蒸发皿制定灌溉制度，而国内的研究多采用20 cm标准水面蒸发皿，它是我国气象台站观测水面蒸发量的标准蒸发皿之一。本研究将20 cm标准水面蒸发皿置于番茄冠层上方监测水面蒸发量。图5-22给出了5月4日和5月6日2 d温室番茄植株茎流速率日变化与水面蒸发强度日变化之间的关系。从图5-22中可以看出，与番茄植株茎流速率相比，水面蒸发强度在早晨启动较早，且随着辐射强度、气温的增大，相对湿度的降低，水面蒸发强度缓慢增加，而茎流速率的增长幅度明显高于水面蒸发强度，到9:00以后，茎流速率与水面蒸发强度的增长幅度几乎同步，到14:00左右茎流速率和水面蒸发强度均达到最大值，之后，随着辐射和气温降低，相对湿度增大，茎流速率和水面蒸发强度同步下降，18:00后，与早上表现出相类似的变化过程，茎流速率减小的速度明显快于水面蒸发强度的减小速度。

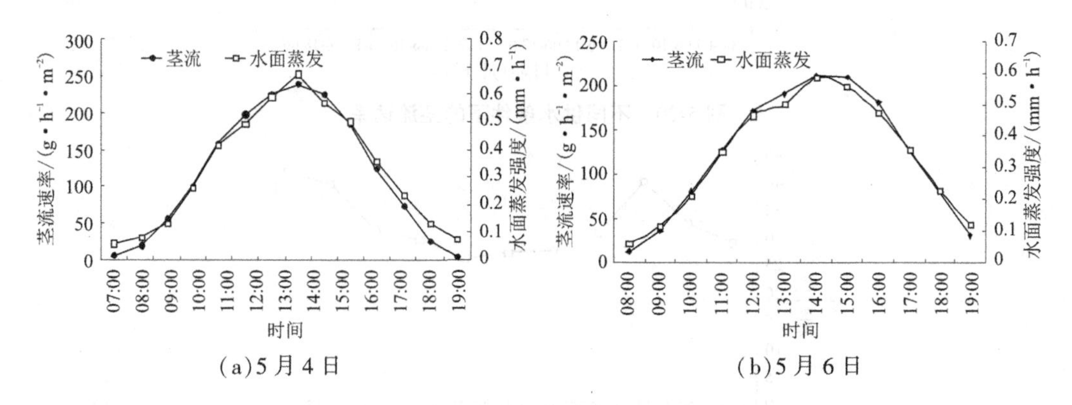

(a)5月4日　　(b)5月6日

图5-22　茎流速率与水面蒸发强度的对比

5.3　设施蔬菜耗水规律及影响因素

5.3.1　设施蔬菜耗水量变化特征

5.3.1.1　温室番茄耗水量的日变化和生育期变化规律

大型称重式蒸渗仪可精确测量群体尺度 ET 的日变化过程，明确作物 1 d 内的需水过程。选择番茄耗水强度最大的盛果期，对 6 月 18～24 日共 7 d 蒸渗仪的日变化数据进行分析（见图 5-23）。可以看出，群体尺度 ET 主要受 R_s 的影响，并随其强弱变化波动。不同水分处理 ET 最大值均出现在 13:00 附近，T0.9 处理的峰值显著高于 T0.5 处理的，最大差值为 0.42 mm · h^{-1}。此外，12:00～13:00 期间，ET 有轻微下凹趋势，即植物的“午休现象”，由于群体 ET 与植株蒸腾、气孔导度、光合作用等生理过程密切相关，因此可根据这一变化特征采取遮阳等措施降低室内辐射量，从而减少作物的奢侈耗水，亦可将这一现象作为调控温室环境的阈值。从图 5-23 还可以看出，19:00～8:00 期间，ET 逐渐降低，但并不为 0，这部分能量是白天储存于土壤和保温墙内的热能，由于这部分能量很小，所以夜间 ET 相对较低且变化稳定。

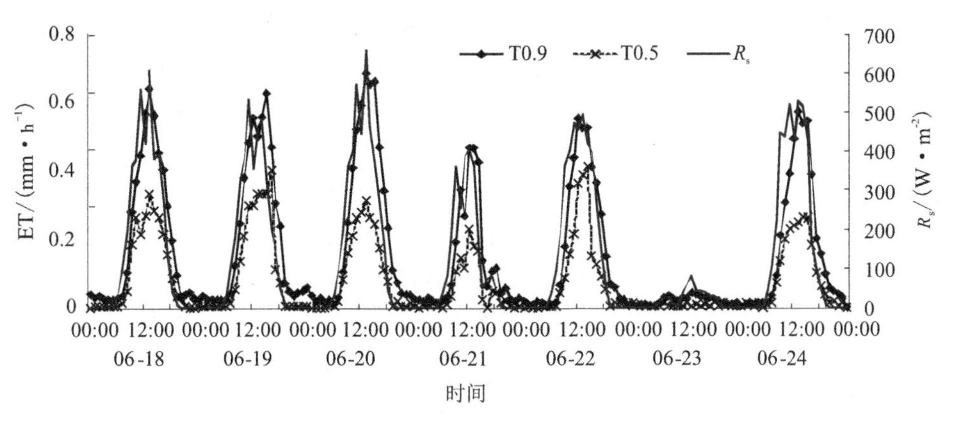

图 5-23　不同水分处理温室番茄耗水量（ET）的日变化规律

全生育期内，温室番茄日 ET 呈先增大后减小的变化趋势，在番茄盛果期达到最大（见图 5-24），即移栽后第 96～115 天，占全生育期总 ET 的 26.1 %左右，T0.9 处理和 T0.5 处理在该阶段的平均日耗水量约为 4.45 mm · d^{-1}和 2.21 mm · d^{-1}。这是因为番茄在盛果期，果实膨大对水分需求旺盛，使作物对水分需求量增大以满足自身蒸腾耗水。从图 5-24 中可以看出，定植 60 d 后，T0.9 处理与 T0.5 处理的差异逐渐增大，尤其到了采摘期，最大差异可达 3.47 mm · d^{-1}，全生育期 T0.9 处理的平均 ET 比 T0.5 处理的大 30.0 %。可见，外界环境条件相同时，土壤水分状况是制约作物耗水的关键因素。

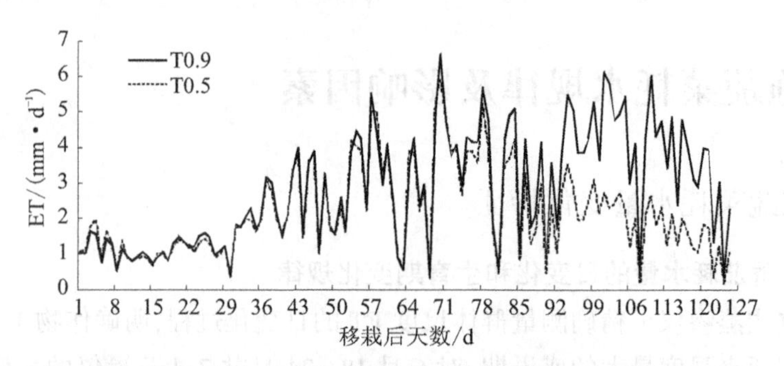

图 5-24 不同水分处理温室番茄群体尺度蒸散量的生育期动态变化

5.3.1.2 不同生育阶段水分调控对设施典型蔬菜耗水量的影响

表 5-7～表 5-11 分别给出了温室番茄、茄子和青椒在 2008 年和 2009 年试验期内各水分处理的阶段耗水量及全生育耗水量。从表中可以看出，在滴灌条件下，温室番茄、茄子和青椒的耗水量均与土壤水分有很大的关系，且 3 种作物的耗水规律相似，即不论是总耗水量还是阶段耗水量均有随着土壤水分的提高而增加的趋势，高水分处理的耗水量最大。任何时期水分亏缺，其全期耗水量、阶段耗水量和日耗水量都随着受旱程度的增加而下降。土壤含水率是影响蔬菜耗水量的主要因素之一，当土壤含水率降低发生水分亏缺时，土壤中毛管传导度减小，根系吸水速率势必会降低，引起叶片含水率减小，保卫细胞失水而收缩，气孔开度减小，经过气孔的水分扩散阻力增加，从而导致叶面蒸腾强度低于无水分亏缺时的蒸腾强度；再者，水分亏缺明显抑制了叶面光合速率（见图 3-1～图 3-3），降低光合产物的形成及向叶片的运移和转换，植株蒸腾面积相应减小，从而降低了蒸发蒸腾量。

此外，温室蔬菜作物的日耗水量随着生育进程的推进逐渐增大，到成熟采摘期达到最大值（个别处理除外，因干旱发生时期的不同影响所致），这主要受植株生长特性及环境因素的综合作用所致。苗期植株功能叶逐渐形成阶段，此阶段需水主要供番茄植株营养生长，由于株体较小，气温也较低，蒸腾作用较弱，需水强度较小，随着植株的缓慢生长，其需水强度也缓慢增加。该时期水分过多会导致幼苗徒长，延迟开花，直接影响后期产量，适度水分亏缺虽降低了植株生长速度，但后期复水可起到补偿作用。因此，应适当加强土壤水分控制，促进根系发育，番茄、茄子和青椒的土壤水分下限分别应当控制在田间持水量的 60%、60%～70%、70%为宜。开花坐果后，植株进入营养生长与生殖生长并进的阶段，随着植株的快速增长，植株蒸腾面积迅速增大，且此阶段正值 4 月下旬至 5 月下旬，气温逐渐升高，功能叶生长加速，需水强度迅速增大，因而此期应及时补充灌水，保持较高的土壤含水率，番茄、茄子和青椒土壤水分应当保持在田间持水量的 70%、70%～80%、70%以上；在成熟采摘期前期，植株迅速长至全生育最大，植株的生长状况逐渐由营养生长、生殖生长并进转变为以生殖生长为主，需水强度随之增加。加之此阶段正值 5 月下旬至 6 月中旬，温室白天最高气温在 35 ℃以上，夜间温度一般也达到 20 ℃以上，蒸发蒸腾作用强烈，需水强度达到最高峰，日需水强度最大可达到 6 mm·d^{-1}以上。这一时期是产量形成的重要时期，应加强水肥管理，以满足功能叶代谢与果实生长所需的水分，防止脱水脱肥，土壤水分应当保持在田间持水量的 70%以上。

表 5-7　不同水分处理温室番茄的耗水量(2008 年)

处理	苗期 36 d (3 月 14 日~4 月 18 日)		开花坐果期 35 d (4 月 19 日~5 月 23 日)		成熟采摘期 48 d (5 月 24 日~7 月 10 日)		总耗水量/mm
	耗水量/mm	耗水强度/($mm \cdot d^{-1}$)	耗水量/mm	耗水强度/($mm \cdot d^{-1}$)	耗水量/mm	耗水强度/($mm \cdot d^{-1}$)	
T1	45.43	1.26	93.63	2.68	150.19	3.13	289.25
T2	56.10	1.56	95.50	2.73	145.73	3.04	297.32
T3	66.92	1.86	98.51	2.81	160.93	3.35	326.36
T4	57.56	1.60	62.46	1.78	138.11	2.88	258.13
T5	57.72	1.60	70.72	2.02	143.98	3.00	272.42
T6	57.15	1.59	101.73	2.91	152.25	3.17	311.14
T7	57.65	1.60	95.71	2.73	102.45	2.13	255.81
T8	56.46	1.57	96.83	2.77	121.78	2.54	275.07
T9	59.52	1.65	97.24	2.78	169.83	3.54	326.58
TCK	68.35	1.90	100.65	2.88	160.19	3.34	329.19

表 5-8　不同水分处理温室番茄的耗水量(2009 年)

处理	苗期 37 d (3 月 14 日~4 月 19 日)		开花坐果期 36 d (4 月 20 日~5 月 25 日)		成熟采摘期 42 d (5 月 26 日~7 月 6 日)		总耗水量/mm
	耗水量/mm	耗水强度/($mm \cdot d^{-1}$)	耗水量/mm	耗水强度/($mm \cdot d^{-1}$)	耗水量/mm	耗水强度/($mm \cdot d^{-1}$)	
T1	62.73	1.70	99.97	2.78	162.63	3.87	325.33
T2	59.42	1.61	99.91	2.78	169.36	4.03	328.69
T3	69.56	1.88	102.85	2.86	171.26	4.08	343.67
T4	59.18	1.60	70.05	1.95	149.46	3.56	278.69
T5	62.15	1.68	85.17	2.37	148.75	3.54	296.07
T6	62.54	1.69	113.14	3.14	176.17	4.19	351.84
T7	61.75	1.67	99.58	2.77	122.37	2.91	283.70
T8	59.14	1.60	101.95	2.83	144.31	3.44	305.41
T9	64.87	1.75	103.49	2.87	200.87	4.78	369.23
TCK	60.97	1.65	114.57	3.18	181.34	4.32	356.88

表 5-9 不同水分处理温室茄子的耗水量(2008 年)

处理	苗期 45 d (3 月 19 日~5 月 3 日)		开花坐果期 29 d (5 月 4 日~6 月 2 日)		成熟采摘期 42 d (6 月 3 日~7 月 14 日)		总耗水量/mm
	耗水量/mm	耗水强度/(mm·d^{-1})	耗水量/mm	耗水强度/(mm·d^{-1})	耗水量/mm	耗水强度/(mm·d^{-1})	
E1	55.93	1.24	96.27	3.21	150.04	3.57	302.23
E2	62.47	1.39	94.23	3.14	140.57	3.35	297.27
E3	71.67	1.59	90.37	3.01	133.29	3.17	295.32
E4	75.61	1.68	92.65	3.09	142.26	3.39	311.52
E5	75.67	1.68	66.36	2.21	124.76	2.97	266.78
E6	74.34	1.65	73.49	2.45	127.77	3.04	275.6
E7	71.67	1.59	90.37	3.01	133.29	3.17	295.32
E8	72.11	1.6	96.7	3.22	79.03	1.88	247.85
E9	74.87	1.66	89.45	2.98	100.18	2.39	264.51
E10	74.43	1.65	94.34	3.14	152.28	3.63	321.06
ECK	76.83	1.71	97.76	3.26	155.66	3.71	330.25

表 5-10 不同水分处理温室茄子的耗水量(2009 年)

处理	苗期 32 d (3 月 19 日~5 月 2 日)		开花坐果期 29 d (5 月 3 日~5 月 31 日)		成熟采摘期 39 d (6 月 1 日~7 月 9 日)		总耗水量/mm
	耗水量/mm	耗水强度/(mm·d^{-1})	耗水量/mm	耗水强度/(mm·d^{-1})	耗水量/mm	耗水强度/(mm·d^{-1})	
E1	43.06	1.35	97.49	3.36	149.87	3.84	290.42
E2	50.02	1.56	99.07	3.42	151.05	3.87	300.14
E3	58.05	1.81	100.59	3.47	152.07	3.90	310.71
E4	64.77	2.02	105.50	3.64	167.35	4.29	337.61
E5	59.14	1.85	65.36	2.25	144.31	3.70	268.81
E6	56.02	1.75	75.17	2.59	149.75	3.84	280.94
E7	57.47	1.80	118.48	4.09	171.23	4.39	347.19
E8	57.34	1.79	98.05	3.38	121.19	3.11	276.59
E9	58.56	1.83	101.85	3.51	137.92	3.54	298.33
E10	59.31	1.85	103.11	3.56	183.03	4.69	345.45
ECK	65.86	2.06	116.63	4.02	174.07	4.46	356.55

表 5-11　温室滴灌青椒不同处理的阶段耗水量与日耗水量(2008 年)

处理	苗期(3 月 19 日~5 月 1 日)		开花坐果期(5 月 2 日~5 月 29 日)		结果采收期(5 月 30 日~7 月 15 日)		总耗水量/mm
	阶段耗水量/mm	日耗水量/(mm·d^{-1})	阶段耗水量/mm	日耗水量/(mm·d^{-1})	阶段耗水量/mm	日耗水量/(mm·d^{-1})	
S1	44.34	1.03	73.65	2.73	135.45	2.82	253.44
S2	50.13	1.17	78.32	2.90	139.52	2.91	267.96
S3	56.11	1.30	77.20	2.86	141.03	2.94	274.35
S4	64.67	1.50	82.77	3.07	150.29	3.13	297.72
S5	55.67	1.29	66.36	2.46	121.76	2.54	243.78
S6	55.50	1.29	70.45	2.61	133.05	2.77	259.00
S8	54.43	1.27	85.34	3.16	140.18	2.92	279.96
S9	56.83	1.32	83.76	3.10	85.66	1.78	226.25
S10	55.93	1.30	83.27	3.08	109.17	2.27	248.36
S12	55.61	1.29	84.15	3.12	151.30	3.15	291.06
SCK	62.47	1.45	85.23	3.16	161.57	3.37	309.27

从表 5-7 和表 5-8 中还可以看出,2008 年试验期,各处理在 3 个生育阶段的耗水强度变化范围分别为 1.26~1.90 mm·d^{-1}、1.78~2.91 mm·d^{-1}、2.13~3.54 mm·d^{-1},而 2009 年试验期各处理在 3 个生育阶段的耗水强度变化范围分别为 1.60~1.88 mm·d^{-1}(由于移栽前土壤储水量较大,苗期水分亏缺处理 T1 的水分未拉开)、1.95~3.18 mm·d^{-1}、2.91~4.78 mm·d^{-1},2 个生育期内相比,苗期耗水量差异较小,开花坐果期和成熟采摘期的耗水强度差异明显,这主要是由 2 个试验期的气象条件差异较大所致,2009 年试验期的平均太阳辐射和气温明显高于 2008 年试验期,且相对湿度明显低于 2008 年试验期,综合气象条件的偏差导致 2009 年试验期的耗水量明显高于 2008 年试验期的耗水量。

5.3.2　设施蔬菜耗水量的影响因子分析

5.3.2.1　温室番茄需水量与气象因素的关系

太阳辐射是日光温室番茄蒸发蒸腾所需能量的唯一来源,太阳辐射越高,番茄蒸发蒸腾强度就越大,番茄需水量随太阳辐射的增大而增大、随太阳辐射的降低而降低,番茄需水量与太阳辐射大小呈良好的线性关系[见图 5-25(a)]。一般来说,辐射能的大小及变化,可用气温来衡量,因而气温也是影响番茄需水量的重要因素,温室番茄需水量随气温升高呈线性增长趋势[见图 5-25(b)]。此外,温室内空气湿度的大小也是影响温室番茄需水量的重要因素,空气湿度降低,则叶面和空气之间的水汽压差就增大,则叶气之间及土壤表面与空气之间的蒸发加快,前者加快了植株的蒸腾强度,后者加快了土壤表面蒸发强度,从而增大了番茄的蒸发蒸腾量。当空气湿度较大时,其饱和水汽压差小,叶气之间及土壤表面与空气之间水汽压梯度较小,抑制了番茄的蒸发蒸腾量,温室番茄需水量随空气相对湿度增大呈线性降低趋势[见图 5-25(c)],随饱和水汽压差的增大而呈线性增加趋势[见图 5-25(d)]。番茄日需水强度与各单项气象因子的关系如表 5-12 所示,由表 5-12 可知,温室番茄日需水强度与太阳辐射、气温、空气相对湿度、饱和水汽压差等气象因子的相关性均达到极显著水平($P<0.01$)。

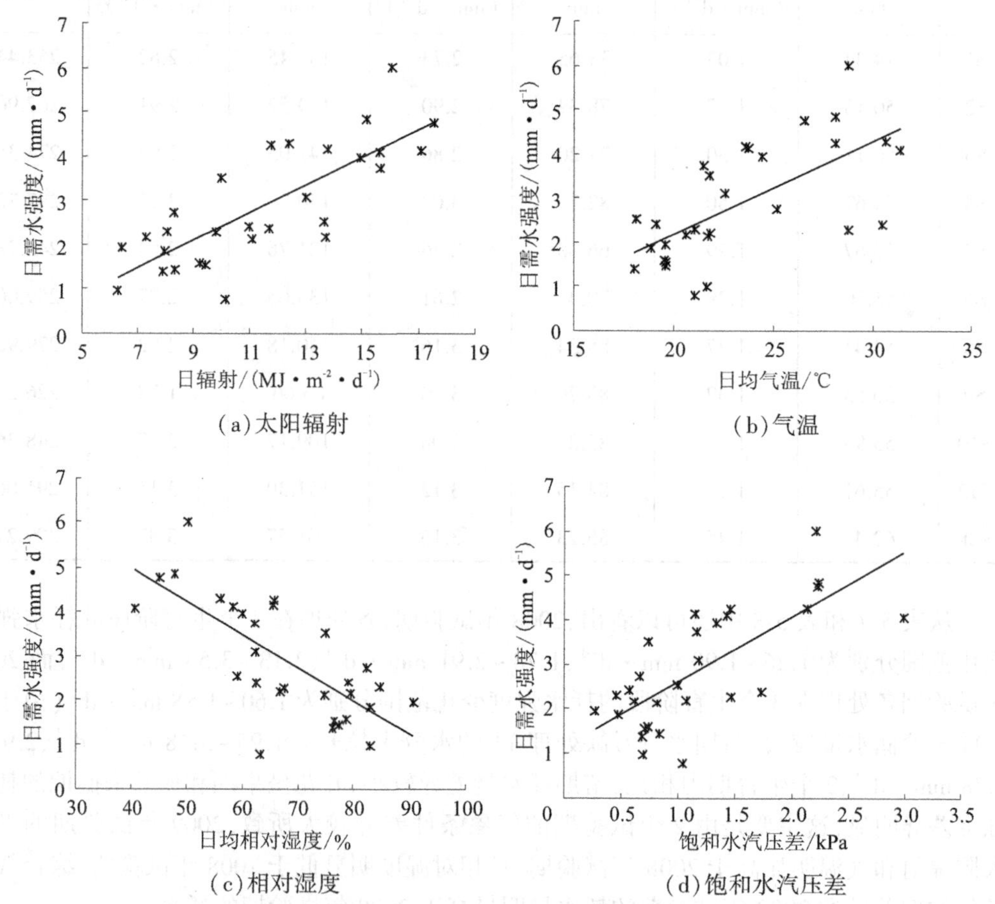

图 5-25　温室番茄日需水强度与太阳辐射、气温、相对湿度、饱和水汽压差的关系

表 5-12　温室番茄日需水强度与气象因子的关系

气象因子	表达式	决定系数 R^2	n	显著水平
太阳辐射 R_s	ET=0.313 0R_s−0.721 5	0.625 9	29	**
气温 T	ET=0.212 2T−2.072 8	0.435 5	29	**
相对湿度 RH	ET=−0.074 4RH+7.944 6	0.531 1	29	**
饱和水汽压差 VPD	ET=1.442 9VPD+1.188 4	0.526 7	29	**

积温是作物生长发育阶段内逐日平均气温的总和。它是衡量作物生长发育过程热量条件的一种标尺,也是表征地区热量条件的一种标尺。通常研究温度对作物生长发育的

影响，不仅要考虑到温度的强度，又要注意到温度的作用时间。通常使用的有活动积温和有效积温两种，活动积温为大于某一临界温度值的日平均气温的总和；有效积温为扣除生物学下限温度，对作物生长发育有效的那部分温度的总和。根据番茄的生理发育特点，本书采用日平均气温≥10℃的有效积温（简称积温）来研究温室番茄积温与需水量的关系。图 5-26 给出了温室番茄累积需水量（ET）与积温（T_a）的关系，从图中可以看出，温室番茄累积需水量与积温的关系极为密切，二者呈现良好的 3 次多项式关系，且拟合精度较好，其具体表达式为 $ET=-1.09\times10^{-7}T_a^{3}+2.54\times10^{-4}T_a^{2}+0.08T_a-3.51$（$R^2=0.999\ 4$）。

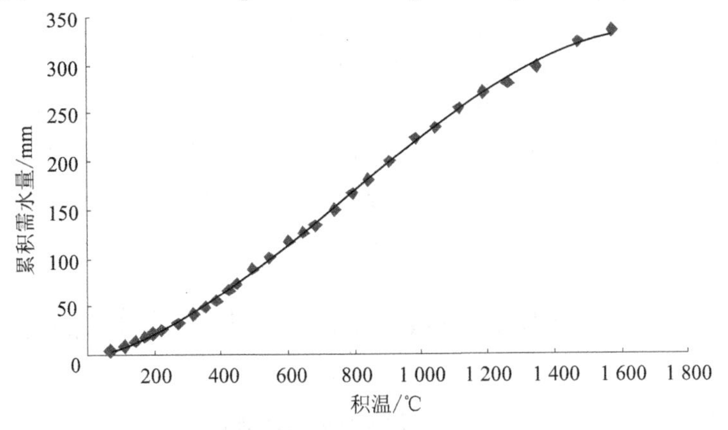

图 5-26　温室番茄累积需水量与积温的关系

5.3.2.2　温室番茄日需水强度与叶面积指数的关系

番茄需水量不仅与气象因素有密切的关系，而且与其自身生物学特性也存在密切关系。由于植株叶片是作物蒸腾的主要器官，叶面积的大小影响着蒸腾量的大小，叶面积指数大，其相应蒸腾量就大；反之，蒸腾量就小。为削弱气象因素的影响，图 5-27 给出了排除极端气象条件后（连续阴天条件）温室番茄日需水强度与其叶面积指数的关系。由图 5-27 可知，温室番茄日需水强度与叶面积指数的关系极为密切，番茄日需水强度随叶面积指数的增大而呈现线性增长趋势，经回归分析，番茄日需水强度与叶面积指数相关性达到极显著水平（$P<0.01$），其表达式为 $ET=0.99LAI+1.04$（$R^2=0.89$）。

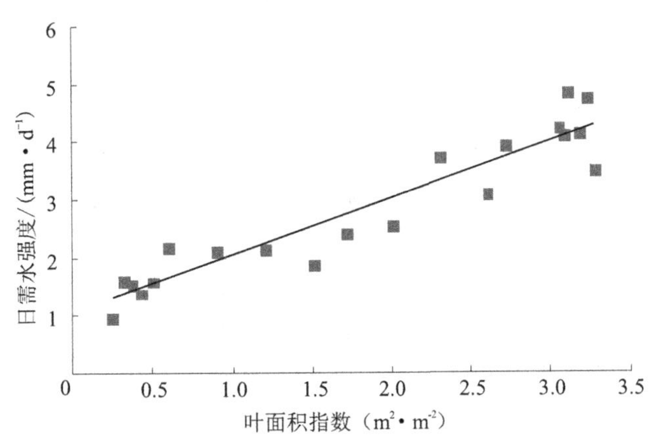

图 5-27　温室番茄日需水强度与叶面积指数的关系

第6章　设施蔬菜高产高效灌溉控制指标

传统的非充分灌溉研究中，灌溉控制指标的确定主要是从节水增产的角度考虑，通过研究不同生长阶段土壤水分调控对作物生长发育和生理特性的影响，提出既能使作物叶片保持较高的光合速率又能尽量避免作物奢侈蒸腾的土壤水分控制标准。节水增产高效灌溉不同于传统的非充分灌溉，它是从作物水分—产量响应的生理机制出发，通过研究不同生长阶段水分调控对产量和耗水量的影响，进而达到节水增产高效的目标。因此，温室蔬菜高产高效滴灌灌溉指标的确定应该综合权衡作物节水与高产、高产与高效的相互关系，既要保证一定的产量水平，又要兼顾水分利用效率的提高，即以较少的水量投入尽可能提高产量，从而获得较高的经济效益，实现节水高产高效三者的协调统一。

6.1　基于土壤水分状况确定设施番茄灌溉控制指标

6.1.1　不同生育阶段水分亏缺对产量构成的影响

6.1.1.1　苗期水分亏缺对番茄产量组成的影响

在2008年和2009年2个生育期内，将各处理番茄果实按单果质量(M_F)划分为4个级别：$M_F \geqslant 200$ g为特大(A级)、150 g$\leqslant M_F<200$ g为大(B级)、100 g$\leqslant M_F<150$ g为中(C级)、$M_F<100$ g为小(D级)。

表6-1给出了2个生育期苗期不同土壤水分状况下温室番茄果实等级分配、产量及果实数量。从表6-1中可以看出，在2008年，T2处理总产量最高，T3处理和TCK处理次之，T1处理最低，但经方差分析(LSD法，下同)，4个处理在总产量水平上无显著差异。各处理的产量分配不同，单果重大于200 g(A级)的产量分配以T3处理最大，且与T1、T2、TCK等处理有显著性差异；B级产量分配以T2处理最大，且与其他3个处理存在显著性差异；C级产量分配以T1处理最大，且与T2处理存在显著性差异；T1、T2和T3等处理在D级别产量分配比例上均显著低于TCK处理。结果表明，苗期土壤水分调控对番茄果实等级分配有明显影响。各处理果实形成量(坐果数)亦存在显著性差异，T1处理生产的果实数量明显高于T2和T3两个处理，说明苗期水分亏缺可以提高果实坐果数；因2009年番茄移栽时，底墒较好，番茄苗期水分未产生明显差异，因而2009年试验期各处理间在产量及等级分配上均无显著性差异。

6.1.1.2　开花坐果期水分亏缺对番茄产量组成的影响

开花坐果期不同土壤水分状况下番茄的产量组成如表6-2所示，与对照处理(TCK)相比，T2处理和T6处理的总产量无显著性差异，2008年T4、T5处理的总产量分别降低了11.47 t·hm^{-2}和3.09 t·hm^{-2}，2009年T4、T5处理的总产量分别降低了10.08 t·hm^{-2}和4.59 t·hm^{-2}，说明开花坐果期土壤水分控制下限对番茄产量调控存在阈值(土壤水分

表 6-1　苗期不同土壤水分状况下番茄的产量组成

试验期	处理	各级别产量(M_F)/($t \cdot hm^{-2}$)				总产量/($t \cdot hm^{-2}$)	单株果数/个
		A	B	C	D		
2008 年	T1	41.43b	32.00b	32.78a	11.19a	117.26a	13.16a
	T2	44.58b	42.32a	24.98b	9.88a	121.76a	12.24b
	T3	50.28a	32.32b	27.37ab	10.74a	120.71a	12.47b
	TCK	42.26b	32.90b	30.23a	13.57a	118.96a	13.80a
2009 年	T1	39.83a	35.20ab	27.59b	11.66a	114.28a	12.43b
	T2	40.65a	37.98a	28.03b	10.14a	116.81a	12.70ab
	T3	43.71a	34.61ab	26.11b	11.21a	115.64a	12.68ab
	TCK	38.64a	32.76b	33.04a	10.98a	115.42a	12.95a

注:表中同列数值后小写字母不同者,表示差异显著(LSD 检验,$P<0.05$);反之表示差异不显著;下同。

下限为田间持水量的 70%),若土壤水分高于此值,番茄产量无显著增加,若土壤水分低于此值,番茄产量会随土壤含水率的降低而显著降低。在番茄果实等级分配上,2008 年和 2009 年试验期得出相似结论:与对照处理(TCK)相比,T2 处理并无显著降低 A 级果实的产量分配比例,而显著提高了 B 级果实的产量,降低了 C 级果实的产量,说明 T2 处理有利于提高番茄单果重,改善番茄果实的外观品质;T4 处理和 T5 处理 A 级果实产量与 TCK 处理差异显著,而 B 级、C 级果实产量与 TCK 处理无显著性差异,说明 T4 处理和 T5 处理产量降低主要体现在特大果实(A 级)的生产上。从单株果实数上来看,土壤水分越高番茄果实数越多,且 T6、T5、T4 与 TCK 等处理的果实数有显著性差异,而 T2 与 T6 二处理的差异不显著,这说明开花坐果期水分亏缺抑制了温室番茄的坐果数,最终影响到产量水平。

表 6-2　开花坐果期不同土壤水分状况下番茄的产量组成

试验期	处理	各级别产量(M_F)/($t \cdot hm^{-2}$)				总产量/($t \cdot hm^{-2}$)	单株果数/个
		A	B	C	D		
2008 年	T4	35.82b	34.25b	27.30ab	10.11a	107.49c	11.38c
	T5	38.60b	36.68b	29.28ab	11.19a	115.87b	11.97b
	T2	44.58a	42.32a	24.98b	9.88a	121.76a	12.24ab
	T6	46.91a	34.88b	31.29a	8.75a	121.84a	12.30a
	TCK	42.26a	32.90b	30.23a	13.57a	118.96a	13.80a
2009 年	T4	26.60c	30.90b	31.83ab	16.02a	105.34c	11.95c
	T5	33.34b	32.64b	33.17a	11.68b	110.83b	12.28b
	T2	40.65a	37.98a	28.03b	10.14b	116.81a	12.70a
	T6	41.39a	34.91ab	32.08a	8.67b	117.05a	12.75a
	TCK	38.64a	32.76b	33.04a	10.98b	115.42a	12.95a

6.1.1.3　成熟采摘期水分亏缺对番茄产量组成的影响

番茄进入成熟采摘期,番茄植株生长基本停止,主要为生殖生长,因而此阶段土壤水分状况对番茄的影响主要表现在产量及果实的品质上。与对照处理(TCK)相比,2年试验期T2处理的总产量分别增加了2.8 t·hm^{-2}和1.39 t·hm^{-2},T7、T8处理的总产量在2008年分别降低了21.46 t·hm^{-2}和13.54 t·hm^{-2},在2009年分别降低了10.67 t·hm^{-2}和4.09 t·hm^{-2}(见表6-3),说明成熟采摘期土壤水分控制下限对番茄产量调控也存在一阈值(田间持水量的70%),当土壤水分高于此值,番茄产量有所降低,当土壤水分低于此值,番茄产量会随土壤含水率的降低而显著降低。在产量分配比例上,T9处理的A级果产量最高,与其相比,T2、T8和T7等处理的A级果产量分别降低了7.45 t·hm^{-2}、16.42 t·hm^{-2}、19.66 t·hm^{-2}(2008年);在2009年试验期,T2处理的A级果产量最高,但与T9处理无显著性差异,与T9处理相比,T8处理和T7处理的A级果产量分别降低了3.72 t·hm^{-2}、14.31 t·hm^{-2},说明A级果产量随土壤水分的增大而增大;与T9处理相比,T2处理虽降低A级果实的产量分配比例(2008年),却显著提高了B级果实的产量,在A、B两个级别的总产量生产上高于T9处理,且显著降低了C级果实的产量;T7处理不仅降低了A级果实的产量,且显著降低了B级果实的产量,C级果实的生产上无显著性差异。由此说明,成熟采摘期水分亏缺导致减产主要体现在特大果实(A级)的生产上,土壤水分过高或过低都有增加小果量(C、D级)的趋势。从单株果实数上来看,成熟采摘期土壤水分控制下限对番茄坐果数的影响与对产量的影响相似,也存在一阈值(田间持水量的70%),当土壤水分高于此值,番茄坐果数有减少趋势,当土壤水分低于此值,番茄的坐果数会随土壤含水率的降低而降低。

表6-3　成熟采摘期不同土壤水分状况下番茄的产量组成

试验期	处理	各级别产量(M_F)/(t·hm^{-2})				总产量/(t·hm^{-2})	单株果数/个
		A	B	C	D		
2008年	T7	32.37c	27.82c	26.60a	10.72a	97.50c	10.86c
	T8	35.61c	32.57b	26.04a	11.19a	105.42b	11.45b
	T2	44.58b	42.32a	24.98b	9.88a	121.76a	12.24a
	T9	52.03a	31.14b	27.14a	8.29a	118.59a	11.95ab
	TCK	42.26b	32.90b	30.23a	13.57a	118.96a	13.80a
2009年	T7	24.77	30.49b	35.67a	13.82a	104.75c	11.90c
	T8	35.36	33.46ab	30.32ab	12.20a	111.33b	12.18bc
	T2	40.65a	37.98a	28.03b	10.14a	116.81a	12.70a
	T9	39.08a	34.47ab	30.20ab	11.81a	115.55a	12.40b
	TCK	38.64a	32.76b	33.04a	10.98a	115.42a	12.95a

6.1.1.4　土壤水分状况对温室番茄产量形成过程的影响

番茄形成产量的过程,是植株的各个器官相互协调的过程,一定产量应有一定的生长作为基础，而不同生长阶段不同程度的水分亏缺对温室番茄产量形成的影响角度和程度不同。表 6-4 给出了 2008 年试验期不同生育阶段土壤水分调控状况对温室番茄阶段产量的影响。从表 6-4 中可以看出，番茄产量形成过程总体趋势呈现出采摘前期少、中期大、后期减少的变化规律，大批果实成熟主要集中在 6 月，但不同生育阶段土壤水分调控状况对番茄果实成熟早晚的影响程度相同。充分供水处理（TCK）的阶段产量最大值为 41.757 t · hm^{-2}，大批果实成熟主要集中到 6 月下旬；苗期土壤水分过高（T3）或过低（T1）虽没有明显降低总产量的形成，但产量形成主要集中到 6 月中下旬，前期（6 月上旬之前）产量较低，番茄上市较晚；开花坐果期水分亏缺处理（T4、T5）虽加速了果实成熟，提高了 5 月上旬产量，但伴随着后期产量的大幅度降低，而高水分处理（T6）和轻度水分亏缺处理（T2）不仅提高了番茄总产量，而且前期产量相对较高；成熟采摘期水分亏缺虽对前期产量无明显影响，但仍伴随着总产量的大幅度降低。从表 6-4 中还可以看出，除 T1 处理和 T3 处理外，其他处理的前期产量均明显高于 TCK 处理；各水分处理中，T2 处理的总产量最大，达到 121.76 t · hm^{-2}，且 T2 处理在 5 月下旬、6 月上旬及 6 月中旬的阶段产量较 TCK 处理分别高26.18%、39.10%、23.70%，而 6 月下旬的阶段产量却较 TCK 处理低 45.33%，说明 T2 处理不仅可以高产，还可促进番茄提早成熟，从而提高了番茄的经济效益。

表 6-4　不同土壤水分状况下番茄的阶段产量（2008 年）

处理	阶段产量/（t · hm^{-2}）					总产量/（t · hm^{-2}）
	5 月下旬	6 月上旬	6 月中旬	6 月下旬	7 月上旬	
T1	14.59	25.89	37.36	31.95	7.47	117.26
T2	18.41	32.62	38.21	22.83	9.70	121.76
T3	10.37	21.90	41.01	34.12	13.31	120.71
T4	25.91	25.55	32.55	13.74	9.73	107.49
T5	23.68	27.66	35.12	19.80	9.61	115.87
T6	16.02	31.28	39.95	25.92	8.67	121.84
T7	17.41	29.26	29.98	13.62	7.23	97.50
T8	18.47	29.46	32.61	17.44	7.44	105.42
T9	19.63	30.99	39.08	21.81	7.09	118.59
TCK	14.59	23.45	30.89	41.76	8.27	118.96

不同生育阶段土壤水分调控对 2009 年试验期温室番茄阶段产量的影响与 2008 年相类似（见表 6-5），各处理的前期产量均明显高于 TCK 处理。与 2008 年不同之处在于 2009 年番茄产量主要形成于 6 月上中旬。2009 年试验期，各处理（除 T2 处理外，该处理在这 2 年试验期 6 月上旬的阶段产量相当）在 6 月上旬的阶段产量明显高于 2008 年对应阶段产量，而 6 月下旬的阶段产量明显低于 2008 年对应阶段产量，这主要是由于 2009 年太阳辐射和气温要明显高于 2008 年，尤其是在番茄开花坐果期和成熟采摘期的差异更为

明显,而充足的光照和高温加速了番茄果实的成熟速度。

表 6-5 不同土壤水分状况下番茄的阶段产量(2009 年)

处理	阶段产量/($t \cdot hm^{-2}$)					总产量/($t \cdot hm^{-2}$)
	5 月下旬	6 月上旬	6 月中旬	6 月下旬	7 月上旬	
T1	22.119	32.047	34.195	16.758	9.160	114.279
T2	25.900	32.117	36.006	13.670	9.114	116.807
T3	19.792	36.189	37.570	13.533	8.560	115.643
T4	29.939	26.309	26.340	10.931	11.819	105.338
T5	26.245	30.155	31.493	13.727	9.210	110.830
T6	24.892	36.537	36.077	11.077	8.469	117.052
T7	24.448	33.139	23.764	11.841	11.562	104.753
T8	24.931	35.807	34.587	8.215	7.786	111.327
T9	21.176	35.453	35.758	15.015	8.151	115.553
TCK	10.668	31.186	39.216	25.630	8.718	115.418

6.1.1.5 温室蔬菜产量与耗水量的关系

作物产量是诸多因子综合作用的结果,其中栽培管理措施中的水肥调控是主要因素。在其他因素一定的条件下,作物产量往往与其生长发育中的供水状况密切相关,供水状况的好坏可以通过灌水时间和灌水量来调控。茄果类蔬菜是需水量大且对水分较为敏感的蔬菜作物,水分在其生长动态和生理活动过程中起着更为重要的作用,对产量和品质的影响也更为直观。为进一步揭示温室蔬菜产量与耗水量的关系,分别得到产量和耗水量的回归方程式(见表 6-6)。温室蔬菜产量与全生育期耗水量之间均呈现良好的二次抛物线关系(见图 6-1),相关程度较高,相关性均达到极显著水平($P<0.01$)。

表 6-6 温室番茄总产量与耗水量的回归方程

作物	年份	回归方程	决定系数 R^2	产量最大对应耗水量/mm
番茄	2008	$Y_a=-501.888\,6+3.996\,4ET-6.408\times10^{-3}ET^2$	0.812 8	311.83
	2009	$Y_a=-180.187+1.703\,3ET-2.446\times10^{-3}ET^2$	0.965 4	348.18

由图 6-1 可以看出,2 个试验期温室番茄的产量随耗水量的变化规律相似,即产量先随耗水量的增加快速增加,当耗水量达到一定程度时,产量增幅减缓,甚至出现降低的趋势;产量随耗水量的增大呈现先增大后减小的变化规律,耗水量对番茄产量的调控存在阈值,当耗水量低于此值时,表明土壤供水过少,番茄植株遭受水分胁迫而抑制正常发育,产量随耗水量的增加而增加;当耗水量高于此值时,表明土壤供水过多,光合产物在生长与生殖器官的累积和分配不协调,番茄植株出现徒长而抑制生殖生长,导致落花落果,产量不但不增加,反而有减小的趋势。由表 6-6 还可以看出,2008 年和 2009 年滴灌条件下温

室番茄产量最大时对应的耗水量分别为 311.83 mm 和 348.18 mm，2009 年的耗水量明显高于 2008 年，这主要是由于 2009 年综合气象较 2008 年干旱所致。

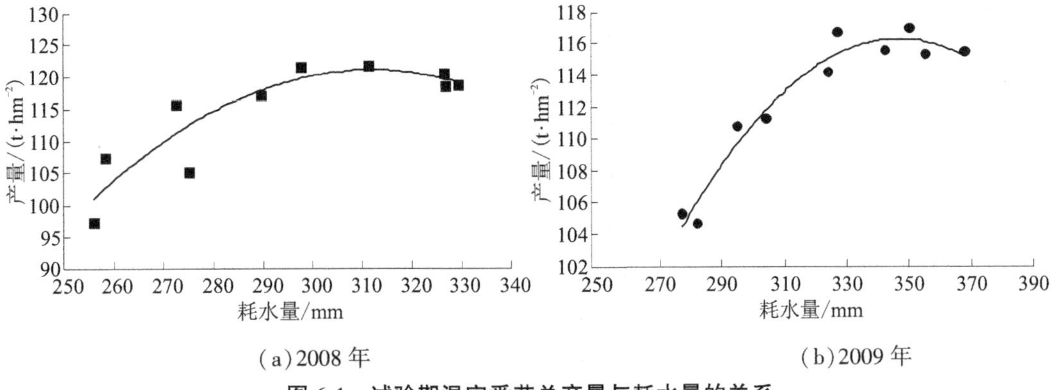

(a) 2008 年　　(b) 2009 年

图 6-1　试验期温室番茄总产量与耗水量的关系

6.1.2　不同土壤水分对温室蔬菜水分利用效率的影响

温室作物栽培管理中，水分管理是决定蔬菜产量的关键。土壤水分调控对滴灌条件下温室蔬菜的水分利用效率和灌溉水利用效率均具有明显的影响。表 6-7 给出了土壤水分调控对温室番茄产量、耗水量、水分利用效率的影响。从表 6-7 中可以看出，苗期重度水分亏缺处理(T1)对滴灌条件下温室番茄增产或减产的效果不明显，但却提高了水分利用效率。由此说明，温室番茄在苗期对水分亏缺不太敏感，此阶段番茄土壤水分下限应控制在田间持水量的 50%~60%，在不降低产量的同时还可提高水分利用效率，即节水而不减产。

表 6-7　不同水分状况下温室番茄的水分利用效率

年份	处理	总耗水量/mm	产量/($t \cdot hm^{-2}$)	WUE/($kg \cdot m^{-3}$)	节水/%	增产/%	WUE 增加/%
2008 年	T1	289.25	117.26	40.54	12.13	-1.43	12.18
	T2	297.32	121.76	40.95	9.68	2.35	13.32
	T3	326.36	120.71	36.99	0.86	1.46	2.34
	T4	258.13	107.49	41.64	21.59	-9.65	15.22
	T5	272.42	115.87	42.53	17.25	-2.60	17.69
	T6	311.14	121.84	39.16	5.48	2.42	8.36
	T7	255.81	97.50	38.11	22.29	-18.04	5.46
	T8	275.07	105.42	38.32	16.44	-11.39	6.05
	T9	326.58	118.59	36.31	0.79	-0.31	0.49
	TCK	329.19	118.96	36.14	0	0	0

续表 6-7

年份	处理	总耗水量/mm	产量/($t \cdot hm^{-2}$)	WUE/($kg \cdot m^{-3}$)	节水/%	增产/%	WUE 增加/%
2009 年	T1	325.33	114.28	35.13	8.84	-0.99	8.61
	T2	328.69	116.81	35.54	7.90	1.20	9.89
	T3	343.67	115.64	33.65	3.70	0.19	4.05
	T4	278.69	105.34	37.80	21.91	-8.73	16.88
	T5	296.07	110.83	37.43	17.04	-3.98	15.75
	T6	351.84	117.05	33.27	1.41	1.41	2.86
	T7	283.70	104.75	36.92	20.51	-9.24	14.17
	T8	305.41	111.33	36.45	14.42	-3.54	12.72
	T9	369.23	115.55	31.30	-3.46	0.12	-3.23
	TCK	356.88	115.42	32.34	0	0	0

开花坐果期和成熟采摘期水分调控对番茄产量和水分利用效率影响类似，开花坐果期重度水分亏缺处理(T4)可起到明显的节水效果，水分利用效率也明显提高，但伴随着产量的大幅度降低，与 TCK 处理相比，2 年产量分别降低了 9.64%和 8.73%，而中度水分亏缺处理(T5)节水和减产程度要明显低于 T4 处理，进入成熟采摘期后，番茄植株以生殖生长为主，果实快速膨大并成熟，水分利用效率和灌溉水利用效率均随水分亏缺程度的增大而增大，且产量随水分亏缺的增大而骤减，因此这 2 个阶段土壤水分均应控制在田间持水量的 70%以上以保证果实的正常生长至成熟所需水量。从表 6-7 中还可以看出，在开花坐果期和成熟采摘期土壤水分过高均会使 WUE 偏低。

总之，较高的水分供应并不一定能实现温室蔬菜的高产和水分高效利用，本试验中，各生育阶段水分下限均为 80%田间持水量的处理尽管能够获得较高产量，但这是以大的水量消耗为代价换取的，最终使得其水分利用效率很低，不仅浪费宝贵的水资源，同时也容易导致大量病虫害的发生和蔓延，不利于生产。

6.1.3 基于土壤水分下限温室滴灌番茄灌溉控制指标

通过上述滴灌灌水方式下不同生育阶段土壤水分状况对温室番茄植株生长发育状况、产量、耗水量及水分利用效率等方面影响研究显示，土壤水分适宜控制下限苗期 60%~65%田间持水量、开花坐果期为 70%~75%田间持水量、成熟采摘期为 70%~75%田间持水量(T2 处理)，即苗期适量的亏缺灌溉有利于提高番茄叶片的光合速率，促进幼苗光合产物的积累，且对生物量的累积无显著影响，有利于培育壮苗；开花坐果期适度的水分亏缺(70%~75%田间持水量)对株高和茎粗的限制作用较小，降低了番茄叶面积指数，因此番茄的腾发量也降低，但并没有严重影响番茄叶片的光合作用，相反通风透光效果较好，提高了同化量，因此提高了产量。成熟采摘期番茄已打顶，且以生殖生长为主，叶面积的增长速率减缓，水分处理对番茄叶面积指数以及地上部干物质量的积累影响不大，因而对产量的影响也较小，但可减少耗水量提高水分利用效率。因此，滴灌条件下温室番茄不同生长阶段的土壤水分适宜控制下限为苗期 60%～65%田间持水量、开花坐果期为 70%～75%田间持水量、成熟采摘期为 80%～85%田间持水量（T2 处理），其产量和水分利用效率都很高，与 TCK 处理相比，节水 7.9%～9.68%，增产 1.2%～2.35%，水分利用效率提高了 9.89%～13.32%（见表 6-8）。

表 6-8　基于土壤水分下限温室滴灌番茄灌溉控制指标

生育阶段	计划湿润层深度/cm	灌溉指标（占田间持水量的百分比）
苗期	40	60%～65%
开花坐果期	40	70%～75%
成熟采摘期	40	80%～85%

6.2　基于水面蒸发量确定设施番茄灌溉控制指标

6.2.1　灌水量与耗水量

2011 年、2012 年和 2013 年试验期内番茄总的灌水量和耗水量结果如表 6-9 所示。2011 年试验期，4 月 11 日各处理 40 cm 土层土壤含水率补充至田间持水量，整个生育期灌水次数最少为 9 次（I3），最多为 28 次（I1），总灌水量为 185.1（I3Kcp1）～365.8 mm（I1Kcp4）；2012 年试验期，于 4 月 23 日各处理 40 cm 土层土壤含水率补充至田间持水量，整个生育期内，灌水次数最少为 11 次（I3），最多为 30 次（I1），总灌水量为 177.6（I3Kcp1）～353.6 mm（I2Kcp4）；2013 年试验期，于 4 月 23 日各处理 40 cm 土层土壤含水率补充至田间持水量，整个生育期灌水次数最少为 10 次（I3），最多为 25 次（I1），总灌水量为 158.8（I3Kcp1）～314.0 mm（I1Kcp4）。因气象条件的变化，各处理均没有固定的灌水间隔，3 个试验期内 I1 处理灌水间隔为 2～6 d，I2 处理灌水间隔为 4～9 d，I3 处理灌水间隔为 8～12 d。2011 年番茄耗水量变化范围为 249.1（I3Kcp1）～388.0 mm（I1Kcp4），2012 年番茄耗水量变化范围为 252.5（I2Kcp1）～386.0 mm（I2Kcp4），2013 年番茄耗水量变化范围为 242.0（I2Kcp1）～337.6 mm（I1Kcp4）。可见，各年度总耗水量的最大值和最小值出现处理不同，不同灌水频率对番茄耗水量没有明显影响；耗水量随灌水量的增加而增加，经回归分析，耗水量与灌水量之间呈现良好线性递增关系（$R^2=0.950^{**}$）（见图 6-2）。

从表 6-9 中可以看出，在同一灌水频率下，温室番茄的耗水量与灌水量有很大的关系，耗水量呈现出随着灌水量的增大而增加的趋势。任何时期水分亏缺，其全生育期耗水量随着受旱程度的增加而下降。土壤含水率是影响番茄耗水量的主要因素之一，当土壤含水率降低发生水分亏缺时，土壤中毛管传导度减小，番茄根系吸水速率势必会降低，引起叶片含水量减小，保卫细胞失水而收缩，气孔导度减小（见表 3-1），经过气孔的水分扩散阻力增加，从而导致叶面蒸腾强度低于无水分亏缺时的蒸腾强度；再者，水分亏缺明显抑制了番茄叶面光合速率(见表 3-1),降低光合产物的形成及向叶片的运移和转换,植株蒸腾面积相应减小,从而降低了蒸发蒸腾量。

表 6-9　不同灌溉处理月耗水量和总耗水量　mm

处理	2011 年		2012 年		2013 年	
	I_r	ET	I_r	ET	I_r	ET
I1Kcp1	190.8	271.4	187.4	265.3	164.4	251.2
I1Kcp2	250.0	295.7	243.5	305.3	214.5	277.2
I1Kcp3	307.3	323.1	301.4	337.7	264.2	291.2
I1Kcp4	365.8	388.0	349.6	369.5	314.0	337.6
I2Kcp1	190.7	262.3	185.6	252.5	160.0	242.0
I2Kcp2	249.3	294.2	239.5	300.4	207.9	277.4
I2Kcp3	309.3	337.4	296.6	344.5	255.9	296.0
I2Kcp4	365.4	385.3	353.6	386.0	303.8	329.7
I3Kcp1	185.1	249.1	177.6	257.4	158.8	244.0
I3Kcp2	245.0	279.4	228.2	302.1	206.3	283.3
I3Kcp3	297.3	324.1	281.9	331.6	247.5	291.1
I3Kcp4	352.4	380.8	335.8	378.6	301.3	327.1

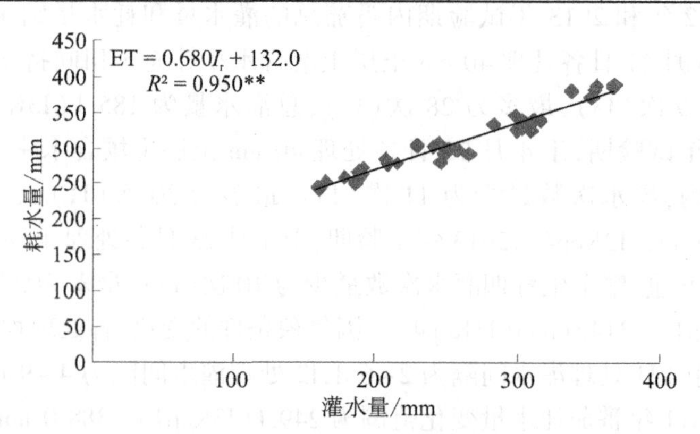

图 6-2　灌水量与耗水量的关系

6.2.2　产量

2011 年度番茄果实于 2011 年 5 月 27 日开始采摘,到 2011 年 7 月 9 日结束,共采摘 11 次,历时 54 d。2012 年度番茄果实于 2012 年 5 月 27 日开始采摘,到 2012 年 7 月 26 日结束,共采摘 10 次,历时 60 d。2013 年度番茄果实于 2013 年 6 月 6 日开始采摘,到 2013 年 7 月 31 日结束,共采摘 10 次,历时 56 d。以 2011 年度为例,番茄早期产量(前 3 次采摘)随灌水量的增大而减小(见图 6-3),说明适度控制水分亏缺程度可提高番茄前期产量,促进番茄提早上市。

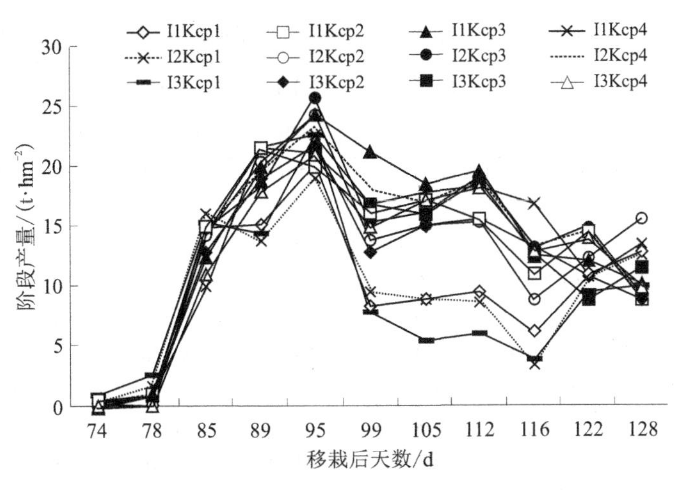

图 6-3　不同处理下番茄不同阶段产量(2011 年)

表 6-10 给出了 2011 年、2012 年和 2013 年试验期不同水分处理对番茄产量的影响，灌水频率和灌水量均显著影响了番茄产量。在 2011 年试验期，I1Kcp3 处理产量最高，达到 151.79 $t \cdot hm^{-2}$；其次为 I1Kcp4 处理，产量为 149.20 $t \cdot hm^{-2}$；I3Kcp1 处理产量最小，仅为 99.59 $t \cdot hm^{-2}$。在 2012 年试验期内，I1Kcp4 处理产量最高，达到 156.02 $t \cdot hm^{-2}$；其次为I1Kcp3处理，产量为 152.08 $t \cdot hm^{-2}$；I3Kcp1 处理产量最小，仅为 104.81 $t \cdot hm^{-2}$。在 2013 年试验期内，I1Kcp4 处理产量最高，达到 173.59 $t \cdot hm^{-2}$；其次为 I2Kcp4 处理，产量为 172.50 $t \cdot hm^{-2}$；I3Kcp1 处理产量最小，仅为 120.26 $t \cdot hm^{-2}$。从 3 年试验结果可以看出，2013 年度各处理产量均明显高于其他两个年份的，这是因为 3 个试验期的气象条件不同，更为主要的原因是前 2 个试验期没有进行疏花疏果，各穗花果均自由生长，有些坐果达到 7 个，导致果实小，影响了产量，而 2013 年度对每穗进行疏花，每穗留 3～4 个正常生长的花果，其余均人工打掉，果实生长大而饱满，促使产量大幅增加。表 6-11 给出了 3 个试验期番茄产量的方差分析结果，从表中可以看出，3 个试验期均表现出灌水频率(I)和蒸发皿系数(K_{cp})均显著影响产量($P<0.01$)，而 $I \times K_{cp}$ 交互作用对产量没有显著影响。

从表 6-10 中还可以看出，3 个试验期不同灌水频率和灌水量对番茄产量的影响结果一致，以 2012 年试验结果为例，在同一灌水频率下，番茄产量随灌水量的增大而增大，Kcp3 处理和 Kcp4 处理间产量无显著差异，这说明一味地增加灌溉水量并不能显著提高番茄产量，甚至会造成产量降低的趋势(如 I3Kcp4)。与产量最大处理(I1Kcp4)相比，3 个Kcp1 处理(I1Kcp1、I2Kcp1 和 I3Kcp1)产量分别降低了 22.29%、25.46%和 33.82%，3 个Kcp2 处理(I1Kcp2、I2Kcp2 和 I3Kcp2)产量分别降低了 7.94%、10.38%和 13.26%。Kcp1 处理的产量降幅较大，均在 20%以上，Kcp2 处理的产量降幅较小，均在 15%以内，尤其是 I1Kcp2 处理的产量降幅在 10%以内。在同一灌水量情况下，不同灌水频率对番茄产量也有显著影响，3 种灌水频率 I1、I2 和 I3 的平均产量分别为 143.25 $t \cdot hm^{-2}$，139.60 $t \cdot hm^{-2}$和 131.59 $t \cdot hm^{-2}$，与 I3 处理相比，I1 处理和 I2 处理的产量均有所提高，增幅分别为 8.86%和6.08%，产量会随灌水频率的提高而增大。

表 6-10　2011 年、2012 年和 2013 年不同处理番茄的产量和水分利用效率

年份	处理	产量/（t·hm⁻²）	灌水量/mm	耗水量/mm	IWUE/（kg·m⁻³）	WUE/（kg·m⁻³）	相对产量/%
2011	I1Kcp1	108.51f	190.8	271.4	56.86a	39.98d	71.49
	I1Kcp2	141.76c	250.0	295.7	56.70a	47.94a	93.39
	I1Kcp3	151.79a	307.3	323.1	49.40d	46.98a	100.00
	I1Kcp4	149.20ab	365.8	388.0	40.79f	38.45e	98.29
	I2Kcp1	105.64f	190.7	262.3	55.41ab	40.28d	69.60
	I2Kcp2	140.32cd	249.3	294.2	56.28a	47.70a	92.44
	I2Kcp3	147.54b	309.3	337.4	47.70de	43.73b	97.20
	I2Kcp4	148.04ab	365.4	385.3	40.51f	38.42e	97.53
	I3Kcp1	99.59g	185.1	249.1	53.80bc	39.98d	65.61
	I3Kcp2	131.24e	245.0	279.4	53.57c	46.97a	86.46
	I3Kcp3	137.04d	297.3	324.1	46.10e	42.28c	90.28
	I3Kcp4	137.88cd	352.4	380.8	39.12f	36.21f	90.83
2012	I1Kcp1	121.25e	187.4	265.3	64.71a	45.70abc	77.71
	I1Kcp2	143.63bc	243.5	305.3	58.99b	47.05a	92.06
	I1Kcp3	152.08a	301.4	337.7	50.46c	45.03abc	97.48
	I1Kcp4	156.02a	349.6	369.5	44.62d	42.22de	100.00
	I2Kcp1	116.29e	185.6	252.5	62.66a	46.06ab	74.54
	I2Kcp2	139.82cd	239.5	300.4	58.38b	46.55ab	89.62
	I2Kcp3	150.22ab	296.6	344.5	50.64c	43.60cd	96.28
	I2Kcp4	152.05a	353.6	386.0	43.00d	39.39fg	97.46
	I3Kcp1	104.81f	177.6	257.4	59.03b	40.72ef	67.18
	I3Kcp2	135.33d	228.2	302.1	59.31b	44.79bc	86.74
	I3Kcp3	144.31bc	281.9	331.6	51.20c	43.52cd	92.49
	I3Kcp4	141.91cd	335.8	378.6	42.26d	37.48g	90.96
2013	I1Kcp1	132.31d	164.4	251.2	80.48a	52.66b	76.22
	I1Kcp2	163.60bc	214.5	277.2	76.26b	59.01a	94.25
	I1Kcp3	172.16a	264.2	291.2	65.16c	59.13a	99.18
	I1Kcp4	173.59a	314.0	337.6	55.29d	51.42bc	100.00
	I2Kcp1	129.70d	160.0	242.0	81.06a	53.59b	74.72
	I2Kcp2	162.41c	207.9	277.4	78.12ab	58.55a	93.56
	I2Kcp3	170.20ab	255.9	296.0	66.50c	57.50a	98.05
	I2Kcp4	172.50a	303.8	329.7	56.77d	52.32b	99.37
	I3Kcp1	120.26e	158.8	244.0	75.74b	49.29c	69.28
	I3Kcp2	160.45c	206.3	283.3	77.76ab	56.64a	92.43
	I3Kcp3	167.41abc	247.6	291.1	67.62c	57.50a	96.44
	I3Kcp4	161.57c	301.3	327.1	53.17d	48.97c	93.08

注：表中同列数据小写字母相同者表示不显著（$P>0.05$，LSD）；相反，则为显著，下同。

表 6-11　2011 年度、2012 年度和 2013 年度番茄产量方差分析结果

年份	变差来源	自由度	平方和	均方差	*F* 值	*P* 值
2011	灌水频率(*I*)	2	861.849 2	430.924 6	70.992**	0.000 1
	蒸发皿系数(K_{cp})	3	10 173.4	3 391.134	558.663**	0.000 1
	$I \times K_{cp}$	6	36.420 5	6.070 1	0.978ns	0.461 2
	误差	24	148.918 1	6.204 9		
	总变异	35	11 220.59			
2012	灌水频率(*I*)	2	852.902 3	426.451 1	27.373**	0.001
	蒸发皿系数(K_{cp})	3	7 512.021	2 504.007	160.724**	0
	$I \times K_{cp}$	6	93.477 2	15.579 5	0.925ns	0.495
	误差	24	404.391 3	16.849 6		
	总变异	35	8 862.792			
2013	灌水频率(*I*)	2	424.836 7	212.418 3	10.129	0.000 6
	蒸发皿系数(K_{cp})	3	10 957.322 5	3 652.440 8	174.159	0
	$I \times K_{cp}$	6	130.435 5	21.739 3	1.037	0.426 5
	误差	24	503.325 2	20.971 9		
	总变异	35	12 015.919 8			

6.2.3　水分利用效率和灌溉水利用效率

表 6-10 详细列出了不同水分处理下番茄产量、灌水量(I_r)、耗水量(ET)、灌溉水利用效率(IWUE)及水分利用效率(WUE)的变化。2011 年 IWUE 的变化范围为 39.12(I3Kcp4)~56.86 kg · m^{-3}(I1Kcp1),WUE 的变化范围为 36.21(I3Kcp4)~47.94 kg · m^{-3}(I1Kcp2);2012 年 IWUE 的变化范围为 42.26(I3Kcp4)~64.71 kg · m^{-3}(I1Kcp1),WUE 的变化范围为 37.48(I3Kcp4)~47.05 kg · m^{-3}(I1Kcp2);2013 年 IWUE 的变化范围为 53.17(I3Kcp4)~81.06 kg · m^{-3}(I2Kcp1),WUE 的变化范围为 48.97(I3Kcp4)~59.13 kg · m^{-3}(I1Kcp3)。在同一灌水量下,IWUE 随灌水频率的增大而呈现出逐渐增大的趋势,但方差结果显示 2012 年和 2013 年灌水频率对 IWUE 没有显著影响,2011 年灌水频率对 IWUE 影响显著($P<0.05$);WUE 随灌水频率的增大而增大,且差异在 3 年中均达到显著水平($P<0.05$),这是因为灌水频率的增加显著提高了产量,而不同灌水频率对耗水量却没有显著影响,从而不同灌水频率对 WUE 的影响与产量相似。

在同一灌水频率下,就 3 年均值来看,Kcp1 处理的 IWEU 最大,Kcp2 处理和 Kcp3 处理居中,Kcp4 处理最小,IWUE 随灌水量的变化呈现显著负相关关系($P<0.01$)。WUE 随灌水量的增大呈现先增大后减小的趋势,WUE 在 3 年的平均值的大小顺序依次为 Kcp4<Kcp1<Kcp3<Kcp2,当灌水量小于 $0.7E_{pan}$ 时,WUE 随灌水量的增加而增加,当灌水量大于 $0.7E_{pan}$ 时,WUE 随灌水量的增加而开始逐渐减小,可见番茄 WUE 对灌水量的响应有一阈

值，当灌水量高于或低于此阈值后，WUE 均有降低的趋势。从 3 年试验结果的产量和 WUE 方面看，I1Kcp3 处理可实现高产高效的有效统一。

表 6-12 给出了 3 个试验期番茄 IWUE 和 WUE 的方差分析结果。从表 6-12 中可看出，2011 年灌水频率(I)显著影响了 IWUE($P<0.05$)，而 2012 年和 2013 年的灌水频率(I)没有显著影响 IWUE ($P>0.05$)。蒸发皿系数(K_{cp})在 3 年试验中均显著影响了 IWUE，而 $I \times K_{cp}$交互作用对 IWUE 没有显著影响($P>0.05$)。灌水频率(I)和蒸发皿系数(K_{cp})在 3 年试验期均显著影响了 WUE($P<0.05$)，$I \times K_{cp}$交互作用除 2011 年度显著影响了 WUE 外($P<0.05$)，其余 2 个试验期均没有显著影响 WUE。综上所述，WUE 对灌水频率和灌水量较为敏感，而对 $I \times K_{cp}$交互作用不敏感；IWUE 对灌水量较为敏感，而对灌水频率(I)和 $I \times K_{cp}$交互作用不敏感。

表 6-12　IWUE 和 WUE 的方差分析结果

年份	分析对象	变差来源	自由度	平方和	均方差	F 值	P 值
2011	IWUE	灌水频率(I)	2	48.115 9	24.057 9	33.257	0.000 6
		蒸发皿系数(K_{cp})	3	1 450.176 5	483.392 2	668.225	0
		$I \times K_{cp}$	6	4.340 4	0.723 4	0.619	0.713 2
		误差	24	28.051 6	1.168 8		
		总变异	35	1 530.684 4			
	WUE	灌水频率(I)	2	23.741 3	11.870 6	16.273	0
		蒸发皿系数(K_{cp})	3	518.811 1	172.937	237.075	0
		$I \times K_{cp}$	6	22.674 4	3.779 1	5.181	0.001 5
		误差	24	17.507 1	0.729 5		
		总变异	35	582.733 8			
2012	IWUE	灌水频率(I)	2	18.528 1	9.264	1.321	0.334 6
		蒸发皿系数(K_{cp})	3	1 934.041 6	644.680 5	91.937	0
		$I \times K_{cp}$	6	42.073 1	7.012 2	2.311	0.066 6
		误差	24	72.811 9	3.033 8		
		总变异	35	2 067.454 7			
	WUE	灌水频率(I)	2	70.906 2	35.453 1	7.27	0.024 9
		蒸发皿系数(K_{cp})	3	199.009 6	66.336 5	13.604	0.004 4
		$I \times K_{cp}$	6	29.258 2	4.876 4	2.723	0.036 7
		误差	24	42.986 5	1.791 1		
		总变异	35	342.160 4			

续表 6-12

年份	分析对象	变差来源	自由度	平方和	均方差	F 值	P 值
2013	IWUE	灌水频率(I)	2	23.270 5	11.635 3	1.977	0.160 3
		蒸发皿系数(K_{cp})	3	3 305.107 3	1 101.702 4	187.233	0
		$I \times K_{cp}$	6	57.749	9.624 8	1.636	0.180 6
		误差	24	141.219 1	5.884 1		
		总变异	35	3 527.345 9			
	WUE	灌水频率(I)	2	42.895 4	21.447 7	7.264	0.003 4
		蒸发皿系数(K_{cp})	3	396.022 5	132.007 5	44.711	0
		$I \times K_{cp}$	6	16.057 5	2.676 2	0.906	0.506 8
		误差	24	70.858 8	2.952 4		
		总变异	35	525.834 2			

IWUE 随蒸发皿系数的增大而减小，但 Kcp1 和 Kcp2 处理间没有显著差异（$P>0.05$）。因过度水分亏缺导致产量的大幅度降低，所以灌水量最小时 WUE 并非最大。灌水量最大的处理，其耗水量也最大，因而对应 WUE 也并非最大，这就意味着持续充足供水并不利于作物的生长。综上所述，水分供应过高或过低均会降低 WUE。此外，本研究表明，IWUE 和 WUE 均随灌水频率的增大而增大。

6.2.4　产量、水分利用效率与耗水量的关系

作物产量是诸多因子综合作用的结果，水、肥、气、热是调控番茄产量的重要因素，在温室栽培条件下，灌溉水是满足番茄生命健康水分需求的唯一来源，在其他环境因素一定的条件下，灌水频率（灌水间隔）和灌水量是影响番茄生长发育和产量的主要因素。为进一步揭示温室番茄产量、水分利用效率与耗水量的定量关系，图 6-4 分别给出了 3 个试验期内番茄产量、水分利用效率与耗水量的回归方程。由图 6-4 可知，滴灌条件下温室番茄产量和水分利用效率（WUE）均与全生育期总耗水量之间呈良好的二次抛物线关系，相关程度较高，相关性均达到极显著水平（$P<0.01$）。

由图 6-4 可以看出，2011 年、2012 年和 2013 年温室番茄产量达到最大值对应耗水量分别为 349 mm、360 mm 和 314 mm，当耗水量低于此值时，供水过少，番茄遭受水分胁迫而不能正常发育，产量随灌水量的增加而增加；当耗水量高于此值，供水过多，番茄植株的营养生长会抑制生殖生长，导致落花落果，产量有减小的趋势。然而，产量最大并非水分利用效率达到最大，3 个试验周期内水分利用效率达到最大值对应耗水量分别为 311 mm、298 mm 和 287 mm。综合 3 年试验结果，滴灌条件下温室番茄的经济灌溉定额和经济耗水指标分别为 240 mm 和 300 mm。

产量响应系数（k_y）直观反映了作物对水分亏缺的忍耐程度，番茄在 3 个试验期内全生育期相对产量降低与相对水分亏缺之间的关系如图 6-5 所示。番茄产量响应系数在 3 个生育期内分别为 0.680、0.685 和 0.715，说明全生育期内番茄产量对水分亏缺非常敏感。

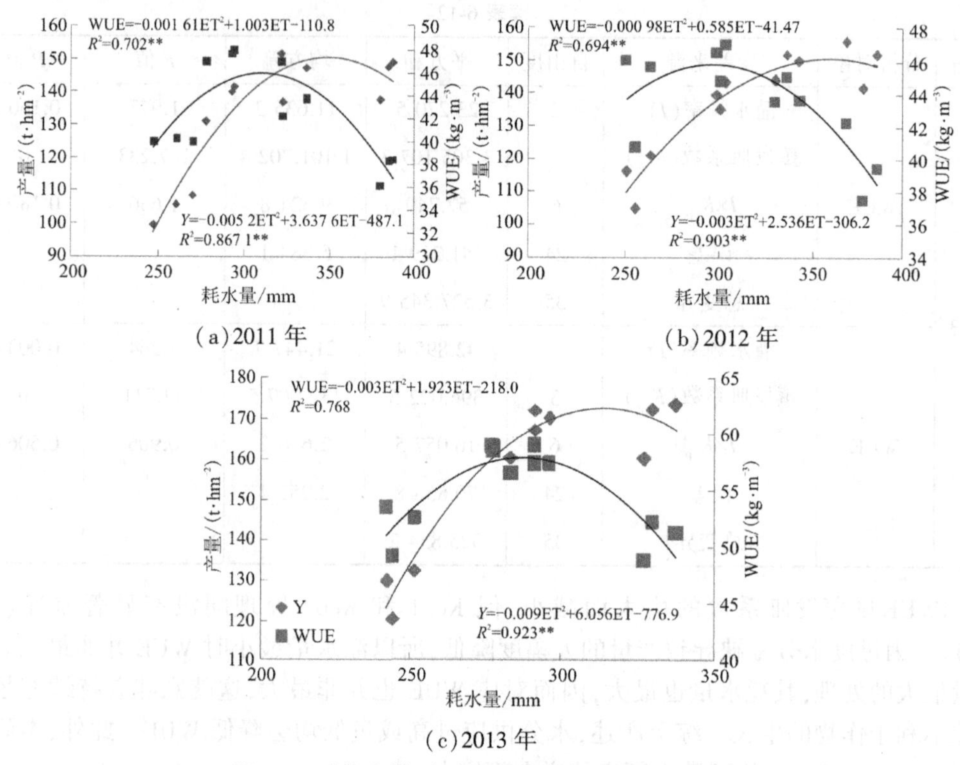

(a)2011 年　　(b)2012 年

(c)2013 年

图 6-4　番茄产量、水分利用效率与耗水量的关系

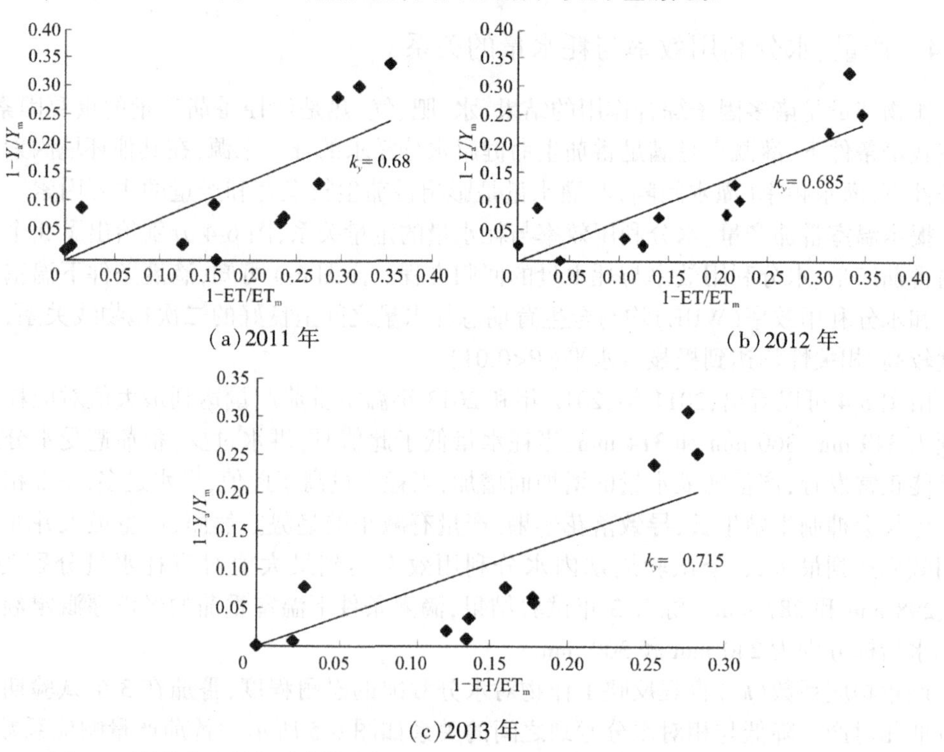

(a)2011 年　　(b)2012 年

(c)2013 年

图 6-5　番茄生育期相对产量降低$(1-Y_a/Y_m)$与相对水分亏缺$(1-ET/ET_m)$的关系

6.3　基于土壤水势确定设施番茄灌溉控制指标

6.3.1　灌水量和耗水量变化规律

由表 6-13 可知,施肥水平(F)和土壤水势(W)对番茄灌水量和耗水量影响程度不同,灌水次数最多为 24 次(F2W1 和 F3W1),最少为 16 次(F1W3),总灌水量为 160~240 mm。番茄耗水量变化为 241.7(F1W3)~305.4 mm(F2W1),各处理在整个生育期内耗水量随着生育进程呈先增大后减小的趋势,在苗期耗水量最小,日均耗水强度仅为 0.85 $mm \cdot d^{-1}$,5 月耗水量最大,最大可达 3.5 $mm \cdot d^{-1}$(F2W1)。相同 W 不同 F 的耗水量差异不具有统计学意义,但相同 F 的耗水量和灌水量随土壤水势下限的增大而增大,经回归分析,耗水量与灌水量之间呈现良好线性递增关系($R^2=0.862^{**}$)。在相同 F 条件下,温室番茄的耗水量与灌水量有很大的关系,不论是总耗水量还是阶段耗水量均呈现出随着灌水量的增大而增加的趋势。任何时期水分亏缺,其全生育期耗水量、阶段耗水量和日耗水量均随受旱程度的增大而下降。

表 6-13　水肥耦合条件下灌水量和耗水量　　单位:mm

处理	3 月		4 月		5 月		6 月		7 月		全生育期	
	I	ET	*I*	ET	*I*	ET	*I*	ET	*I*	ET	*I*	ET
F1W1	20.0	20.5	20.0	52.3	80.0	98.0	90.0	83.2	10.0	38.8	220.0	292.8
F1W2	20.0	20.5	10.0	50.5	80.0	89.1	70.0	73.0	10.0	34.1	190.0	267.1
F1W3	20.0	20.5	20.0	50.5	70.0	83.1	50.0	65.4	0	22.2	160.0	241.7
F2W1	20.0	20.5	30.0	51.5	100.0	108.6	80.0	88.7	10.0	36.2	240.0	305.4
F2W2	20.0	20.5	30.0	52.1	80.0	80.2	70.0	77.6	10.0	29.8	210.0	260.2
F2W3	20.0	20.5	10.0	50.9	60.0	75.4	70.0	69.2	10.0	28.0	170.0	243.9
F3W1	20.0	20.5	20.0	56.2	100.0	101.8	80.0	89.2	20.0	22.4	240.0	290.1
F3W2	20.0	20.5	20.0	50.5	100.0	99.9	70.0	81.8	10.0	24.5	220.0	277.2
F3W3	20.0	20.5	20.0	47.7	80.0	94.9	50.0	72.0	10.0	22.8	180.0	258.0

6.3.2　产量和水分利用效率

由图 6-6 可知,F 和 W 对番茄产量有不同程度的影响,产量随土壤水势(W)控制下限的增大而增大,随 F 的变化表现为 F2 时最大,F1 时居中,F3 时最小。产量在各处理中的变化为:F2W1 最大,为 157.90 $t \cdot hm^{-2}$;F2W2 次之,为 146.99 $t \cdot hm^{-2}$;F3W3 最小,为 125.80 $t \cdot hm^{-2}$。在同一灌溉制度情况下,不同施肥方式对番茄产量有显著影响,F1、F2 和 F3 等处理的平均产量分别为 137.70 $t \cdot hm^{-2}$,148.68 $t \cdot hm^{-2}$ 和 134.76 $t \cdot hm^{-2}$,与 F2 处理相比,F1 处理和 F3 处理平均产量分别下降 7.38% 和 9.36%。在同一施肥方式下,W1、W2 和 W3 等处理平均产量分别为 149.94 $t \cdot hm^{-2}$、138.85 $t \cdot hm^{-2}$、132.36 $t \cdot hm^{-2}$,与 W1 处理相比,W2 处理和 W3 处理平均产量分别下降了 7.40%、11.72%。通过方差分析可知,F 显著影响番茄产量($P<0.05$),W 极显著影响番茄产量($P<0.01$),而 F×W 交互作用对产量没有显著影响。虽然施肥量一致,但不施底肥(F1)或只施底肥(F3)均会降低番

茄产量,底肥和追肥按1∶1(F2)的比例可实现高产。这是因为底肥是用于番茄前期植株的营养生长,而这一时期植株个体小、生长缓慢,对养分的吸收也较少,因此底肥不易施肥过大,否则易引起肥料的淋失,而后期植株逐渐由营养生长转向生殖生长,这一时期施肥可使番茄对养分的吸收在时间上和数量上更加吻合,从而提高作物产量。

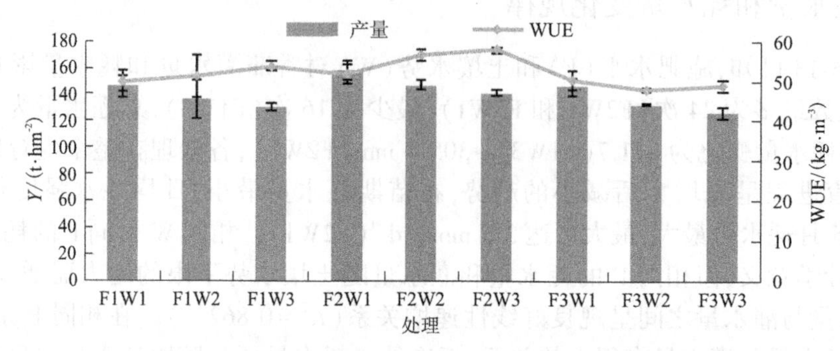

图6-6　水肥耦合条件下产量和水分利用效率的变化

由图6-6可知,施肥方式和灌水量均显著影响了WUE,WUE随土壤水势下限的增大而降低,在不同施肥方式下的变化表现为F2时最大,F1时居中,F3时最小。WUE值在各处理中变化:F2W3处理最大,为57.86 kg·m^{-3};F2W2处理次之,为56.50 kg·m^{-3};F3W2处理最小,为47.84 kg·m^{-3}。在同一灌溉制度下,F1、F2和F3等处理的平均WUE分别为51.70 kg·m^{-3}、55.3 kg·m^{-3}和48.96 kg·m^{-3},与F2处理相比,F1处理和F3处理平均分别下降了6.59%和11.54%。在同一施肥方式下,W1处理、W2处理和W3处理的平均WUE分别为50.66 kg·m^{-3}、51.87 kg·m^{-3}和53.49 kg·m^{-3},与W3处理比,W1和W2等处理分别下降了5.29%和3.01%,此因灌水下限极显著影响产量而对耗水量没有影响,故灌水下限对WUE的影响类似于产量。通过方差分析可知,F对WUE的影响达到极显著水平(P<0.01),W和F×W交互作用对WUE的影响达到显著水平,即底肥和追肥按1∶1比例进行分配、灌水下限为W3或W2时可以提高滴灌番茄的WUE。

6.3.3　基于土壤水势温室番茄灌溉控制指标

通过上述不同土壤水势控制下限和不同施肥方式对番茄耗水量、产量和水分利用效率的影响研究显示,耗水量和产量随土壤水势的增大而增大,水分利用效率随土壤水势的增大而降低;不同施肥方式对耗水量无显著影响,但显著影响产量和水分利用效率。与产量最大的F2W1处理比,F2W2处理产量虽然降低6.91%,但可节水14.83%,且水分利用效率提高了8.51%。因此,从节水、高产和高效相统一来看,温室滴灌条件下番茄进入开花坐果期后,20 cm土层的土壤水势应控制在0.05 MPa以上,每次灌水定额为10 mm可达到节水增产高效的目标,具体灌溉控制指标见表6-14。

表6-14　基于土壤水势下限温室滴灌番茄的灌溉控制指标

生育阶段	计划湿润层深度/cm	灌溉指标(土壤水势)/kPa
苗期	40	-60~-70
开花坐果期	40	-50~ -55
成熟采摘期	40	-50~ -55

6.4　基于土壤水分状况确定设施茄子灌溉控制指标

6.4.1　产量和水分利用效率

温室作物栽培管理中,水分管理是决定蔬菜产量的关键。土壤水分调控对滴灌条件下温室蔬菜的水分利用效率和灌溉水利用效率都具有明显的影响。表 6-15 给出了土壤水分调控对温室茄子产量、耗水量、水分利用效率的影响。从表 6-15 中可以看出,苗期水分亏缺处理(E1 和 E2)虽可明显提高茄子水分利用效率,但以降低了茄子的产量为代价,E1 处理和 E2 处理 2 个生长季的产量较 E4 处理的分别降低了 9.29%和 5.20%。由此说明,温室茄子土壤水分控制下限控制在田间持水量的 70%以上,在不影响产量的同时提高了水分利用效率。

表 6-15　不同水分状况下温室茄子的产量和水分利用效率

年份	处理	总耗水量/mm	产量/(t·hm^{-2})	WUE/(kg·m^{-3})	节水/%	增产/%	WUE 增加/%
2008	E1	302.23	41.50	13.73	8.48	−8.19	0.32
	E2	295.32	42.02	14.23	10.58	−7.04	3.96
	E3	297.27	45.29	15.24	9.99	0.20	11.31
	E4	311.52	44.90	14.41	5.67	−0.66	5.30
	E5	266.78	31.52	11.82	19.22	−30.27	−13.68
	E6	275.60	44.72	16.23	16.55	−1.06	18.55
	E7	295.32	46.81	16.20	10.58	3.56	18.36
	E8	247.85	27.32	11.02	24.95	−39.56	−19.46
	E9	264.50	38.48	14.55	19.91	−14.87	6.29
	E10	321.06	46.30	14.42	2.78	2.43	5.36
	ECK	330.25	45.20	13.69	0	0	0
2009	E1	290.42	38.21	13.16	18.55	−10.32	10.10
	E2	300.14	41.25	13.74	15.82	−3.17	15.03
	E3	310.71	43.53	14.01	12.86	2.17	17.25
	E4	337.61	43.85	12.99	5.31	2.92	8.69
	E5	268.81	35.47	13.19	24.61	−16.75	10.42
	E6	280.94	37.38	13.30	21.21	−12.27	11.34
	E7	347.19	44.36	12.78	2.63	4.13	6.94
	E8	276.59	34.26	12.39	22.43	−19.58	3.66
	E9	298.33	39.27	13.16	16.33	−7.81	10.18
	E10	345.45	43.66	12.64	3.11	2.47	5.77
	ECK	356.55	42.60	11.95	0	0	0

开花坐果期水分调控对茄子产量和水分利用效率影响较大，由表6-15可知，E7处理产量最大，2年分别为46.81 t·hm^{-2}和44.36 t·hm^{-2}，WUE在2年分别达到16.2 kg·m^{-3}和12.78 kg·m^{-3}。这说明在茄子的某些生育时期，适度亏水有利于提高其水分利用效率，ECK处理虽然灌水量最多，但其产量和水分利用效率并不是最高的。E1、E5、E8等处理的产量和水分利用效率都不高，这主要是因为在茄子的不同生育期受到了重度亏水，其土壤水分控制下限为50%田间持水量，说明任何时期严重亏水均不利于提高茄子的水分利用效率。另外，E5、E8处理的WUE低于E1处理的，说明水分亏缺处理对开花坐果期和成熟采摘期的影响较苗期显著；E3处理和E7处理的水分利用效率相当。虽然E9处理的WUE较大，但这种以牺牲产量为前提来提高WUE的处理在现实生活中不具意义。另外，较高的水分供应亦不能实现高产和高效的统一，如ECK，该处理产量2年分别为45.20 t·hm^{-2}和42.60 t·hm^{-2}，产量不仅没有达到最大值，反而耗水量为最大，2年分别为330.25 mm和356.55 mm，造成了水分的浪费。

总之，较高的水分供应并不一定能实现温室茄子的高产和水分高效利用，本试验中，各生育阶段水分下限均为80%田间持水量的处理尽管能够获得较高产量，但这是以大的水量消耗为代价换取的，最终使得其水分利用效率很低，不仅浪费宝贵的水资源，也容易导致大量病虫害的发生和蔓延，不利于生产。

6.4.2 产量和耗水量的关系

温室茄子总产量与耗水量的回归方程式如表6-16所示。温室茄子产量与全生育期耗水量之间均呈现良好的二次抛物线关系（见图6-7），相关程度较高，相关性均达到极显著水平（$P<0.01$）。由图6-7还可以看出，温室茄子产量先随耗水量的增加快速增加，当耗水量达到一定程度时，产量增加缓慢，开始呈现出“报酬递减”现象；当耗水量达到一定数值时，产量达到最大值；当耗水量低于此值时，供水过少，作物遭受水分胁迫而不能正常发育，产量随耗水量的增加而增加；当耗水量高于此值，供水过多，植株的营养生长会抑制生殖生长，导致落花落果，产量不但不增加，反而有减小的趋势。由表6-16茄子总产量和耗水量的回归方程可知，2008年滴灌条件下温室茄子产量最大时对应耗水量为313.68 mm，2009年滴灌条件下温室茄子产量最大时对应耗水量为339.59 mm，2009年的耗水量明显高于2008年，这主要是由2009年综合气象较2008年干旱所致。

表6-16 温室茄子总产量与耗水量的回归方程

作物	年份	回归方程	决定系数 R^2	产量最大对应耗水量/mm
茄子	2008	$Y_a=-358.15+2.5749ET-4.1044\times10^{-3}ET^2$	0.790 6	313.68
	2009	$Y_a=-184.28+1.3433ET-1.9778\times10^{-3}ET^2$	0.919 6	339.59

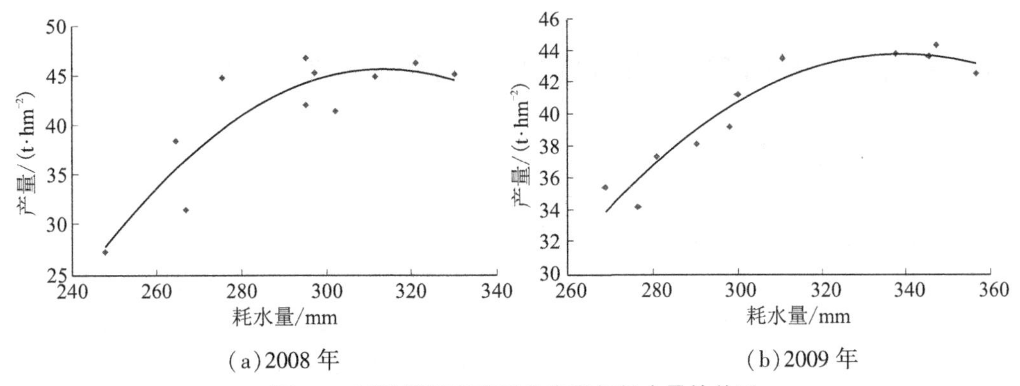

图 6-7　试验期温室茄子总产量与耗水量的关系

6.4.3　基于土壤水分下限温室滴灌茄子灌溉控制指标

不同生育阶段土壤水分状况对温室滴灌茄子植株生长发育状况、生理特性、耗水量、产量和水分利用效率等方面的影响研究结果表明,苗期适度的水分亏缺(土壤水分下限控制在田间持水量的 60%～70%)不仅可以防止幼苗徒长和耗水量过大,还有利于提高光合速率,进而提高干物质的积累,从而在一定程度上保证了产量;在开花坐果期,水分过多或过少均不利于茄子植株的生长和叶片的光合速率的提高,进而影响光合产物的积累和产量的形成,而适度的水分亏缺,在开花坐果期土壤水分控制下限在田间持水量的 70%～80%时,植株发育良好,可为开花坐果及果实的形成奠定良好的营养基础;成熟采摘期,此时营养生长已基本结束,主要为生殖生长,在此阶段进行土壤水分调控,对番茄植株的生长影响较小,主要表现在水分亏缺加快了植株的衰老,而适宜水分状况不仅可使植株形成了适宜的生物量,而且同化产物在根冠之间的分配更趋合理,有利于促进根系的发育和提高根系活力,为产量的形成和提高奠定基础,因此成熟采摘期土壤水分控制下限为田间持水量的 70%～75%。

从节水、增产和高效来看,滴灌条件下温室茄子不同生长阶段的土壤水分适宜控制下限为苗期 70%～75%的田间持水量、开花坐果期 70%～75%的田间持水量、成熟采摘期 70%～75%的田间持水量(E3 处理),与 ECK 处理相比,节水 9.99%～12.86%,增产 0.2%～2.17%,水分利用效率提高了 11.13%～17.25%。综合考虑生长发育状况、生理特性、产量、水分利用效率等因素,温室滴灌茄子高产高效的灌溉控制指标为:苗期灌水计划湿润层深度为 20 cm,土壤含水率控制在田间持水量的 60%～70%;开花坐果期耗水量大,灌水计划湿润层深度为 40 cm,土壤含水率为田间持水量的 70%～80%;成熟采摘期灌水计划湿润层深度为 40 cm,土壤含水率控制在田间持水量的 70%～75%(见表 6-17)。

表 6-17　基于土壤水分下限温室滴灌茄子灌溉控制指标

生育阶段	计划湿润层深度/cm	灌溉指标(占田间持水量的百分比)
苗期	20	60%～70%
开花坐果期	40	70%～80%
成熟采摘期	40	70%～75%

6.5 基于土壤水分状况确定设施青椒灌溉控制指标

6.5.1 产量和水分利用效率

土壤水分调控对滴灌条件下温室青椒的产量和水分利用效率都具有明显的影响。表6-18给出了土壤水分调控对温室青椒的产量、耗水量、水分利用效率的影响，从表中可以看出，苗期水分调控对青椒产量和水分利用效率影响较大，其中S2处理产量最大，为32.84 t·hm^{-2}，WUE为12.26 kg·m^{-3}，这说明在青椒苗期适当的水分亏缺有利于产量和水分利用效率的提高，SCK处理虽耗水量最多，但其产量和水分利用效率并不是最高的。S5处理和S8处理的产量和水分利用效率都较低，这主要是因为这两个处理分别在青椒的开花坐果期混合成熟采摘期遭受了重度水分胁迫，说明在开花坐果期和成熟采摘期严重亏水均不利于提高青椒水分利用效率。另外，S5、S8处理的WUE均低于S1处理的，说明开花坐果期和成熟采摘期同等水分胁迫较苗期更为敏感；S3处理和S7处理的水分利用效率相当。虽然S1处理的WUE最大，但增产效果不明显。另外，较高的水分供应亦不能实现高产和高效的统一，如SCK处理，该处理产量为29.37 t·hm^{-2}，产量不仅没有达到最大值，反而耗水量最大，为309.27 mm，造成了水分的浪费。

表6-18 不同水分状况下温室青椒的产量和水分利用效率(2008年)

处理	总耗水量/mm	产量/(t·hm^{-2})	WUE/(kg·m^{-3})	节水/%	增产/%	WUE增加/%
S1	253.44	31.09	12.27	18.05	5.84	29.15
S2	267.96	32.84	12.26	13.36	11.82	29.05
S3	274.35	31.98	11.66	11.29	8.88	22.74
S4	297.72	29.74	9.99	3.73	1.24	5.16
S5	243.78	22.45	9.21	21.17	−23.57	−3.04
S6	259.00	25.66	9.91	16.25	−12.63	4.33
S7	279.96	32.59	11.64	9.48	10.95	22.57
S8	226.25	20.69	9.14	26.84	−29.57	−3.73
S9	248.36	26.98	10.86	19.69	−8.16	14.36
S10	291.06	32.25	11.08	5.89	9.80	16.67
SCK	309.27	29.37	9.50	0	0	0

6.5.2 产量和耗水量的关系

温室滴灌条件下青椒总产量与耗水量的回归方程式如表6-19所示。由表6-19可知，温室青椒总产量与全生育期耗水量之间均呈现良好的二次抛物线关系(见图6-8)，相关程度较高，相关性均达到极显著水平($P<0.01$)，滴灌条件下温室青椒产量最大时对应耗

水量为 284.23 mm。当耗水量低于该值时，表明供水量小，青椒遭受水分胁迫难以满足植株的正常生长发育，产量随耗水量的增加快速增加；当耗水量达到该值后，产量增加缓慢；当耗水量高于此值时，供水过多，植株的营养生长会抑制生殖生长，导致落花落果，产量不但不增加，开始呈现出“报酬递减”现象。

表 6-19　温室青椒总产量与耗水量的回归方程

作物	年份	回归方程	决定系数 R^2	产量最大对应耗水量/mm
青椒	2008	$Y_a=-267.71+2.1072ET-3.7069\times10^{-3}ET^2$	0.763 5	284.23

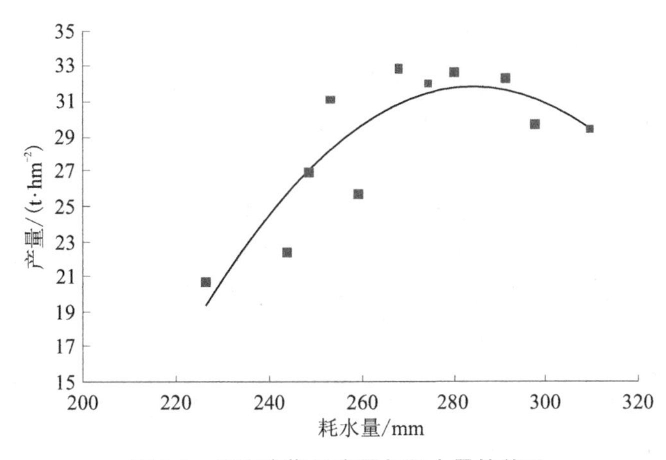

图 6-8　温室青椒总产量与耗水量的关系

6.5.3　基于土壤水分下限温室青椒的灌溉控制指标

通过不同生育期水分调控对青椒耗水量、产量和水分利用效率的影响可知，与 SCK 处理相比，S2 处理节水 13.36%，增产 11.82%，水分利用效率提高了 29.05%。因此，综合考虑节水、增产和高效，温室青椒滴灌灌溉控制指标（见表 6-20）为：苗期灌水计划湿润层深度为 20 cm，土壤含水率控制在田间持水量的 60%～65%；开花坐果期灌水计划湿润层深度为 40 cm，土壤含水率为田间持水量的 70%～75%；成熟采摘期灌水计划湿润层深度为 40 cm，土壤含水率控制在田间持水量的 70%～75%。通过上述指标控制灌溉，青椒具有较优的生理生态性状，产量高，并具有较高的水分利用率和灌溉水利用率，可达到节水、增产、高效的效果。

表 6-20　基于土壤水分下限温室滴灌青椒灌溉控制指标

生育阶段	计划湿润层深度/cm	灌溉指标（占田间持水量的百分比）
苗期	20	60%～65%
开花坐果期	40	70%～75%
成熟采摘期	40	70%～75%

6.6 基于水面蒸发量确定设施黄瓜灌溉控制指标

6.6.1 产量、耗水量及水分利用效率的变化规律

从表 6-21 可以看出，Kcp1 的总灌水量最小，2013 年、2014 年分别为 71.31 mm 和 77.13 mm，Kcp5 的总灌水量最大，分别为 228.38 mm 和 285.63 mm。温室滴灌黄瓜整个生育期内的耗水量为 129～314 mm，且耗水量随着灌水量的增加而增加，当灌水量超过 $0.75E_{pan}$时，各处理产量之间无显著性差异。2014 年，当灌水量超过 181.38 mm 时，Kcp3 的产量与 Kcp4、Kcp5 之间无显著性差异($P>0.05$)，而当灌水量低于 $0.75E_{pan}$时，产量与灌水量成正比；2013 年，Kcp2 的灌水量较 Kcp3 低 27.6%，产量则降低 23%。可见，日光温室滴灌黄瓜的灌水量应控制在 $0.75E_{pan}$以上。

从水分利用效率(WUE)和灌溉水利用效率(IWUE)来看，若以 $0.75E_{pan}$为界限划分高低水分处理，则高水处理的 WUE 和 IWUE 明显小于低水处理，且差异显著($P<0.05$)。另外，2013 年 WUE 的最高点出现在 Kcp3，为 53.10 $kg \cdot m^{-3}$，较 Kcp2 和 Kcp4 分别高 12.1%和 19.3%，但 IWUE 始终与灌水量成反比；灌溉水补偿率(I_{rc})随着灌水量的增加有明显上升趋势，可见灌水量越多，灌溉水对作物后期的需水补偿效应就越显著。

从产量、ET 和 WUE 等指标来看，设定蒸发皿系数为 0.75 可实现不减产，本试验结果显示 Kcp3 较 Kcp5 平均节水 35.8%。

表 6-21　不同灌水量对黄瓜产量、耗水量和水分利用效率的影响

年份	指标	处理				
		Kcp1	Kcp2	Kcp3	Kcp4	Kcp5
2013	产量/($t \cdot hm^{-2}$)	71.00b	82.29b	106.92a	104.48a	107.69a
	ET/mm	149.99	173.81	201.36	234.68	253.30
	I/mm	71.31	107.52	148.60	190.14	228.83
	WUE/($kg \cdot m^{-3}$)	47.34b	47.35b	53.10a	44.52bc	42.52c
	IWUE/($kg \cdot m^{-3}$)	99.57a	76.53b	71.95b	54.95c	47.06d
	I_{rc}/%	47.5	61.9	73.8	81.0	90.3
2014	产量/($t \cdot hm^{-2}$)	76.27b	89.46ab	97.30a	94.39a	94.84a
	ET/mm	129.04	202.23	237.12	270.89	313.45
	I/mm	77.13	129.25	181.38	233.50	285.63
	WUE/($kg \cdot m^{-3}$)	59.11a	44.24b	41.03bc	34.84cd	30.26d
	IWUE/($kg \cdot m^{-3}$)	98.90a	69.21b	53.65c	40.42d	33.20d
	I_{rc}/%	59.8	63.9	76.5	86.2	91.1

注：ET 为耗水量；I 为灌水量；WUE 为水分利用效率；IWUE 为灌溉水利用效率；I_{rc} 为灌溉水补偿效率。同行不同小写字母表示处理间差异显著($P<0.05$)，下同。

6.6.2　产量构成与耗水量、灌水量之间的关系

灌水量(I_r)及耗水量(ET)对黄瓜产量和产量的构成至关重要。其中,产量与 I_r 或 ET 之间表现为较好的二次抛物线关系(见图 6-9),且产量随着 I_r 或 ET 的增大而增大,当灌水量超过 $0.75E_{pan}$ 时,产量增加不明显。2013 年、2014 年 Kcp3 处理的灌水量较 Kcp1 处理分别增加 77.29 mm 和 104.25 mm,相应 ET 分别增加 34.3%和 83.8%,产量增加 50.6%和 27.6%;Kcp3 处理的灌水量较 Kcp5 处理分别减少 35.1%和 36.5%,ET 分别减少 25.8%和 32.2%,而产量仅增加 0.7%或减少 2.5%。可见,当灌水量超过 $0.75E_{pan}$ 时,I_r 或 ET 对产量的影响并不大,反而增加了灌溉水的无效损失。

MFW 与 I_r 或 ET 之间呈线性显著相关关系($P<0.05$),2013 年 MFW 与 I_r 或 ET 的决定系数均为 0.82,2014 年 ET 与 MFW 的决定系数($R^2=0.86$)高于 I_r($R^2=0.76$)(见图 6-10);MFL 与 I_r 或 ET 之间亦呈线性显著相关关系($P<0.05$),且 ET 与 MFL 之间的决定系数略高于 I_r(见图 6-11)。可见,ET 与作物形态指标的密切程度高于 I_r。

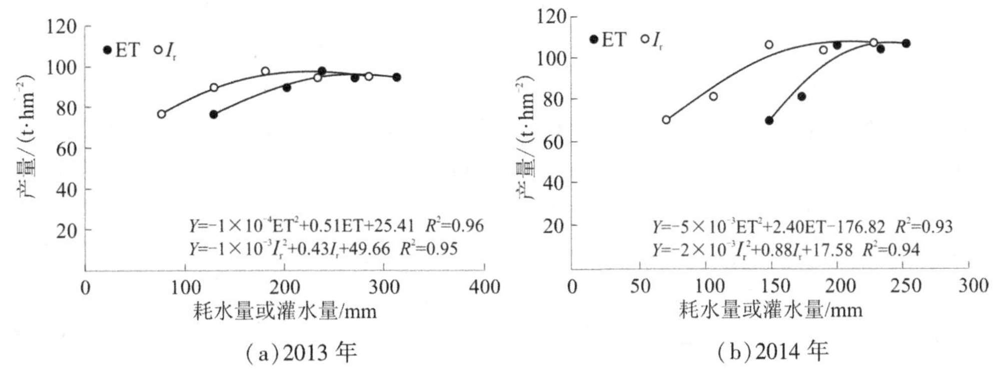

图 6-9　2013~2014 年耗水量(ET)或灌水量(I_r)与产量(Y)的关系

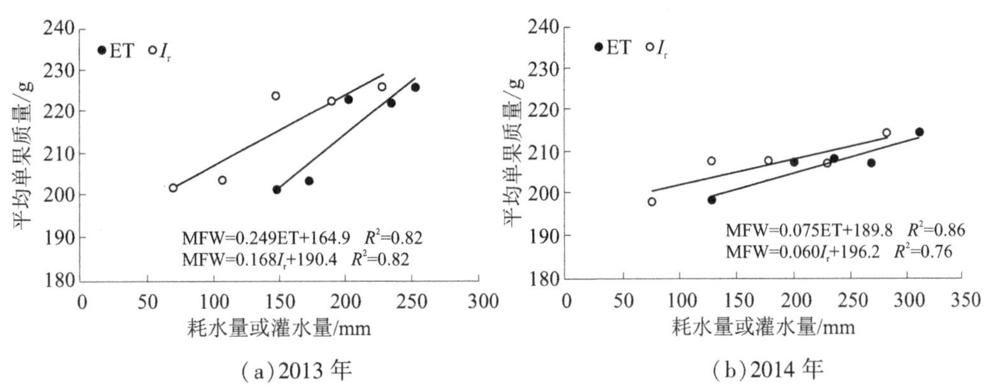

图 6-10　2013~2014 年耗水量(ET)或灌水量(I_r)与平均单果质量(MFW)的关系

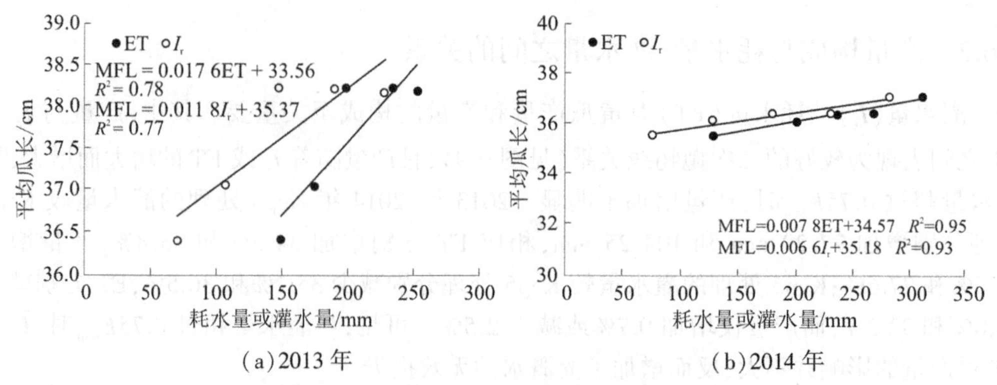

(a) 2013 年　　(b) 2014 年

图 6-11　2013~2014 年耗水量(ET)或灌水量(I_r)与平均瓜长(MFL)的关系

6.6.3　基于土壤水分下限温室滴灌黄瓜灌溉控制指标

以 20 cm 标准蒸发皿(直径 20 cm、深 11 cm)蒸发量(E_{pan})为灌水依据,标准蒸发皿安装在作物冠层上方 10~15 cm 位置处,并于每日 7:30~8:00 用精度为 0.1 mm 的配套量筒测量水面蒸发量,当水面累积蒸发量达到(20±2)mm 时开始灌溉,灌溉水平分别为累积蒸发量的 0.25(Kcp1)、0.5(Kcp2)、0.75(Kcp3)、1.0(Kcp4)和 1.25(Kcp5)。通过分析不同灌水量(I_r)对温室黄瓜滴灌耗水量(ET)、产量和水分利用效率(WUE)的影响研究显示,温室滴灌黄瓜整个生育期内的耗水量在 129~314 mm,耗水量随着灌水量的增加而增加,当灌水量超过 0.75E_{pan}时,各处理之间的产量无差异,且平均单果质量、单株瓜条数和平均瓜长对灌水量的响应均存在阈值(Kcp3)。与 Kcp5 处理比较,Kcp3 处理 2 年灌水量的平均减少 35.8%,ET 减少 29.0%,而产量仅增加 0.8%。可见,当灌水量超过 0.75E_{pan}时,I_r 或 ET 对产量的影响并不大,反而增加了灌溉水的无效损失。综合考虑黄瓜产量及产量构成与 I_r 或 ET 之间的关系,可知灌水量为 0.75E_{pan}时可实现温室黄瓜灌溉水的高效利用,从而达到节水增产的目的。

第 7 章　设施蔬菜耗水量模拟模型

蒸发蒸腾(ET)是用于制定灌溉制度的一项重要指标,通过对灌水时间和灌水量的合理控制,实现水分利用效率的最大化。总 ET 包括土壤蒸发(E)和作物蒸腾(T)两部分,在华北地区,日光温室番茄栽培通常无地膜覆盖,因此 E 是构成 ET 不可忽视的一部分。然而,近年来关于温室作物蒸发蒸腾的模拟研究主要集中在冠层,只涉及蒸腾,而不考虑土壤蒸发项,导致 ET 模拟结果的偏差。

作物 ET 主要通过仪器测量和数值模型获取,由于仪器测量受时间和空间条件的制约,因此建立蒸发蒸腾数学模型是解决这一问题的有效方法。常用的有单层 Penman-Monteith (PM) 模型、双层 Shuttle-Wallace (SW) 模型和 FAO 双作物系数法(DualKc)。PM 模型结构简单,涉及参数少,且可以精确估算密集作物的 ET。但 PM 模型不区分 E 和 T,而是将二者看作一个整体,假设为“大叶”模型进行计算,所以 PM 模型在一定程度上不能准确估算 ET,尤其在作物稀疏期。研究表明,E 不可完全忽略,对于部分或植被稀疏的作物冠层,由于 PM 模型不能有效区分作物和土壤差异,常常导致 ET 低估,另外低估的原因还与能量在源/汇处的交汇情况有关,PM 模型不能对这部分能量通量进行有效分割。当 LAI 低于 1.5 时,PM 模型会极大地低估 ET。针对 PM 模型低估稀疏作物 ET 的问题,研究人员建立了一系列耦合表面阻力模型,如在多风干旱地区水分充足条件下应用较多的 Katerji-Perrier 模型;考虑土壤水分状况,在表面阻力模型中引入土壤水分函数,能够准确估算不同水分条件下大豆和番茄的 ET;将 Jarvis 冠层阻力模型和土壤阻力模型联合后建立了耦合表面阻力模型,估算了西北干旱区玉米和葡萄园的 ET。然而,关于 PM 模型是否适用于稀疏作物冠层仍存在较大争论。为解决稀疏植被条件下 E 和 T 的估算问题,Shuttleworth 和 Wallace 根据 PM 模型建立了一个双层结构的蒸发蒸腾模型,即 SW 模型。SW 模型针对稀疏作物类型,能够在全生育期不同地表覆盖条件下正确划分土壤蒸发和作物蒸腾。SW 模型已在葡萄园、果园、行栽型作物和团聚型作物上得以应用,其模拟结果与实测值具有较高的一致性。然而,针对华北地区日光温室、裸露土壤与作物冠层变化条件下,能否采用 SW 模型估算不同生育期的 E 和 T 还有待进一步研究。除这些直接估算 ET 模型外,世界粮农组织(FAO)提出了一种间接估算 ET 的方法,并在 FAO-56 中进行了详细说明。该方法通过计算参考作物蒸发蒸腾量(ET_0)与作物系数的乘积得到实际 ET,并把作物系数分为单作物系数和双作物系数。单作物系数法是把 T 和 E 的影响结合到单作物系数(K_c)中,把作物与参照作物之间的土壤蒸发和作物蒸腾结合在一起;而双作物系数法分别确定 T 和 E 的影响,将 K_c 分成了基础作物系数(K_{cb})和土壤蒸发系数(K_e)。该方法只需考虑气象条件和作物类型,相比 PM 模型和 SW 模型所需参数少,因此在不同作物和地区得到应用。

因此,本章研究内容如下:①评价 PM 模型和 SW 模型在日光温室中的适用性,并对其进行改进;②对比分析 PM 模型、SW 模型和 FAO 双作物系数法在不同生育期的估算精度;③估算水分胁迫条件下日光温室番茄的 ET。

7.1 基于PM方程的设施番茄耗水量模型改进

7.1.1 改进后的总表面阻力模型与原冠层阻力模型的比较

2015 年和 2016 年日光温室番茄总表面阻力($r_{s\text{-}BU}$)和冠层阻力(r_s^c)随叶面积指数(LAI)的变化如图 7-1 所示。从图 7-1 中可以看出,幼苗期,$r_{s\text{-}BU}$和 r_s^c 随 LAI 的增加呈快速下降趋势,且 $r_{s\text{-}BU}$略高于 r_s^c,尤其在 LAI 低于 1.0 情况下。当 LAI 高于 1.0 时,番茄冠层逐渐覆盖地表,且频繁灌溉,土壤表面阻力较低(平均值低于 100 s · m^{-1}),导致 $r_{s\text{-}BU}$ 低于 r_s^c。当 LAI 低于 1.0 时,2015 年 $r_{s\text{-}BU}$和 r_s^c 的平均值分别为 632.97 s · m^{-1}和 444.87 s · m^{-1},2016 年的 $r_{s\text{-}BU}$和 r_s^c 的平均值分别为 738.37 s · m^{-1}和 555.72 s · m^{-1};当 LAI 高于 1.0 时,2015 年和 2016 年 r_s^c 的平均值分别较 $r_{s\text{-}BU}$高 72.3%和 68.2%。

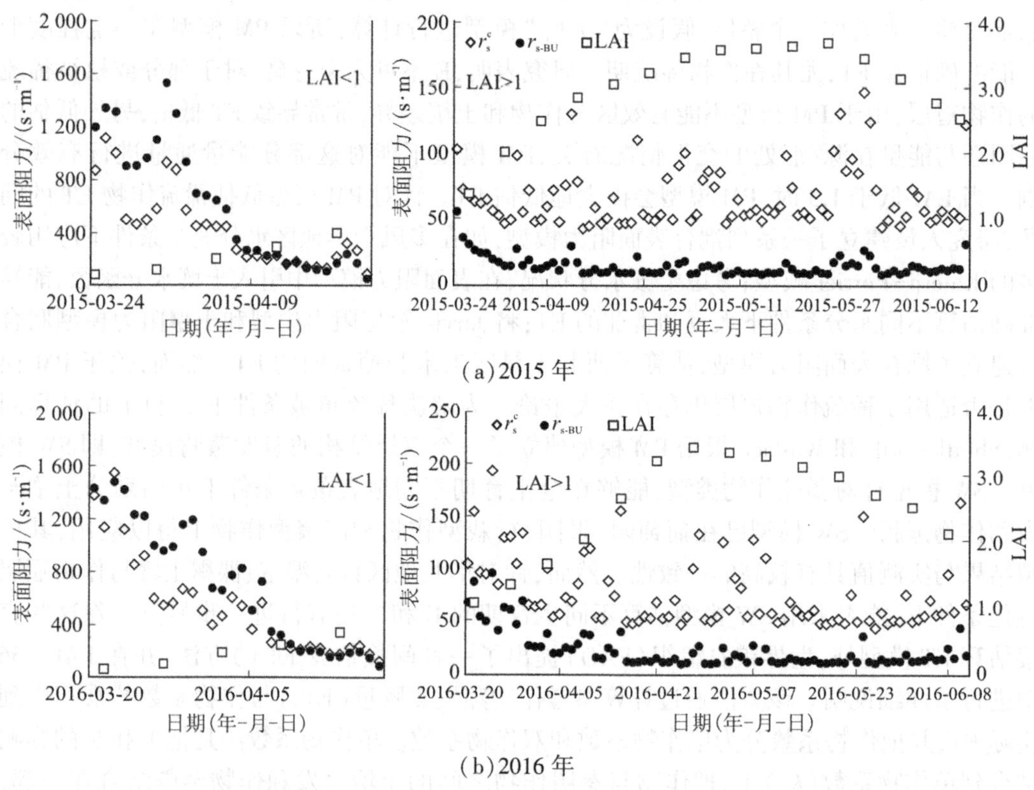

图 7-1 温室番茄总表面阻力($r_{s\text{-}BU}$)、冠层阻力(r_s^c)和 LAI 季节性变化规律

7.1.2 对 3 个空气动力学阻力的评价

日光温室内风速较低,在 0.05~0.43 m · s^{-1}之间变化。图 7-2 为 2015 年和 2016 年 3 个空气动力学阻力的生育期变化。从图 7-2 中可以看出,r_{a1}、r_{a2}和 r_{a3}的变化趋势相似,最

大值出现在幼苗期，随作物生长逐渐降低。整个生育期，r_{a1}远高于r_{a2}和r_{a3}，r_{a3}高于r_{a2}，尤其在幼苗期。幼苗期，r_{a1}主要受风速影响，当风速在 0.1 $m \cdot s^{-1}$以下时，r_{a1}一般在 800 $s \cdot m^{-1}$以上；当 LAI 超过 1.0 时，r_{a1}受风速和作物生长状态的综合影响（如株高和 LAI），即使风速极小条件下，r_{a1}也不会太大，平均值为 47.68~644.99 $s \cdot m^{-1}$。幼苗期，r_{a3}明显高于r_{a2}，其中 2015 年和 2016 年r_{a3}的平均值分别较r_{a2}高 63.1%和 68.3%。然而，从花果期到生育期结束，r_{a2}和r_{a3}之间无明显差异。

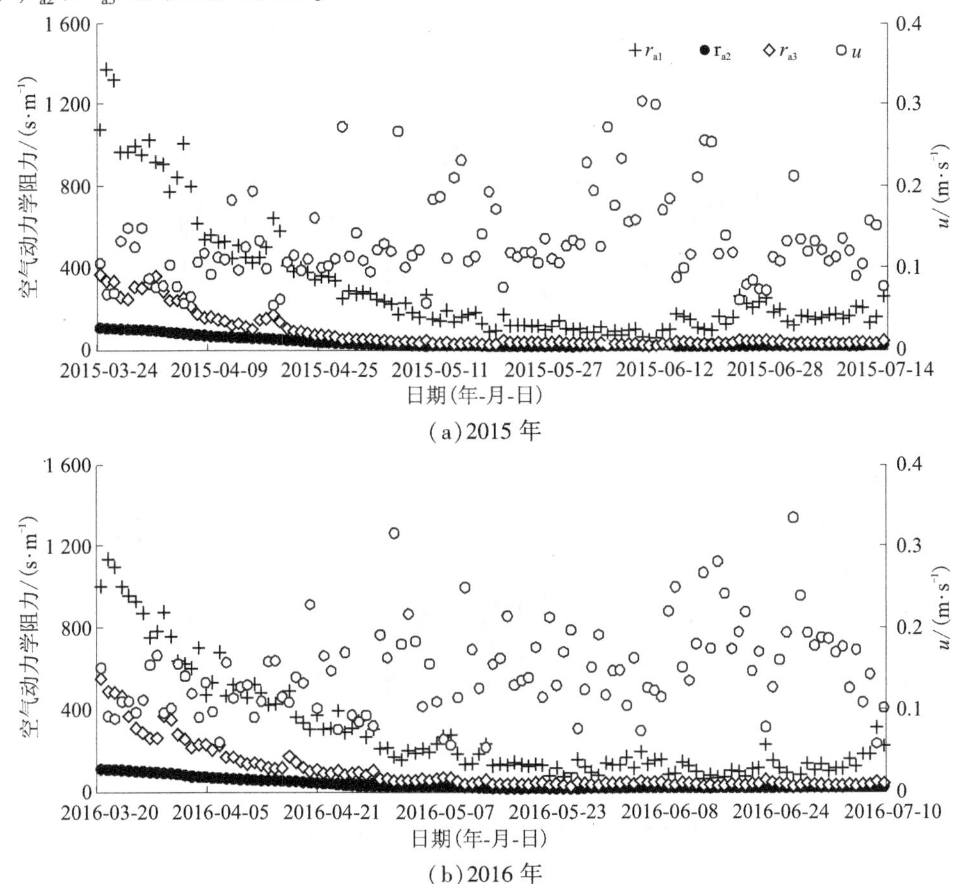

(a)2015 年

(b)2016 年

图 7-2　温室 3 个空气动力学阻力和风速(u)的季节性变化

7.1.3　对 PM 模型结合不同阻力系数估算 ET 的评价

2016 年全生育期，采用 PM 模型结合 2 个表面阻力模型（r_{s-BU}和r_s^c）和 3 个空气动力学阻力估算的日 ET 与称重式蒸渗仪测量结果的动态变化过程如图 7-3 所示。可以看出，PM 模型结合r_s^c模型低估了日 ET，其中 PM-r_s^c-r_{a1}、PM-r_s^c-r_{a2}和 PM-r_s^c-r_{a3}分别低估了整个生育期日 ET 的 4.8%、38.1%和 22.9%。采用 PM 模型结合r_{s-BU}模型计算结果与实测值一致性较好，但 PM-r_{s-BU}-r_{a1}和 PM-r_{s-BU}-r_{a2}分别轻微高估和低估了日 ET 的 5.2%和 9.6%。为评价幼苗期r_{s-BU}模型的优越性，选择幼苗期 2016 年 3 月 25~31 日的试验数据，对比分析了 PM-r_s^c-r_{a3}和 PM-r_{s-BU}-r_{a3}估算小时尺度 ET 与称重式蒸渗仪测量结果（ET_{WL}）

(见图 7-4),结果显示,ET-r_{s-BU}-r_{a3}方法计算结果与 ET_{WL}最接近,而 ET-r_s^c-r_{a3}方法估算结果高于 ET_{WL},尤其在中午时段。出现这种现象的原因可归结为 r_{s-BU}和 r_s^c 模型之间的差异性,r_{s-BU}模型综合考虑了冠层和土壤表面阻力,而 r_s^c 模型仅对冠层阻力进行了考虑,导致 ET-r_s^c-r_{a3}方法的高估。因此,在小时尺度 ET 估算精度方面,r_{s-BU}模型优于 r_s^c 模型,在冠层覆盖度较低的幼苗期表现更为明显。

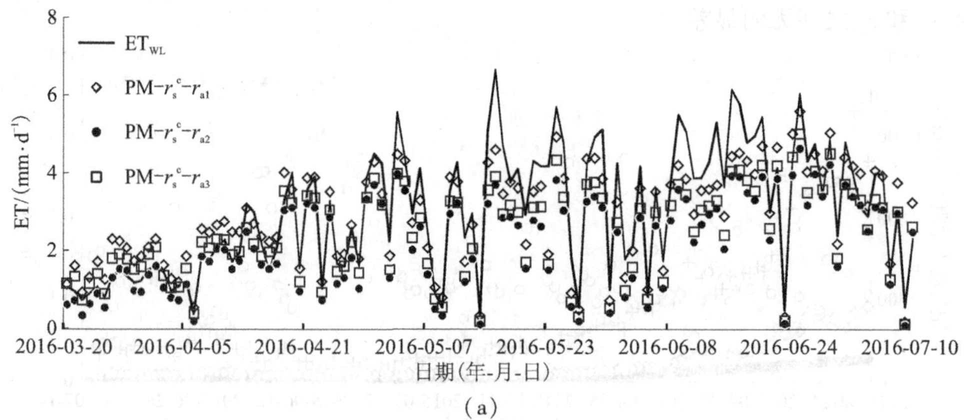

(a)

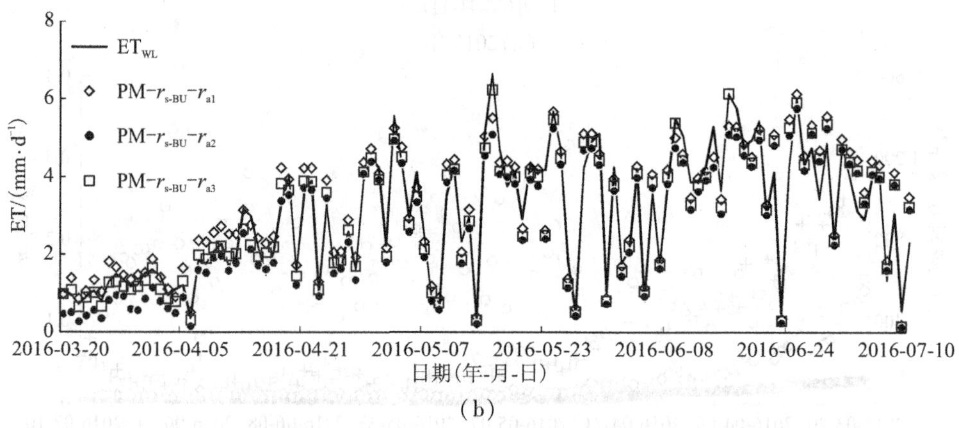

(b)

图 7-3 PM 模型结合不同阻力参数计算的蒸发蒸腾量动态变化过程

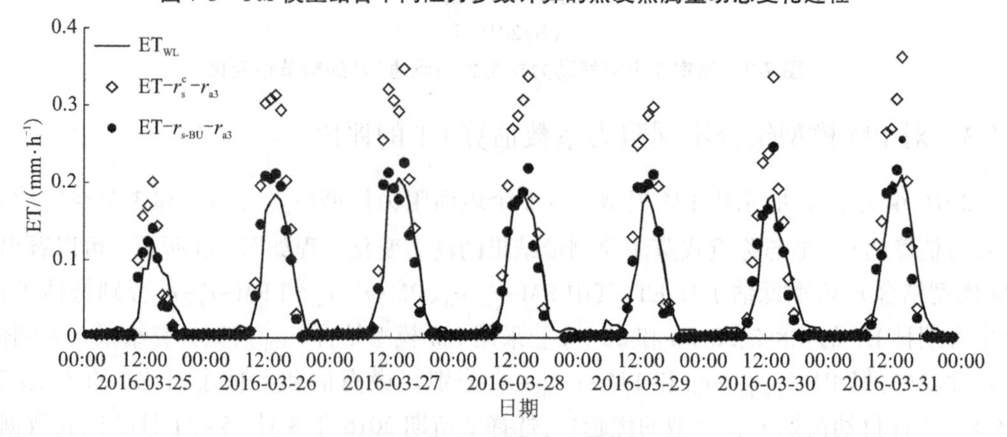

图 7-4 2016 年 3 月 25~31 日 PM 模型结合不同表面阻力参数计算的小时尺度蒸发蒸腾量变化过程

对比分析2015年和2016年PM模型结合不同阻力模型计算的日ET结果与实测结果(见图7-5和表7-1),由表7-1可知,2年r_s^c模型结合r_{a1}、r_{a2}和r_{a3}低估了日ET,斜率分别为0.86、0.68和0.73。r_{s-BU}模型结合r_{a2}估算日尺度ET低估了10.5%,斜率、MAE和RMSE分别为0.90、0.46 mm·d^{-1}和0.60 mm·d^{-1}。r_{s-BU}模型结合r_{a1}和r_{a3}估算结果较好,斜率、MAE和RMSE分别为0.98和0.96,0.40 mm·d^{-1}和0.34 mm·d^{-1},0.55 mm·d^{-1}和0.45 mm·d^{-1},但是在决定系数方面,r_{a3}高于r_{a1}。可见,采用涡动扩散理论计算空气动力学阻力会提高PM模型在日光温室中的估算精度。

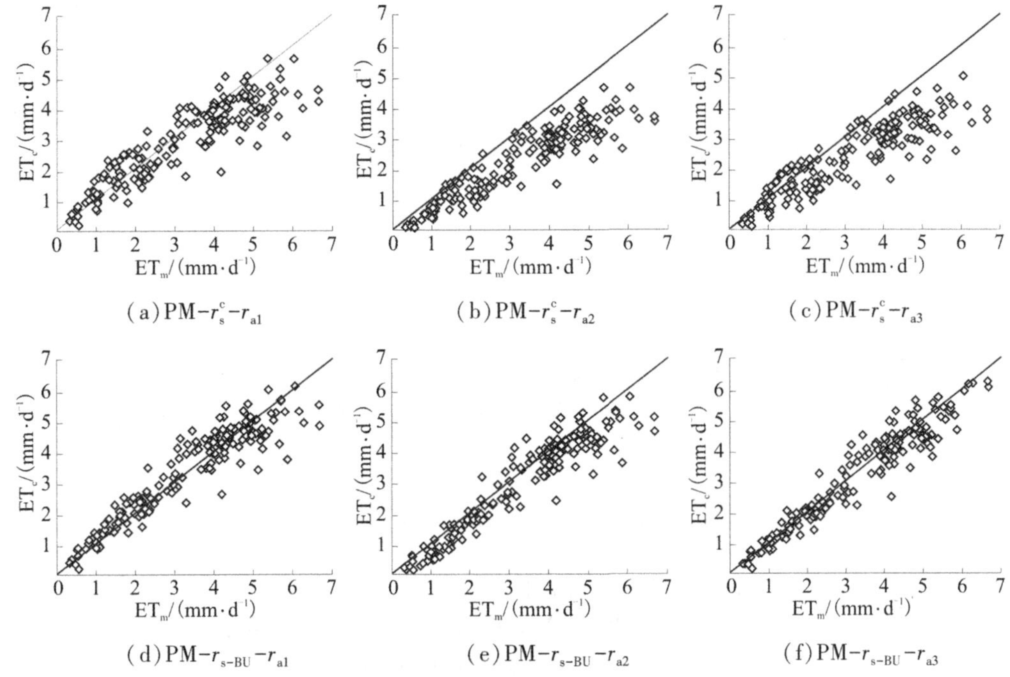

(a) PM-r_s^c-r_{a1}　(b) PM-r_s^c-r_{a2}　(c) PM-r_s^c-r_{a3}

(d) PM-r_{s-BU}-r_{a1}　(e) PM-r_{s-BU}-r_{a2}　(f) PM-r_{s-BU}-r_{a3}

图7-5 PM模型结合不同阻力参数计算的日蒸发蒸腾量与茎流计结合微型蒸渗仪和称重式蒸渗仪测量结果的对比

表7-1 PM模型结合2种表面阻力模型和3种空气动力学阻力计算的日ET与实测结果的统计分析结果

表面阻力	空气动力学阻力	回归方程	R^2	MAE	RMSE	d_I	$\bar{Q}$	$\bar{P}$	N
r_s^c	r_{a1}	$ET_c=0.86ET_m$	0.76	0.59	0.79	0.92	3.24	2.91	175
	r_{a2}	$ET_c=0.68ET_m$	0.85	1.02	1.23	0.83	3.24	2.23	175
	r_{a3}	$ET_c=0.73ET_m$	0.77	0.89	1.13	0.84	3.24	2.43	175
r_{s-BU}	r_{a1}	$ET_c=0.98ET_m$	0.86	0.40	0.55	0.97	3.24	3.26	175
	r_{a2}	$ET_c=0.90ET_m$	0.90	0.46	0.60	0.96	3.24	2.90	175
	r_{a3}	$ET_c=0.96ET_m$	0.92	0.34	0.45	0.98	3.24	3.12	175

灌溉可明显改变土壤和冠层处水汽传输过程,且土壤蒸发在灌水后将迅速增加,因此研究r_{s-BU}模型在灌水后的适用性是评价r_{s-BU}模型的基础。对比分析13次灌水期间采用PM-r_{s-BU}-r_{a3}方法估算ET与蒸渗仪结果(见图7-6)发现,PM-r_{s-BU}-r_{a3}与ET_{WL}的估算结果

具有较好的一致性,尤其是灌水后的第1天。灌水当天,PM-r_{s-BU}-r_{a3}方法计算的ET与ET_{WL}的最大相对误差为40.4%,MAE为0.07~1.69 mm·d^{-1}。而灌水后的第1天,最大相对误差缩小到11.9%,MAE为0.01~0.59 mm·d^{-1}。可见,r_{s-BU}模型在灌水期间具有较好的适用性。

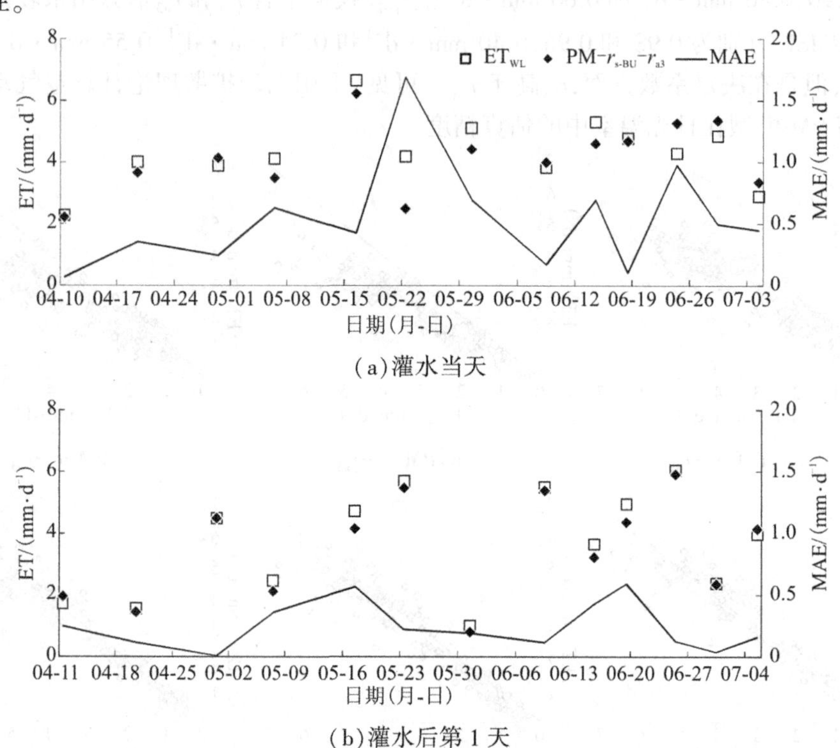

(a)灌水当天

(b)灌水后第1天

图7-6 2016年灌水当天和灌水后第1天PM-r_{s-BU}-r_{a3}估算的日蒸发蒸腾量与称重式蒸渗仪测量结果的对比

r_{s-BU}模型的表现优于r_s^c模型。尤其在低LAI时期和灌水期间,r_{s-BU}模型的准确性是由于该模型综合考虑了作物和土壤对下垫面水汽扩散的影响。在低LAI时期,土壤蒸发是ET的主要部分,并且灌水之后呈快速增长趋势。由于r_s^c模型没有充分考虑土壤界面的水汽运动,导致对ET的低估,相反,r_{s-BU}模型能够精确估算实际表面阻力,因此PM模型结合r_{s-BU}模型模拟精度更高。研究表明,PM模型结合冠层阻力模型会低估ET,如Stannard(1993)指出当冠层阻力显著高于土壤表面阻力时,PM模型将极大低估ET。此外,当冠层覆盖率较低时,冠层阻力也会极大低估ET(Kato et al., 2004)。然而,也有研究表明,冠层阻力会高估ET(Li et al., 2014; Zhang et al., 2008),出现这种差异可能与冠层阻力和根系层土壤水分状况有关,沟灌或畦灌条件下,灌水次数少,灌水间隔时间长,表层土壤在由湿润到干燥的过程中,表面阻力逐渐增大(干燥土壤的表面阻力在800 s·m^{-1}以上),有时高于冠层阻力(多数白天在300 s·m^{-1}左右)(Zhang et al., 2008),这种条件下,PM模型高估了ET。r_{s-BU}模型有许多优点,但也有不足之处。首先,r_{s-BU}模型是一个半经验模型,需对其进行矫正;其次,r_{s-BU}模型需要的参数比冠层阻力模型参数多,在一定程度上会造成估算偏差;最后,水分胁迫条件下r_{s-BU}模型的适用性需进一步讨论。因此,如

何提高 r_{s-BU} 模型的应用及估算精度等问题还需进一步探讨。

考虑日光温室内低风速特点，本书对比分析了 3 种空气动力学阻力计算方法，分别采用作物特征与风速的比值函数、不考虑风速和对流理论计算空气动力学阻力参数。结果表明，r_{a1} 和 r_{a3} 方法能够较好地应用于日光温室，而 r_{a2} 方法会造成 ET 的低估。r_{a1} 方法在温室中的应用之所以受限，原因可能是考虑了温室内低风速特点，这一特点会导致空气动力学阻力的无穷大。对于 Stanghellini 模型，认为温室番茄栽培的空气动力学阻力参数可设置为 185 s · m^{-1}。本研究中，将式(2-11)计算的 r_{a1} 结果进行平均后为 308 s · m^{-1}，作为日光温室内空气动力学阻力参数代入 PM 模型估算日 ET，并与 2016 年蒸渗仪实测值进行对比(见图 7-7)后，模拟值与实测值的最大相对误差为 29.9%，平均相对误差为 14.3%。通过与 2015 年和 2016 年实测结果对比(见图 7-8)可以看出，模拟值与实测值的 MAE 和 RMSE 分别为 0.42 mm · d^{-1} 和 0.57 mm · d^{-1}，但误差仍稍微高于 PM-r_{s-BU}-r_{a3} 方法(MAE 和 RMSE 分别为 0.34 mm · d^{-1} 和 0.45 mm · d^{-1})。因此，在华北地区日光温室内取空气动力学阻力参数为 308 s · m^{-1} 是一种简便可行的方法。

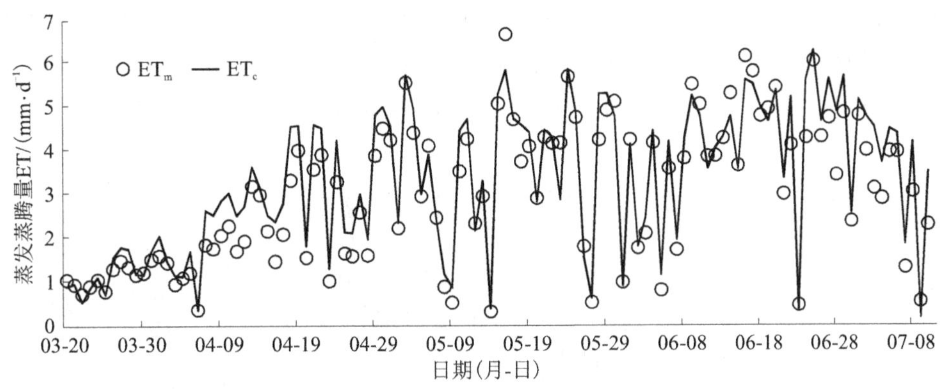

图 7-7　2016 年采用 PM-r_{s-BU}-r_{a1}(r_{a1} = 308 s · m^{-1})方法估算的 ET 与蒸渗仪实测结果的比较

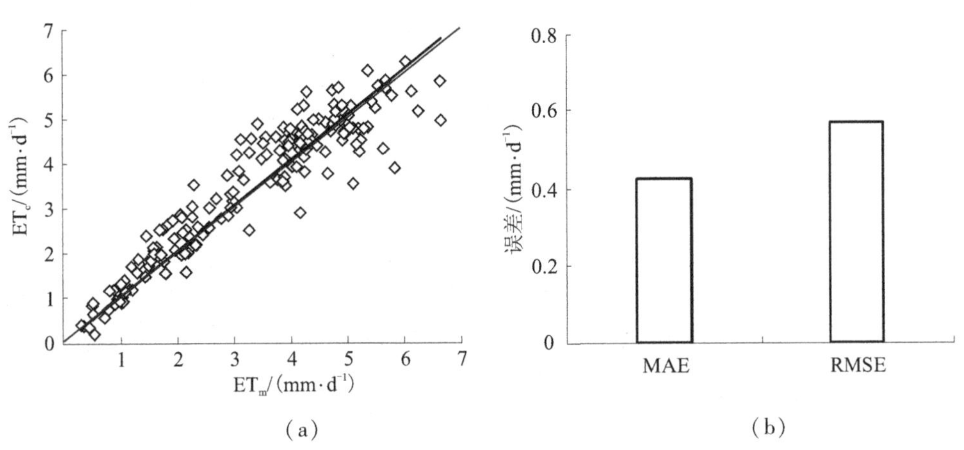

图 7-8　采用 PM-r_{s-BU}-r_{a1}(r_{a1} = 308 s · m^{-1})方法估算的 ET 与实测结果的对比和误差

综上可知，PM 模型结合 r_{s-BU} 模型可较好地估算日光温室番茄的日 ET，在低 LAI 和灌水期间以及灌水后仍具有较高的估算精度，采用对流理论计算的空气动力学阻力优于以风速为函数的计算方法,当冠层温度较难获取时,取空气动力学阻力为 308 s · m^{-1}也是一种理想的方法。通过上述分析,在指导温室灌溉用水管理时,可推荐采用这种定值动气动力学阻力的方法进行模型构建,使模型参数少,更简易,更具有实用性。

7.2 基于双源模型的设施番茄耗水量计算模型改进

采用 Shuttleworth-Wallace(SW)模型计算各小时尺度的 ET、蒸发量(E)和蒸腾量(T)得到日尺度数据,2015 年和 2016 年计算值与实测结果的对比如图 7-9~图 7-12 和表 7-2 所示。在日 ET 模拟方面,从图 7-9 中可以看出,2 年的模拟值与实测值一致性较好,但幼苗期和灌水期间二者仍存在差异,这是灌水后土壤蒸发急剧增加导致的。2015 年和 2016 年全生育期 SW 模型分别轻微低估了 ET 的 3.6%和 3.0%,2 年模拟值与实测值的 MAE、RMSE 和 d_I分别为 0.44 mm · d^{-1}、0.31 mm · d^{-1}和 0.96(见表 7-2),这主要表现在幼苗期轻微高估和冠层覆盖率较大时期的低估,如 2016 年幼苗期当 LAI<0.5 时,SW 模型高估了 ET 的 30.8%;结果盛期当 LAI>2.7 时,SW 模型低估了 ET 的 12.9%;当 0.5<LAI<2.7 时,SW 模型的模拟精度较高。在土壤蒸发模拟方面,SW 模型的模拟偏差主要出现在幼苗期和灌水期间,幼苗期 SW 模型高估了土壤蒸发,而灌水后则低估了土壤蒸发。2015 年和

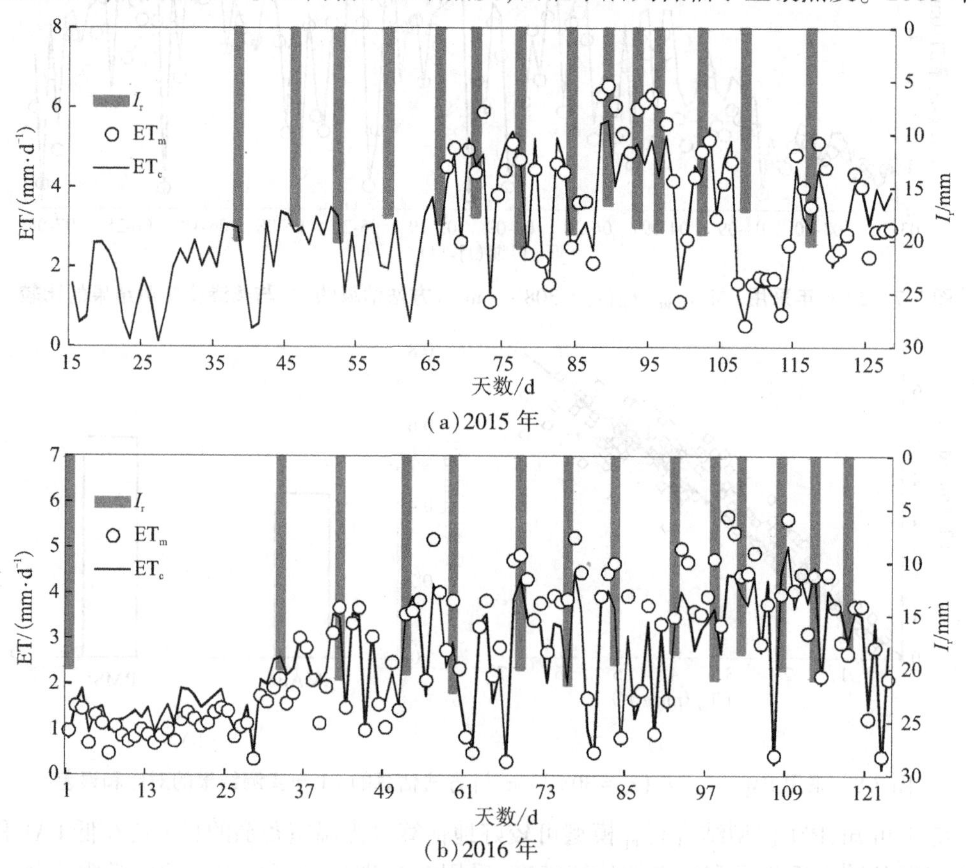

图 7-9 2015~2016 年 SW 模型估算日蒸发蒸腾量(ET_c)与实测结果(ET_m)的对比

2016 年全生育期 SW 模型分别轻微高估了土壤蒸发的 11.5%和 1.1%,2 年模拟值与实测值的 MAE、RMSE 和 d_l分别为 0.16 mm · d^{-1}、0.07 mm · d^{-1}和 0.82(见图 7-10 和表 7-2)。作物蒸腾模拟方面,SW 模型明显低估了日蒸腾量,2015 年和 2016 年全生育期 SW 模型分别低估了蒸腾量的 12.8%和 13.8%,2 年模拟值与实测值的 MAE、RMSE 和 d_l分别为 0.60 mm · d^{-1}、0.59 mm · d^{-1}和 0.92(见图 7-11 和表 7-2)。

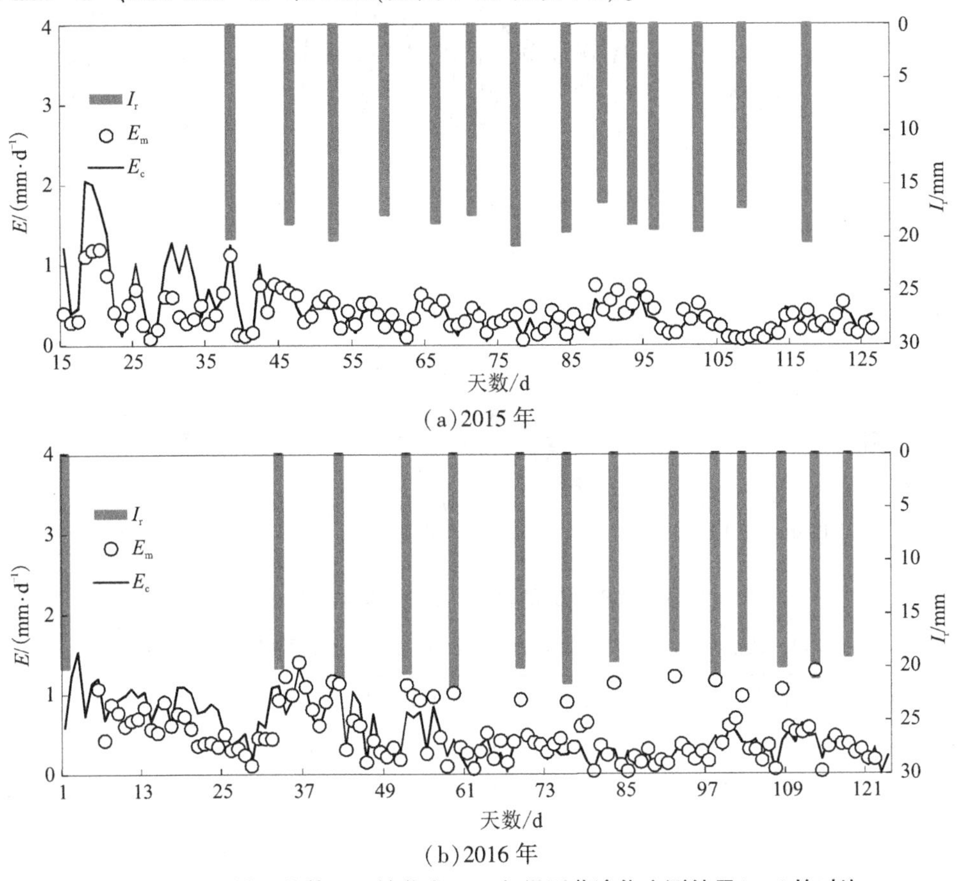

图 7-10　SW 模型估算日土壤蒸发(E_c)与微型蒸渗仪实测结果(E_m)的对比

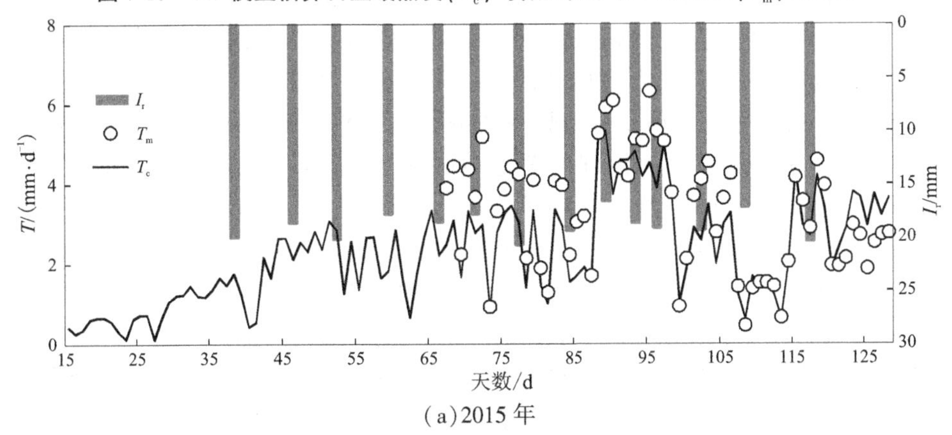

图 7-11　SW 模型估算日植株蒸腾(T_c)与茎流计实测结果(T_m)的对比

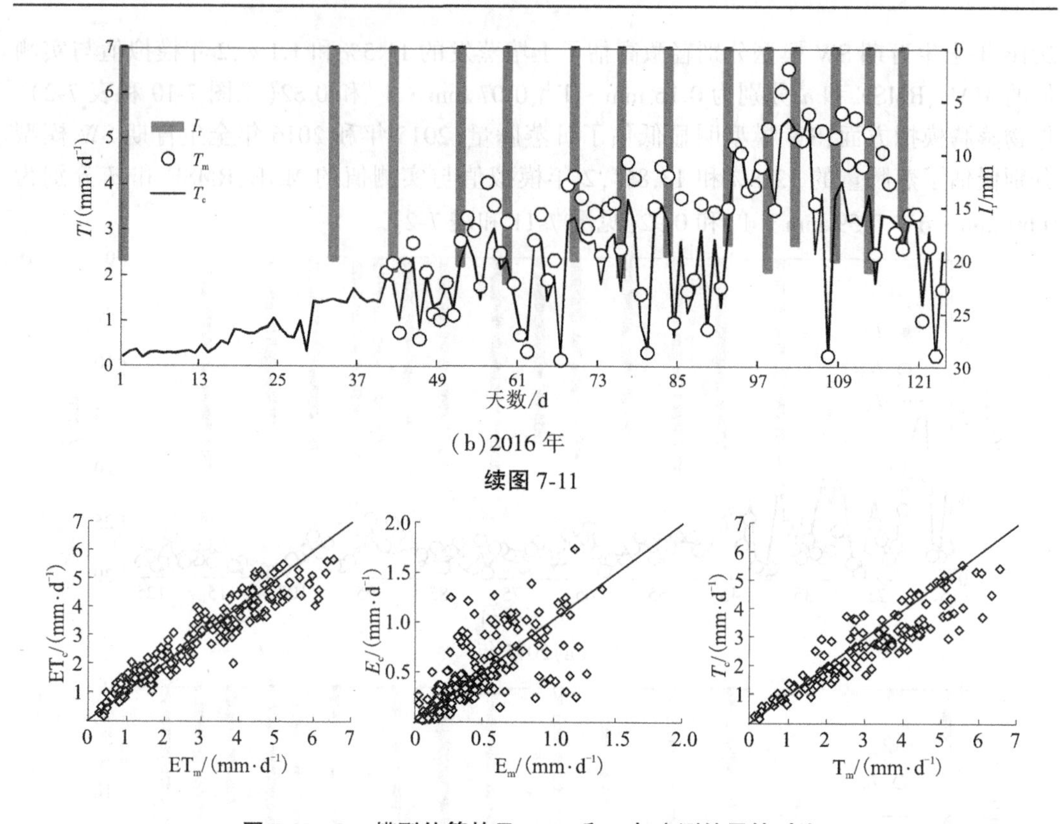

(b)2016 年

续图 7-11

图 7-12　SW 模型估算的日 ET、E 和 T 与实测结果的对比

表 7-2　改进后的 SW 模型估算日 ET、E 和 T 与实测结果的统计分析结果

统计指标	回归方程	R^2	MAE	RMSE	d_l	$\overline{Q}$	$\overline{P}$	N
ET	$ET_c = 0.93ET_m$	0.86	0.44	0.31	0.96	2.97	2.71	186
E	$E_c = 0.98E_m$	0.47	0.16	0.07	0.82	0.45	0.48	229
T	$T_c = 0.85T_m$	0.81	0.60	0.59	0.92	3.13	2.13	145

SW 模型高估 ET 的原因是：①在幼苗期，LAI 低于 0.5 时，SW 模型可能会高估冠层截获的能量；②为加强番茄根系长势，仅在移栽后灌水 20 mm，花果期之前无灌水措施，番茄处于水分胁迫状态，而冠层阻力模型是建立在充分灌溉基础上的，冠层阻力的低估导致 SW 模型高估了 ET。相比其他变量参数，冠层阻力对 SW 模型最敏感，因此准确构建冠层阻力模型是提高 SW 模型模拟精度的关键（Ortega-Farias et al.，2007；Li et al.，2013；Zhao et al.，2015）。其他学者也得到了类似的研究结果，如 Gardiol et al.（2003）和 Anadranistakis et al.（2000）。此外，Li et al.（2013）认为，SW 模型和改进后的 SW 模型明显高估了玉米幼苗期的 ET，原因是低估了水分胁迫条件下的冠层阻力。除上述因素外，SW 不能够有效区分土壤表面和冠层表面的反射率和长波辐射也是导致 SW 模型估算误差的原因之一（Zhang et al.，2008）。SW 模型低估作物蒸腾量是导致整个 ET 低估的主要原因，Juhász 和 Hrotkó et al.（2014）同样认为与茎流计实测结果相比，SW 模型明显低估了作物蒸腾量，尤其是在阴雨天和水汽压差较高的晴天；Ortega-Farias et al.（2010）也表

明 SW 模型在地中海地区低估了滴灌条件下葡萄园的 ET。本书研究中，番茄盛果期冠层覆盖度达到最大，LAI 超过 2.7，作物蒸腾量占总 ET 的 90%以上，而 SW 模型低估了作物蒸腾量的 12.8%～13.8%。可见，SW 模型在温室中的应用需要综合考虑气象要素、作物生长状况和根区土壤水分的综合影响，另外，建立水分胁迫条件下的冠层阻力模型也是提高 SW 模型的关键。对于日光温室番茄作物，当 0.5<LAI<2.7 时，SW 模型在估算 ET、土壤蒸发和作物蒸腾方面均表现较好。

Zhao et al.（2015）对 SW 模型各参数项进行敏感性分析发现，在估算 ET、E 和 T 时，参数 d、n、z_0、z_0'、r_b、r_a^a、r_a^c 和 r_a^s 并不敏感，对 T 较敏感的参数是根区土壤水分参数（田间持水量和凋零系数）、LAI 和 $r_{s,min}$，而对 E 较为敏感的参数分别为 r_s^s 和 LAI。此外，E 对根区土壤水分参数和消光系数也较敏感，在估算 ET 时，r_s^s 并不敏感。可见，根区土壤水分对 E 和 T 均较敏感。在 FAO-56 模型中认为，土壤水分胁迫对作物的影响是通过基本作物系数乘以水分胁迫系数来表示的。由于 SW 模型在幼苗期（LAI<0.5 时）高估了 ET 的 30.8%，且幼苗期受蹲苗的影响，番茄基本上处于一种水分胁迫状况，而当 0.5<LAI<2.7 时，SW 模型的模拟结果可以满足精度要求，因此本书研究仅对幼苗期 SW 模型进行了改进，通过引入水分胁迫系数 K_s 实现水分胁迫条件下 ET 的估算，即

$$\lambda_{ET}=\lambda_E+K_s\cdot\lambda_T=C_s\mathrm{PM}_s+K_sC_c\mathrm{PM}_c \qquad (7\text{-}1)$$

以 2016 年试验数据为例，采用改进后的 SW（ISW）模型估算幼苗期番茄 ET 与实测结果的对比结果如图 7-13 所示，可以看出，模拟值与实测值的结果具有较好的一致性，幼苗期改进后的 SW 模型仅高估了 ET 的 7.8%，低于原 SW 模型（高估了 ET 的 30.8%），模拟值与实测值可用方程 $\mathrm{ET_c}=1.017\ 9\mathrm{ET_m}$ 表示，其中 R^2、MAE 和 RMSE 分别为 0.706 9、0.02 mm·h^{-1}和 0.04 mm·h^{-1}。

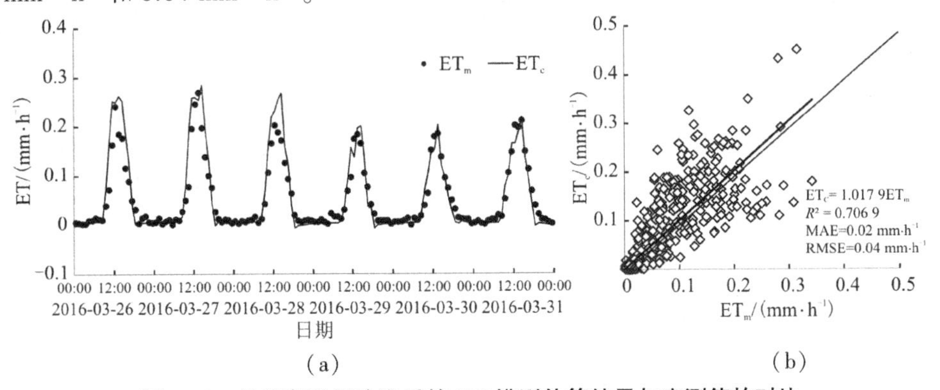

图 7-13　幼苗期采用改进后的 SW 模型估算结果与实测值的对比

7.3　基于作物系数法的番茄耗水量计算模型

7.3.1　温室番茄作物系数变化及其影响因子分析

为清楚地反映不同水分处理对温室滴灌番茄作物系数（K_c）产生的影响，利用 2016 年蒸渗仪实测数据获取了 T0.9 处理和 T0.5 处理 K_c 在整个生育期的变化过程（见图 7-14），可

以看出,T0.9处理的作物系数($K_{c-0.9}$)与FAO推荐的K_c在幼苗期和花果期有差异,而盛果期和采摘期二者较为接近,T0.5处理的作物系数($K_{c-0.5}$)与FAO推荐的K_c在整个生育期差异明显。T0.9处理与T0.5处理的K_c在幼苗期和花果期无明显差异,分别为0.45和0.89,盛果期和采摘期T0.9处理的K_c分别为1.06和0.93,而T0.5处理的K_c分别为0.87和0.41。T0.9处理的作物系数与实测值吻合度较高,而水分胁迫明显降低了番茄的作物系数,在盛果期和采摘期表现明显。$0.5E_p$的灌水水平显著降低了作物的耗水量。

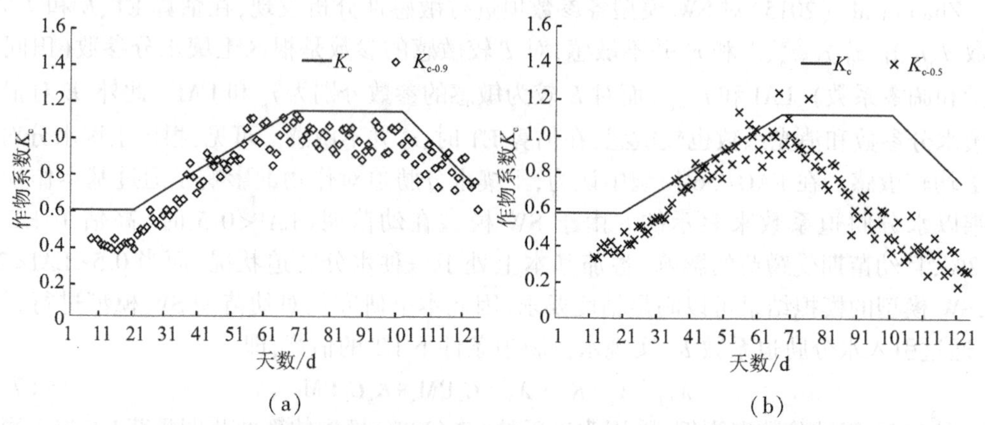

图7-14 温室番茄作物系数在全生育期的变化过程(K_c为FAO推荐的标准基础作物系数,$K_{c-0.9}$为T0.9处理的作物系数,$K_{c-0.5}$为T0.5处理的作物系数)

图7-15为日光温室番茄作物系数(K_c)与叶面积指数(LAI)之间的回归关系。可以看出,幼苗期,随着LAI的增加,K_c增长较快,当LAI高于1.5时,K_c的增加幅度变缓。2015年和2016年K_c与LAI的回归方程分别为$K_c=0.375\ln(\text{LAI})+0.650\ 7$,$R^2=0.742\ 5$和$K_c=0.190\ 4\ln(\text{LAI})+0.742\ 2$,$R^2=0.673\ 2$。这是由于番茄叶片之间的叠加效应导致冠层接受的太阳辐射不会随LAI的增大而增大,LAI变化对植株蒸腾以及土壤蒸发影响减小,从而使K_c的变化趋于平稳。番茄作物系数随积温的增长呈先增大后减小的变化过程(见图7-16),二者呈良好的二次抛物线关系,作物系数与积温(T_a)的定量关系表达式为$K_c=-1.03\times10^{-6}T_a^2+1.79\times10^{-3}T_a+0.26$。

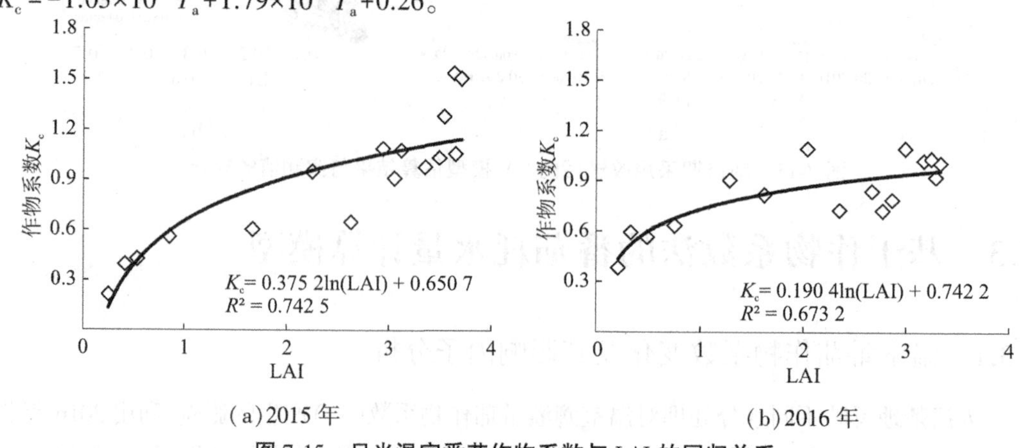

图7-15 日光温室番茄作物系数与LAI的回归关系

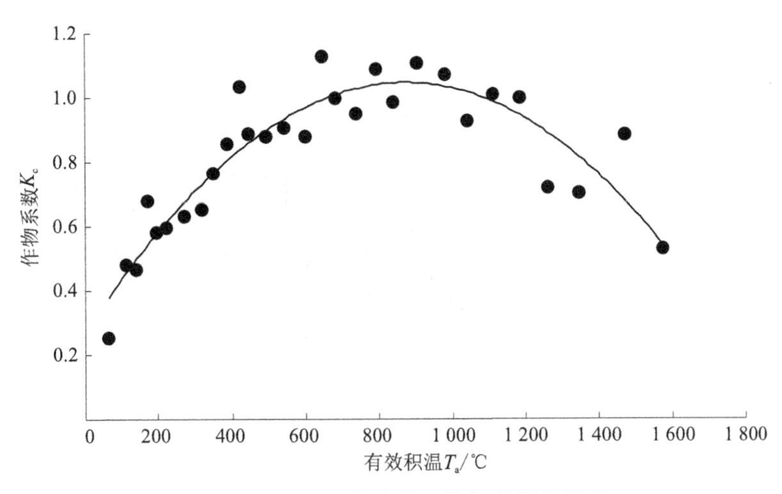

图 7-16　温室番茄作物系数与积温的关系

7.3.2　双作物系数法模拟温室番茄耗水量的适用性

采用双作物系数法分别估算高水处理和低水处理的蒸发蒸腾量,并与实测结果进行对比(见图 7-17 和表 7-3)。结果表明,蒸发蒸腾量的估算值(ET_c)与实测值(ET_m)有较好的一致性,2015 年高水处理和低水处理的 MAE 分别为 0.36 mm · d^{-1}和 0.48 mm · d^{-1},RMSE 分别为 0.44 mm · d^{-1}和 0.65 mm · d^{-1},d_l分别为 0.98 和 0.93;2016 年高水处理和低水处理的 MAE 分别为 0.39 mm · d^{-1}和 0.41 mm · d^{-1},RMSE 分别为 0.47 mm · d^{-1}和 0.52 mm · d^{-1},d_l分别为 0.98 和 0.95,可见,双作物系数法在估算高水处理 ET 精度方面好于低水处理。双作物系数法能够较好地区分作物蒸腾量(T)和土壤蒸发量(E),在 T 方面,2015 年高水处理和低水处理的 MAE 分别为 0.38 mm · d^{-1}和 0.56 mm · d^{-1},RMSE 分别为 0.51 mm · d^{-1}和 0.72 mm · d^{-1},d_l分别为 0.97 和 0.87;2016 年高水处理和低水处理的 MAE 分别为 0.26 mm · d^{-1}和 0.51 mm · d^{-1},RMSE 分别为 0.33 mm · d^{-1}和 0.69 mm · d^{-1},d_l分别为 0.97 和 0.94。在 E 方面,2015 年高水处理和低水处理的 MAE 分别为 0.15 mm · d^{-1}和 0.19 mm · d^{-1},RMSE 分别为 0.20 mm · d^{-1}和 0.23 mm · d^{-1},d_l分别为 0.85 和 0.62;2016 年高水处理和低水处理的 MAE 均为 0.18 mm · d^{-1},RMSE 分别为 0.23 mm · d^{-1}和 0.24 mm · d^{-1},d_l分别为 0.82 和 0.80。土壤水分的变化同样会影响双作物系数法的估算精度,如灌水前后表层土壤水分的急剧增加会导致 ET 的低估。选择灌水前后均为晴天的天气状况进行分析,如 2016 年 5 月 16 日的高水处理,相比灌水前,灌水后 ET 增加 23.8%,但双作物系数法低估了 12.2%的 ET;对于低水处理,相比灌水前,灌水后 ET 增加 10.9%,但双作物系数法低估了 24.8%的 ET。

采用双作物系数法估算 E、T 和 ET 时,高水处理的模拟精度好于低水处理的,但由于统计参数均在合理范围内,且估算值与实测值之间呈极显著相关水平($P<0.01$),表明双作物系数法在不同水分条件下具有较好的适用性。此外,灌水后表层土壤水分急剧增加,使得双作物系数法低估了 ET。

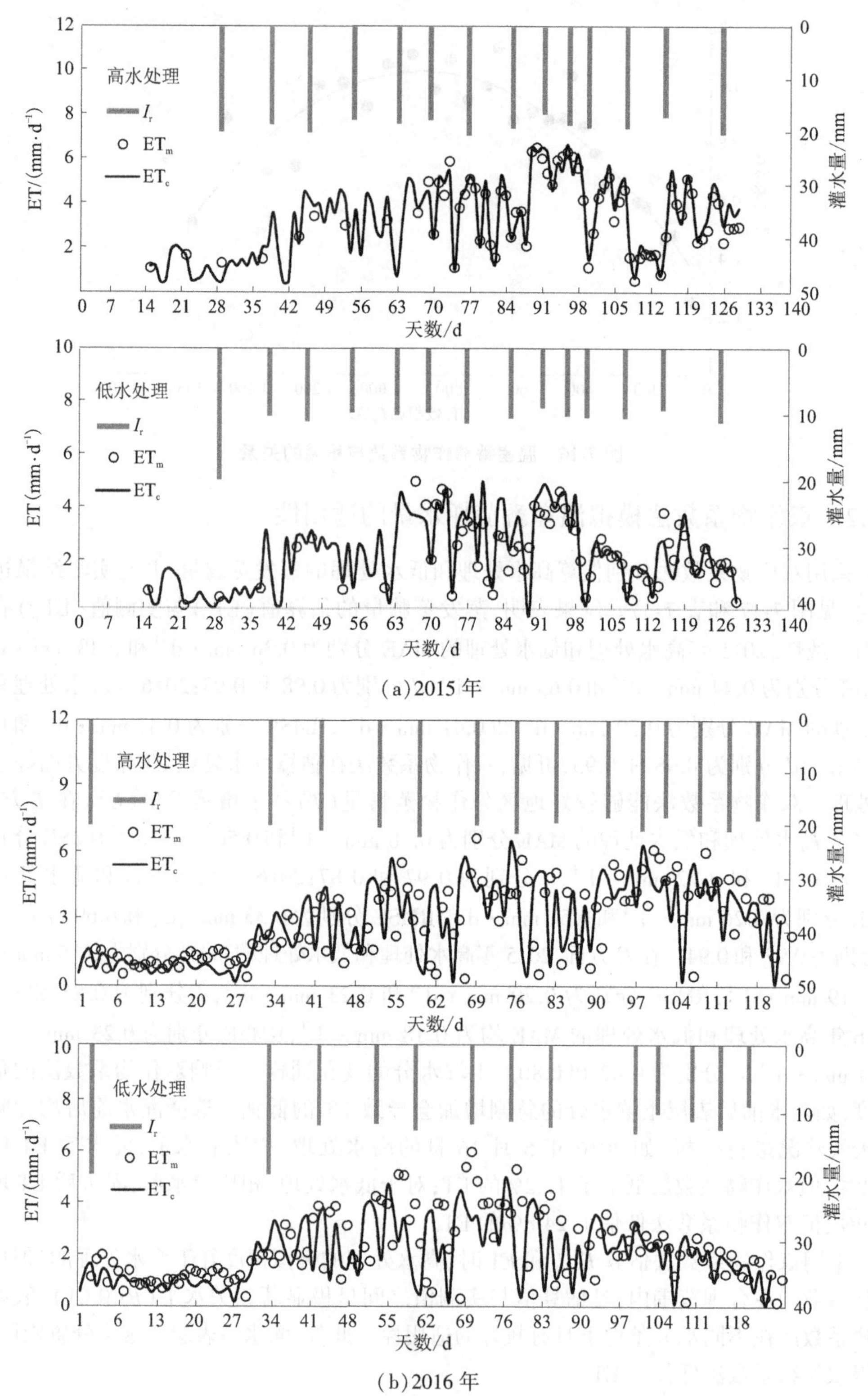

图 7-17　不同水分处理温室番茄蒸发蒸腾量模拟值与实测值对比

表 7-3　不同水分处理蒸发量(E)、蒸腾量(T)和蒸发蒸腾量(ET)的模拟值与测量值的统计分析

年份	指标	高水($0.9E_{pan}$)				低水($0.5E_{pan}$)			
		R^2	MAE	RMSE	d_l	R^2	MAE	RMSE	d_l
2015	E/mm	0.41**	0.15	0.20	0.85	0.34**	0.19	0.23	0.62
	T/mm	0.89**	0.38	0.51	0.97	0.59**	0.56	0.72	0.87
	ET/mm	0.93**	0.36	0.44	0.98	0.77**	0.48	0.65	0.93
2016	E/mm	0.48**	0.18	0.23	0.82	0.36**	0.18	0.24	0.80
	T/mm	0.88**	0.26	0.33	0.97	0.81**	0.51	0.69	0.94
	ET/mm	0.92**	0.39	0.47	0.98	0.91**	0.41	0.52	0.95

注: 2015 年 5 月 15 日之前的 ET 实测值为水量平衡法所得,2015 年 5 月 15 日之后的 ET 为实测土壤蒸发+实测植株蒸腾所得;2016 年实测 ET 为 2 台称重式蒸渗仪的平均值。R^2 为决定系数,MAE 为平均绝对误差,RMSE 为均方根误差,d_l为一致性指数。

7.4　设施番茄不同耗水量计算模型的对比分析

7.4.1　不同生育阶段的比较

采用改进后的 PM(IPM)模型和改进后的 SW(ISW)模型估算日光温室番茄小时尺度 ET,并与 2016 年的蒸渗仪实测结果进行了对比(见图 7-18、图 7-19 和表 7-4)。图 7-18 描述了日光温室番茄不同生育期 IPM 模型和 ISW 模型估算结果的日变化过程,可以看出,2 个模型的模拟结果与蒸渗仪实测结果变化趋势相似,但在数值上略有不同,IPM 模型在 4 个生育的中午时段 10:00~14:00 均轻微高估了 ET,但其他时间段模拟值略微偏低,这可能与总表面阻力的低估有关。而 ISW 模型与蒸渗仪的实测结果在各个生育期的相关性均较好。从白天(8:00~17:00)的模拟精度来看(见图 7-19 和表 7-4),幼苗期,IPM 模型和 ISW 模型分别轻微高估了 ET 的 10.4%和 5.6%,斜率、MAE、RMSE 和 d_l分别为 1.13 和 1.12、22.29 W·m^{-2}和 32.39 W·m^{-2}、30.15 W·m^{-2}和 43.71 W·m^{-2}、0.93 和 0.82;花果期,IPM 模型和 ISW 模型分别轻微高估了 ET 的 11.9%和 3.7%,斜率、MAE、RMSE 和 d_l分别为 1.11 和 0.99、48.58 W·m^{-2}和 40.46 W·m^{-2}、69.34 W·m^{-2}和 57.87 W·m^{-2}、0.92 和 0.93;盛果期,IPM 模型高估了 ET 的 6.4%,而 ISW 模型则低估了 ET 的 12.0%,斜率、MAE、RMSE 和 d_l分别为 1.06 和 0.88、46.04 W·m^{-2}和 39.51 W·m^{-2}、61.78 W·m^{-2}和 56.54 W·m^{-2}、0.95 和 0.95;采摘期,IPM 模型和 ISW 模型分别轻微高估了 ET 的 16.6%和 2.5%,斜率、MAE、RMSE 和 d_l分别为 1.17 和 1.00、56.02 W·m^{-2}和 38.78 W·m^{-2}、74.83 W·m^{-2}和 51.98 W·m^{-2}、0.92 和 0.95;全生育期,IPM 模型高估了 ET 的11.8%,而 ISW 模型则低估了 ET 的 1.6%,斜率、MAE、RMSE 和 d_l分别为 1.12 和 0.95、43.81 W·m^{-2}和 38.18 W·m^{-2}、60.49 W·m^{-2}和 53.43 W·m^{-2}、0.95 和 0.95。可见,IPM 模型和 ISW 模型在花果期、盛果期和采摘期的模拟精度好于幼苗期,ISW 模型在全生育期的模拟结果好于 IPM 模型。

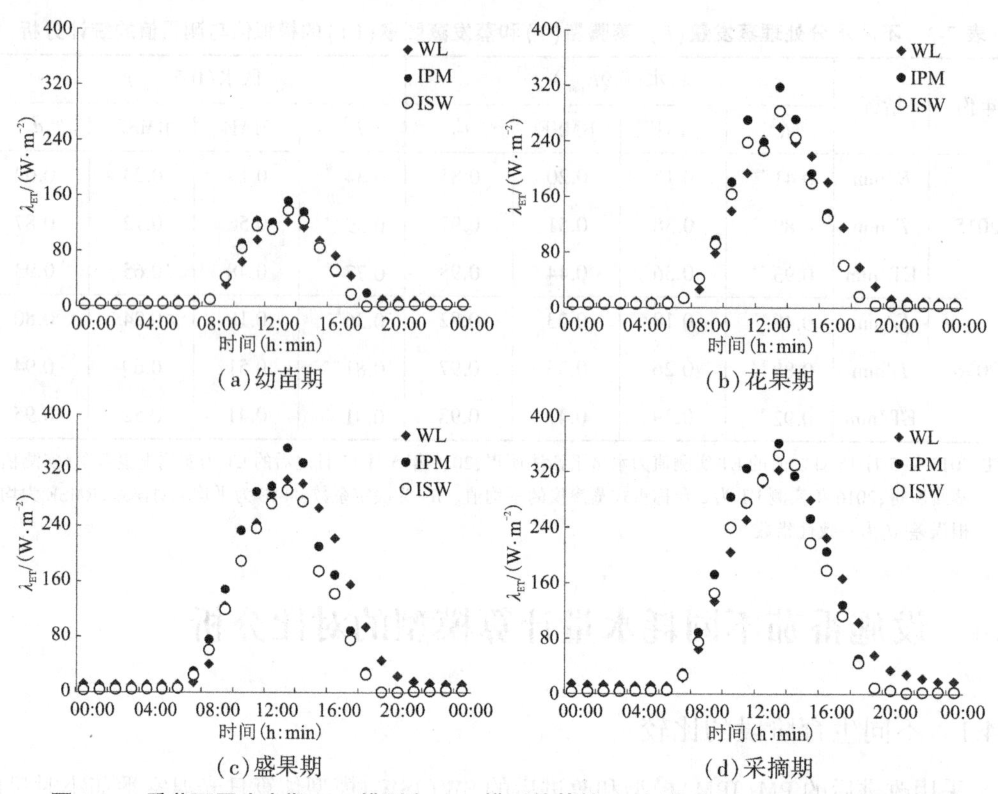

图 7-18 番茄不同生育期 IPM 模型和 ISW 模型估算的 ET 与蒸渗仪测量结果日变化过程

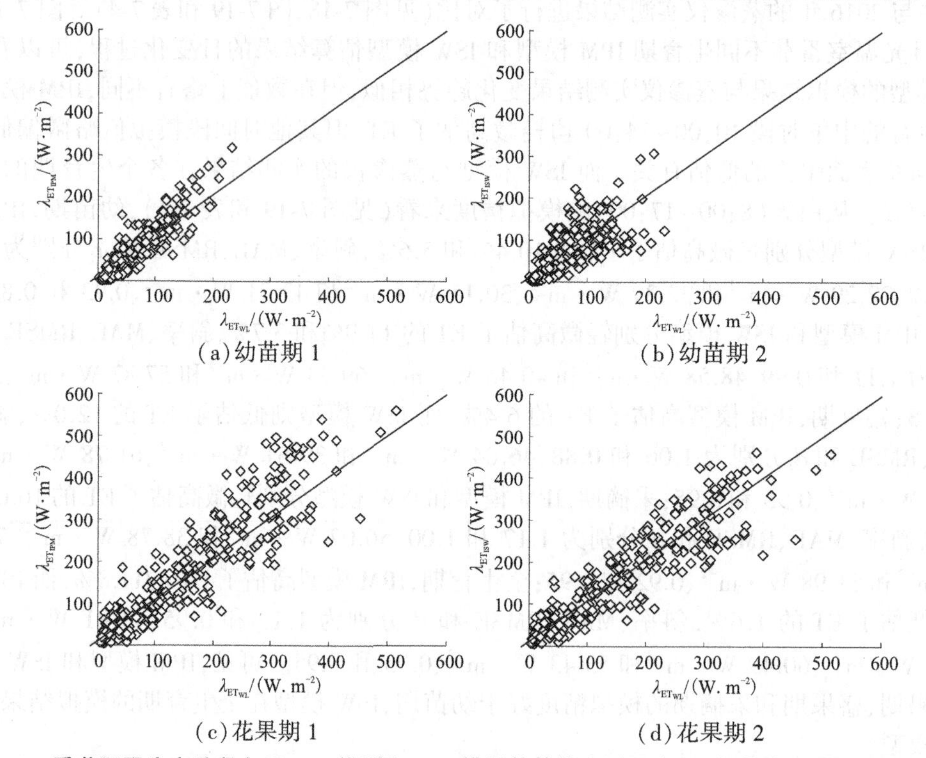

图 7-19 番茄不同生育阶段白天 IPM 模型和 ISW 模型估算的小时尺度 ET 与蒸渗仪测量结果的对比

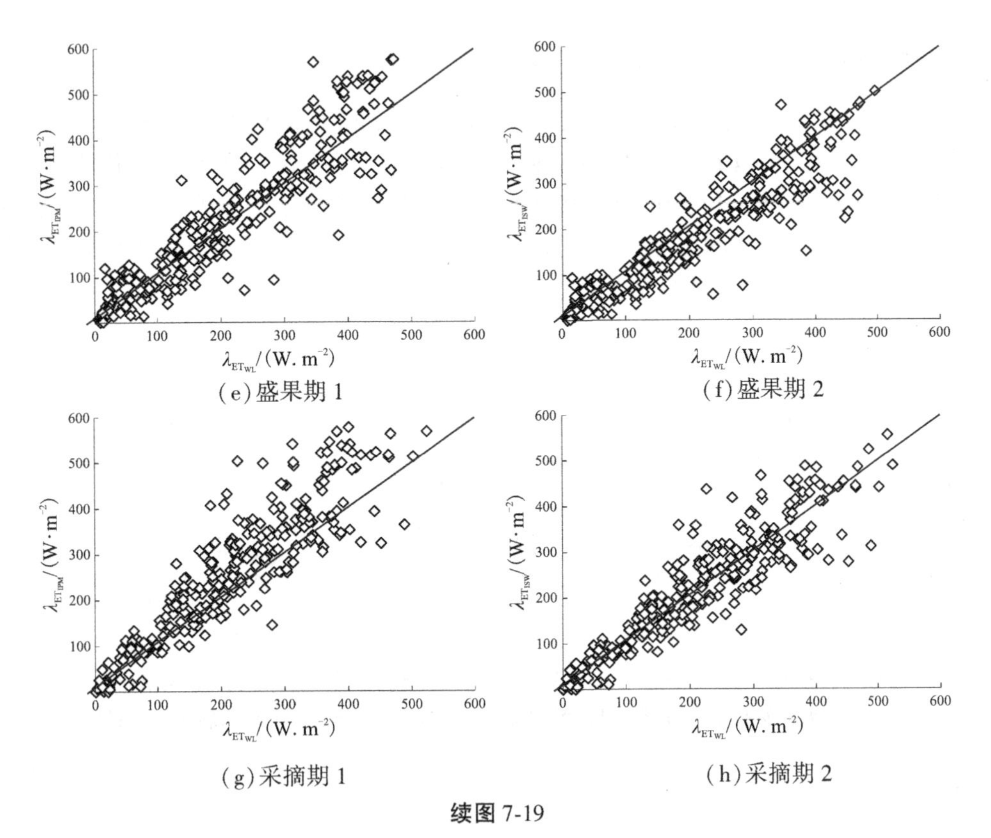

(e)盛果期 1　(f)盛果期 2

(g)采摘期 1　(h)采摘期 2

续图 7-19

表 7-4　白天 IPM 模型和 ISW 模型估算的小时尺度 ET 与蒸渗仪测量值的统计分析结果

生育期	模型	回归方程	R^2	MAE	RMSE	d_l	$\overline{Q}$	$\overline{P}$
幼苗期	IPM	$\lambda_{IET_{PM}}=1.13\lambda_{ET_{WL}}$	0.82	22.29	30.15	0.93	72.03	80.34
	ISW	$\lambda_{IET_{SW}}=1.12\lambda_{ET_{WL}}$	0.67	32.39	43.71	0.82	72.03	76.32
花果期	IPM	$\lambda_{IET_{PM}}=1.11\lambda_{ET_{WL}}$	0.76	48.58	69.34	0.92	155.92	179.82
	ISW	$\lambda_{IET_{SW}}=0.99\lambda_{ET_{WL}}$	0.75	40.46	57.87	0.93	155.92	163.58
盛果期	IPM	$\lambda_{IET_{PM}}=1.06\lambda_{ET_{WL}}$	0.84	46.04	61.78	0.95	201.15	215.40
	ISW	$\lambda_{IET_{SW}}=0.88\lambda_{ET_{WL}}$	0.85	39.51	56.54	0.95	201.15	177.54
采摘期	IPM	$\lambda_{IET_{PM}}=1.17\lambda_{ET_{WL}}$	0.83	56.02	74.83	0.92	212.63	254.84
	ISW	$\lambda_{IET_{SW}}=1.00\lambda_{ET_{WL}}$	0.83	38.78	51.98	0.95	212.63	218.00
全生育期	IPM	$\lambda_{IET_{PM}}=1.12\lambda_{ET_{WL}}$	0.85	43.81	60.49	0.95	167.55	189.88
	ISW	$\lambda_{IET_{SW}}=0.95\lambda_{ET_{WL}}$	0.83	38.18	53.43	0.95	167.55	164.87

注:$\lambda_{IET_{PM}}$ 和 $\lambda_{IET_{SW}}$ 分别是采用 IPM 模型和 ISW 模型估算的能量通量;$\lambda_{ET_{WL}}$ 为蒸渗仪测量结果;R^2 为决定系数;MAE 为平均绝对误差;RMSE 为均方差根;d_l 为一致性指数;$\overline{Q}$ 为测量值的平均值;$\overline{P}$ 为模拟值的平均值。

7.4.2 不同天气状况及灌水后的比较

图7-20为2016年晴天、阴雨天和灌水后IPM模型和ISW模型估算ET与蒸渗仪实测值的日变化过程，可以看出，IPM模型和ISW模型估算的ET与实测值变化趋势一致，晴天和灌水后的10:00~14:00之间，IPM模型估算值略微高于实测值，而ISW模型的模拟值与测量值的一致性较好。灌溉显著增加了土壤蒸发量并降低了土壤表面阻力，总表面阻力降低导致IPM模型的高估。

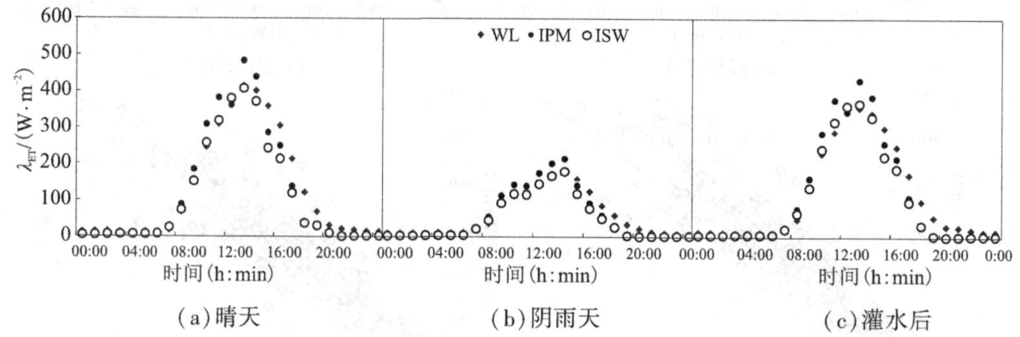

图7-20 晴天、阴雨天和灌水后第一天IPM模型和ISW模型估算的ET与蒸渗仪结果日变化
(晴天和阴雨天的数据为7个典型日，灌水后的数据为2016年13次灌水后第1天的数据)

7.4.3 全生育期的比较

2015年和2016年对比了IPM模型、ISW模型和双作物系数法(DK)估算日尺度ET，并与茎流计结合微型蒸渗仪和称重式蒸渗仪实测结果进行了对比(见图7-21、图7-22和表7-5)。图7-21为3个模型在整个生育期的动态变化，可以看出，幼苗期，IPM模型和ISW模型的表现好于DK方法，DK方法低估了幼苗期ET的41.9%，在ET较大的盛果期，ISW模型的估算结果低于实测值，这主要是由于ISW模型低估了作物蒸腾量导致的。总体来看，2015年和2016年IPM模型、ISW模型和DK法的模拟结果与实测值的一致性较高，2015年和2016年IPM模型的斜率、MAE、RSME和d_l分别为0.94和0.98、0.41 mm·d^{-1}和0.34 mm·d^{-1}、0.64 mm·d^{-1}和0.59 mm·d^{-1}、0.96和0.96；ISW模型的斜率、MAE、RSME和d_l分别为0.96和0.79、0.60 mm·d^{-1}和0.66 mm·d^{-1}、0.71 mm·d^{-1}和0.85 mm·d^{-1}、0.94和0.91；DK方法的斜率、MAE、RSME和d_l分别为1.02和0.95、0.49 mm·d^{-1}和0.49 mm·d^{-1}、0.64 mm·d^{-1}、0.59 mm·d^{-1}和0.95和0.96。考虑到DK方法的简便性(只需气象资料和有关作物系数)以及估算结果的准确性，推荐采用双作物系数法估算华北地区日光温室番茄的蒸发蒸腾量，推荐采用IPM模型估算幼苗期番茄的ET。

通过对比ISW模型和DK方法估算日土壤蒸发和日作物蒸腾的误差可知(见图7-23)，在日土壤蒸发方面，DK方法估算结果与实测结果的MAE和RMSE分别为0.18 mm·d^{-1}和0.24 mm·d^{-1}，轻微低于ISW模型的估算偏差(0.21 mm·d^{-1}和0.34 mm·d^{-1})；在作物蒸腾方面，DK方法估算结果与实测结果的MAE和RMSE分别为0.41 mm·d^{-1}和0.54 mm·d^{-1}，而ISW模型分别为0.59 mm·d^{-1}和0.76 mm·d^{-1}。可见，在估算日土壤蒸发和日作物蒸腾方面，DK 方法优于 ISW 模型。造成这种估算结果偏差的原因可能是，在 DK 方法中，土壤蒸发是一个关于表层土壤含水率的函数，而在 ISW 模型中，土壤蒸发是一个关于表层土壤阻力的函数，对于较湿润的土壤 ISW 模型的估算精度低于 DK 方法。本试验采用滴灌供水方式，2015 年和 2016 年全生育期灌水 14 次，频繁的灌水使得表层土壤始终处于湿润状态，DK 方法在估算土壤蒸发时，主要取决于表层土壤水分状况，而 ISW 模型取决于表层土壤阻力，因此在估算日土壤蒸发方面 DK 方法优于 ISW 模型。

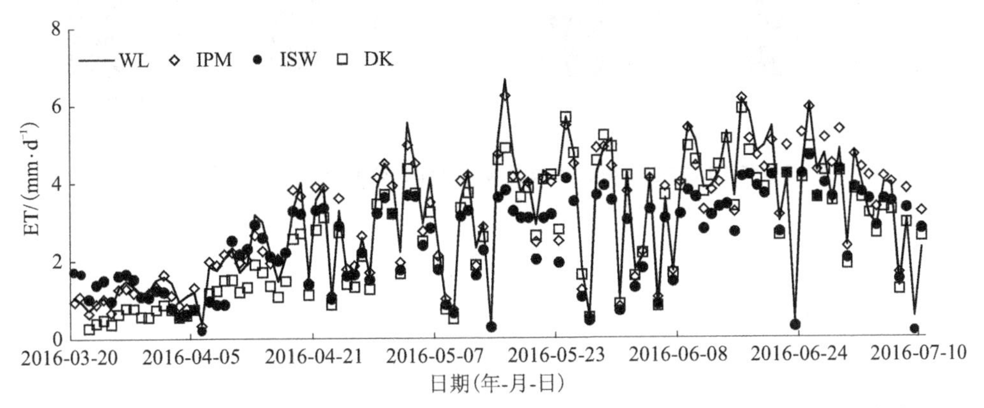

图 7-21　IPM 模型、ISW 模型和双作物系数法(DK)估算的日 ET 与蒸渗仪结果动态变化

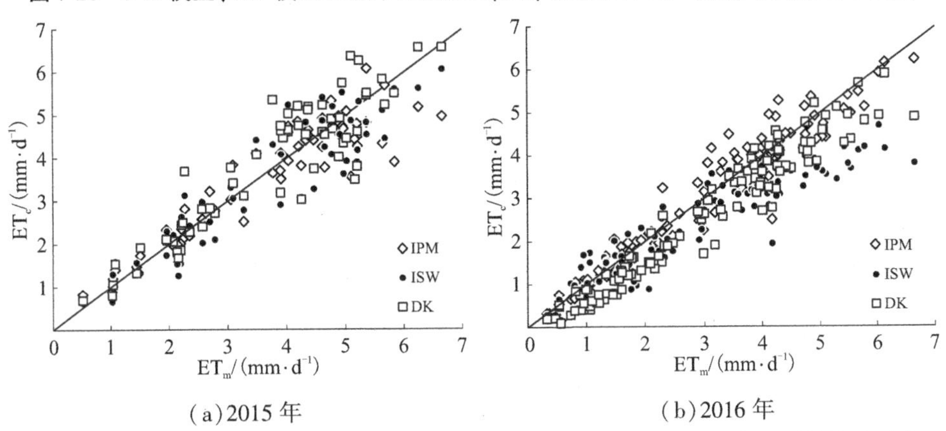

图 7-22　IPM 模型、ISW 模型和双作物系数法(DK)估算的日 ET 与蒸渗仪测量结果对比

表 7-5　IPM 模型、ISW 模型和双作物系数法估算的日 ET 与测量值的统计分析结果

年份	模型	回归方程	R^2	MAE	RMSE	d_l	$\overline{Q}$	$\overline{P}$	N
2015	IPM	$ET_{IPM}=0.94ET_m$	0.72	0.41	0.59	0.96	3.71	3.56	62
	ISW	$ET_{ISW}=0.96ET_m$	0.77	0.60	0.71	0.94	3.71	3.59	62
	DK	$ET_{DK}=1.02ET_m$	0.93	0.49	0.64	0.95	3.71	3.81	62
2016	IPM	$ET_{IPM}=0.98ET_m$	0.94	0.34	0.64	0.96	2.98	2.93	113
	ISW	$ET_{ISW}=0.79ET_m$	0.84	0.66	0.85	0.91	2.98	2.45	113
	DK	$ET_{DK}=0.95ET_m$	0.92	0.49	0.59	0.96	2.98	2.54	113

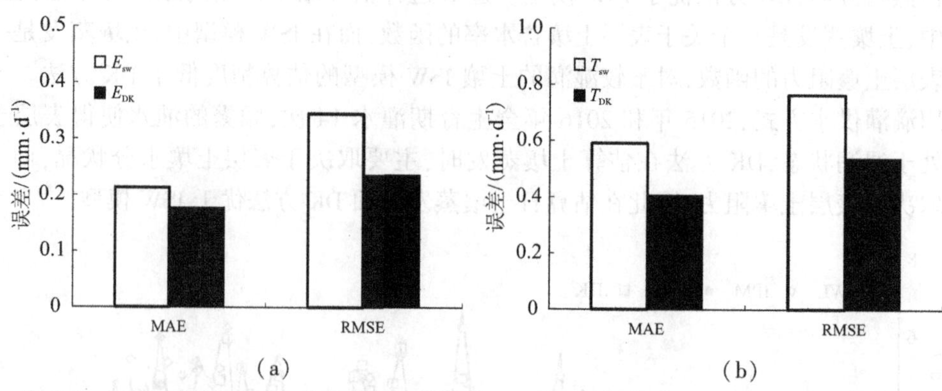

图 7-23 ISW 模型和 DK 方法估算日土壤蒸发(E)和日作物蒸腾(T)与实测值的误差分析

第 8 章　滴灌条件下温室蔬菜根区土壤水热动态模拟与应用

根系吸水是土壤-作物系统水分传输的重要环节，根系吸水速率主要受根系分布特征、根区土壤水分状况及大气蒸腾作用的共同影响。因此，定量研究根系分布和根区水分分布是建立根系吸水模型、计算根系吸水速率的关键。

目前，作物根系吸水模型主要有 2 种：一是微观模型，二是宏观模型。微观模型以单根系统为介质，研究水分的单向运动，该模型机制明确，但难以描述整个根系系统的吸水状况，且多数模型参数复杂难以确定，给实际应用带来不便。而宏观模型以单株或群体作物的整体根系为研究对象，具有一定的实际应用价值，且多数模型参数涉及根长密度、根重密度或根系吸水速率等，参数不难确定。因此，宏观模型更接近于大田实际情况。研究土壤水热运移及转换是深入研究地表能量转化和物质迁移的基础，也是陆面水热迁移过程研究的重点。一般情况下，对土壤温度的研究应同时考虑土壤水分变化，温度对土壤水分运动的影响是显而易见的，如水分特征曲线和导水率等均受温度影响，土壤水分与温度的相互作用对地表能量平衡及模型的构建至关重要。因此，采用数值方法对根区水热状况及运移规律进行定量研究与模拟具有现实意义。

8.1　设施蔬菜土壤水热动态变化规律

8.1.1　不同水分处理土壤水分动态变化

采用 EM50 监测了 T0.9、T0.7 和 T0.5 水分处理不同土壤层含水率（见图 8-1），可以看出，随着土层的加深，含水率波动幅度减小，50 cm 以下的含水率变化平稳，而 10 cm 和 30 cm 处的含水率变化幅度较大，尤其是灌水前后。图 8-2 给出了 2016 年 T0.9、T0.7 和 T0.5 水分处理不同土层土壤吸力的变化过程，土壤水分越低，土壤吸力越大。全生育期，5 个土层的土壤吸力总体表现为 T0.5> T0.7> T0.9。20 cm 和 40 cm 的土壤吸力受灌水的影响较大，灌水前后土壤吸力变化幅度较大，60 cm 以下的土壤吸力变化幅度较小。T0.5 水分处理，20 cm 和 40 cm 位置处的土壤吸力几乎在每次灌水之前都能达到甚至超过临界值(80 kPa)，而 T0.7 水分处理仅 20 cm 位置土壤吸力在幼苗期接近临界值，由于 T0.9 高灌水定额，土壤吸力始终较低。60 cm 以下，由于根系具有向水性，T0.5 水分处理的灌水定额无法满足作物吸收利用，根系只能吸取深层土壤水分，导致 60 cm 以下土壤吸力值明显高于 T0.9 和 T0.7 水分处理。可见，20 cm 处灌水定额越大，土壤吸力的波动幅度就越大，而 40 cm 及以下位置的土壤吸力波动幅度随灌水定额的增加而减小。

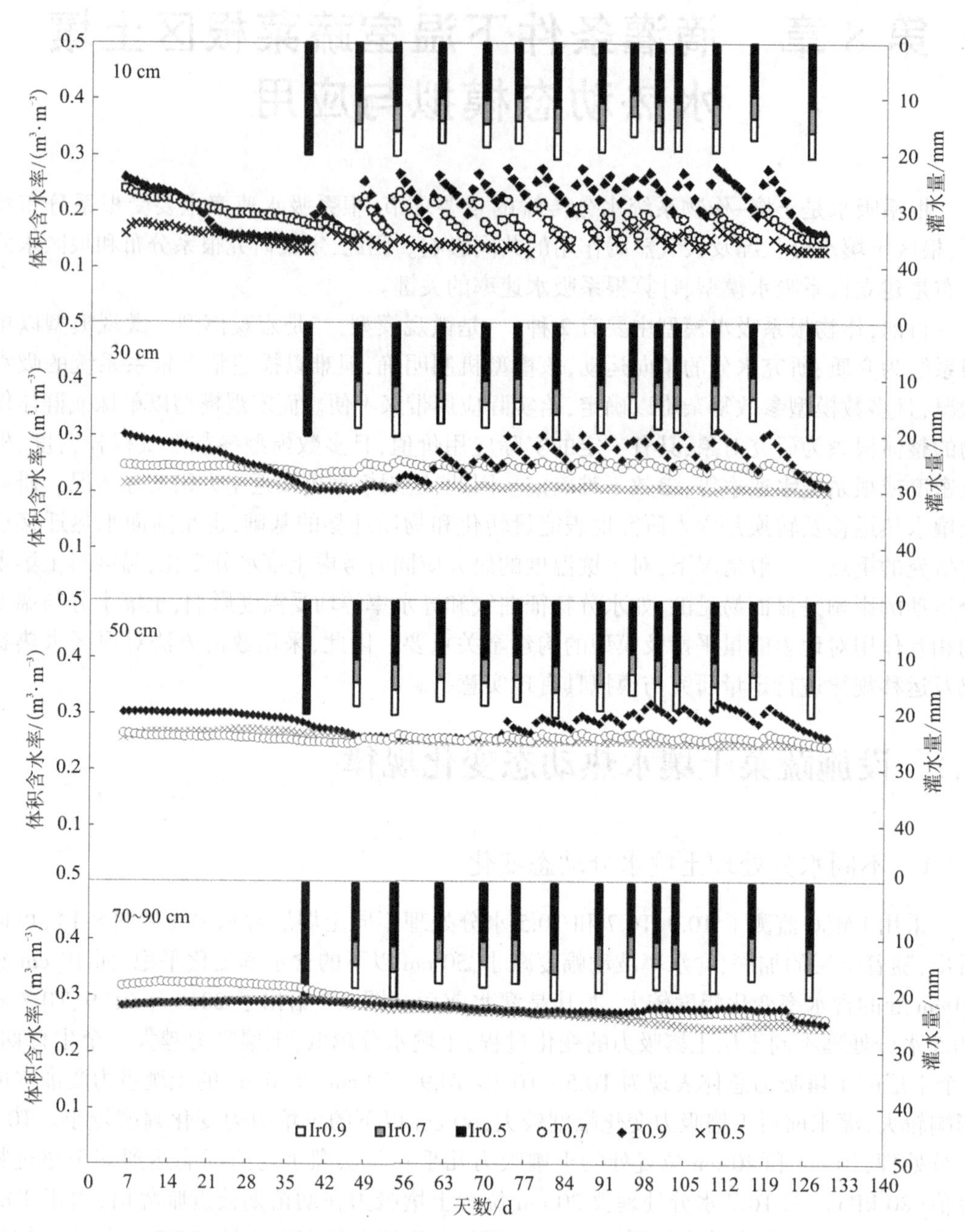

图 8-1　2015 年不同水分处理各土壤层含水率随生育期的动态变化

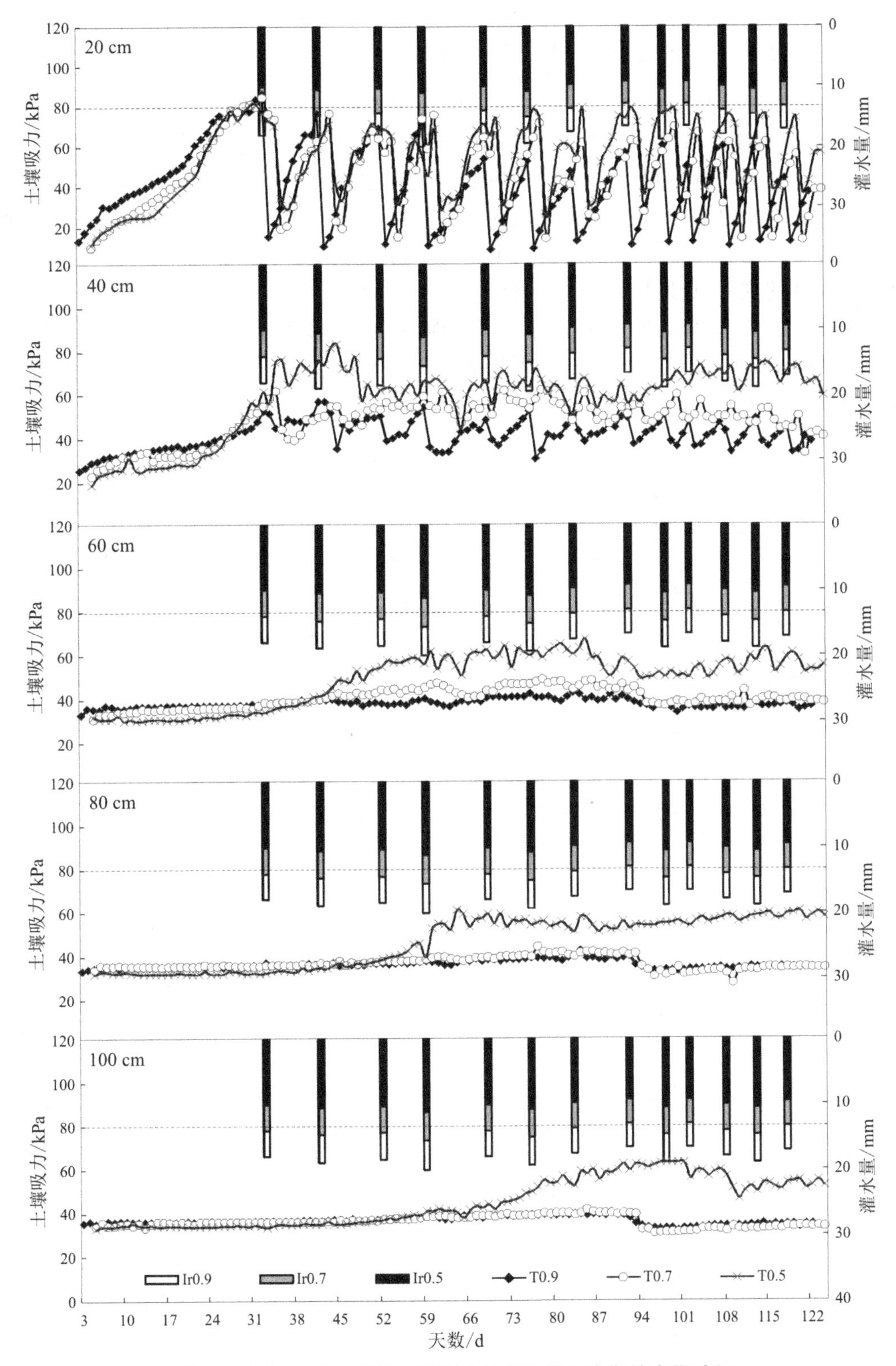

图 8-2　不同水分处理各土壤层土壤吸力随生育期的变化过程

8.1.2 不同水分处理土壤温度动态变化

图 8-3 是不同水分条件下 0 cm、5 cm、10 cm 和 20 cm 位置土壤温度的日变化，可以看出，土壤温度日变化呈单峰曲线，且在 20:00 至次日 8:00 高于气温，而 8:00~20:00 低于气温，0 位置温度的振幅最大，20 cm 位置温度的振幅最小。具体来看，在 0 位置，3 种水分处理的温度变化接近，但仍表现出低水分处理的日平均温度最高，最大值出现在13:00，且与气温的变化最接近；在 5 cm 位置，不同水分的土壤温度开始出现差异，表现为 K0.5> K0.7> K0.9 的规律，日最高温度滞后气温 3 h 左右；在 10 cm 位置，不同水分处理的土壤温度变化趋于平缓，峰值减小，该位置的最高地温滞后气温 5 h 左右；在 20 cm 位置，3 种水分处理的土壤温度日变化不明显，但仍表现出 K0.5> K0.7> K0.9 的规律，最高地温出现时间较气温滞后约 8 h。

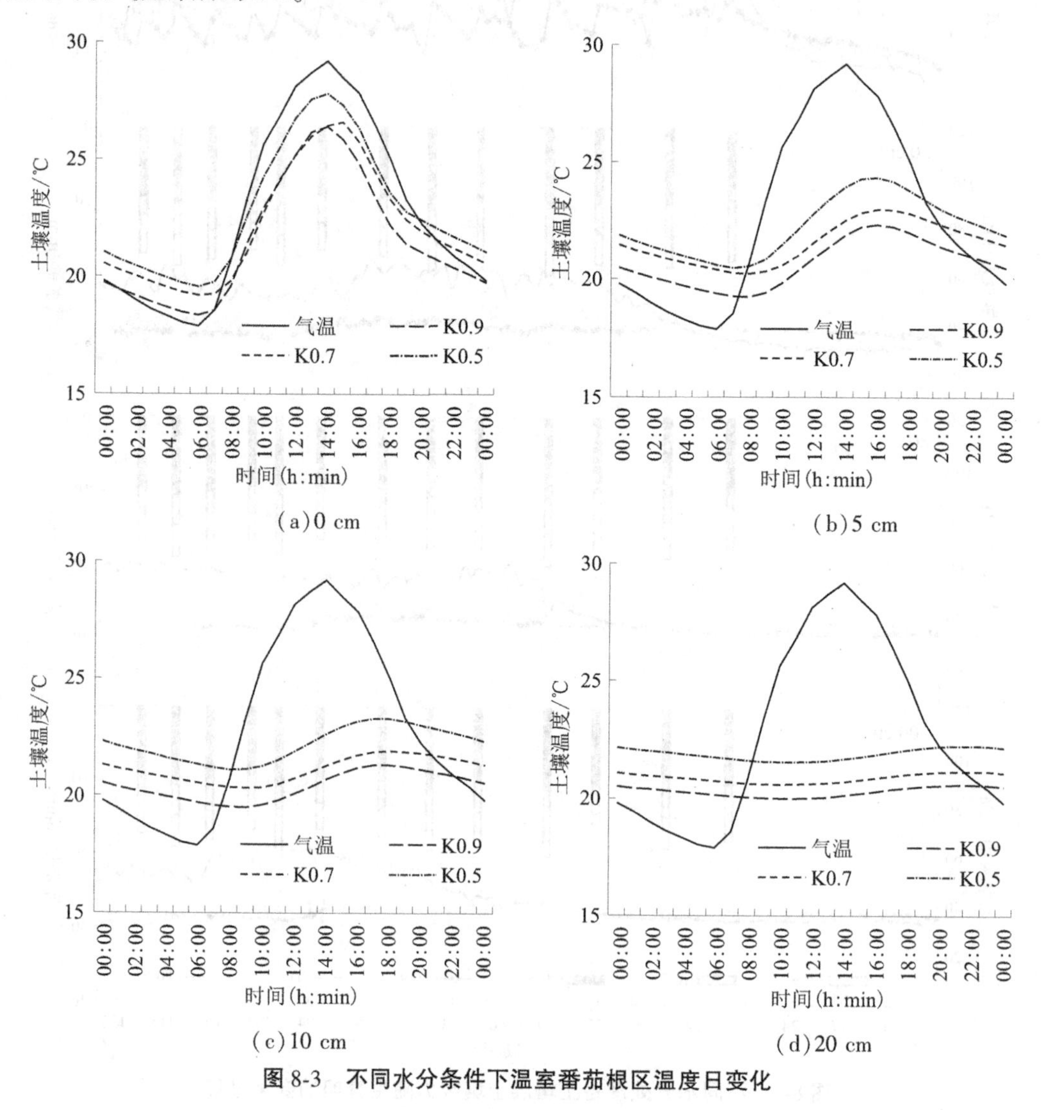

图 8-3 不同水分条件下温室番茄根区温度日变化

图 8-4 是不同水分条件下 0 cm、5 cm、10 cm 和 20 cm 位置土壤温度随生育期的变化过程，可以看出土壤温度随着生育期的推进，表现为逐步上升趋势，但值得注意的是，在移栽后 16~40 d，土壤温度出现了增加趋势，这是由于生育初期地表裸露面积较大，地面接受太阳辐射较多，这也导致了在移栽 50 d 之前，土壤温度超过空气温度。从移栽后的 60 d开始，土壤温度逐渐上升，且表现出 Ta>K0.5> K0.7> K0.9 的规律，该阶段土壤水分差异开始增大，含水率较低的处理导致土壤导热率降低，从而造成土壤温度的升高。

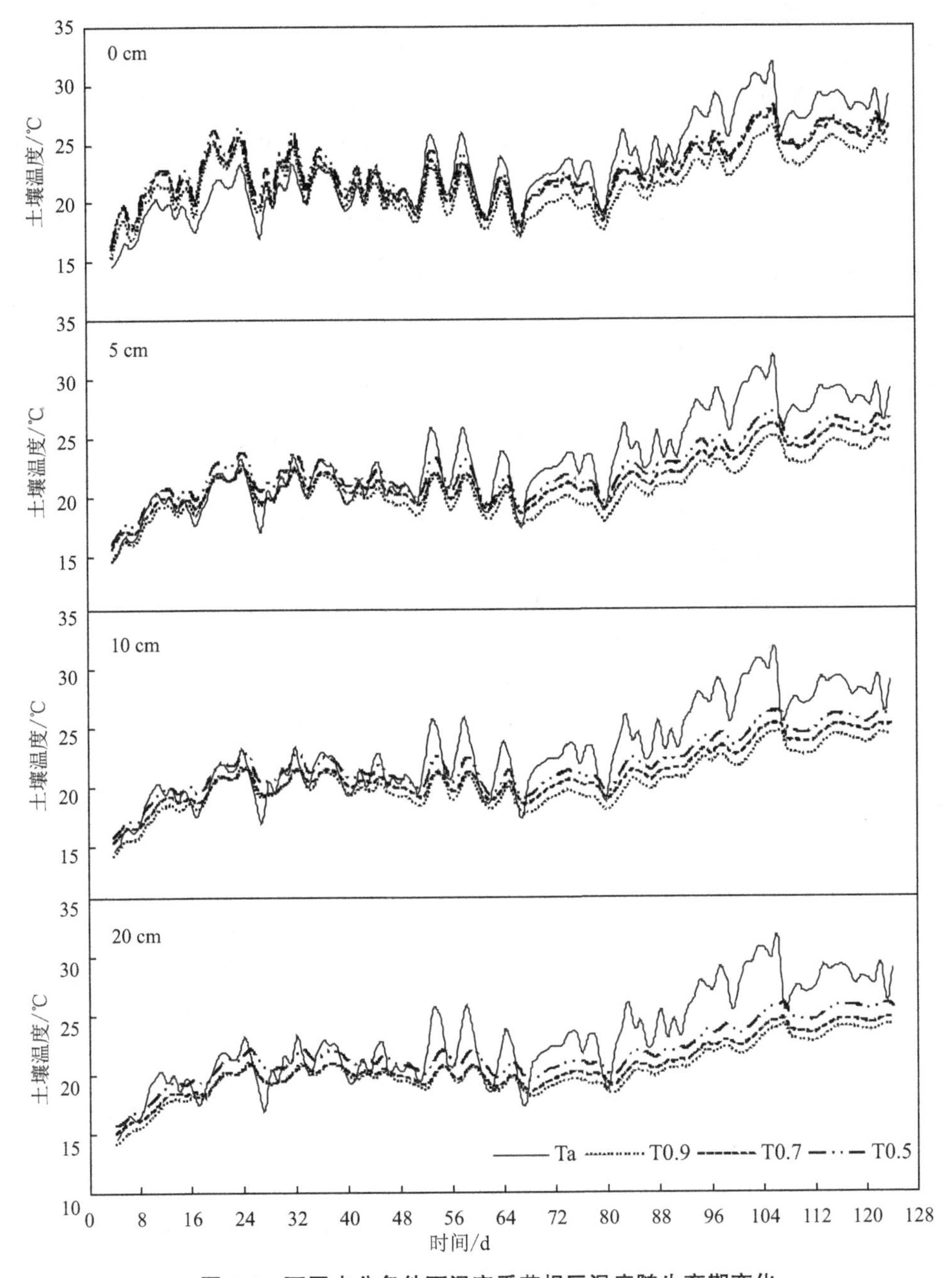

图 8-4　不同水分条件下温室番茄根区温度随生育期变化

8.2 设施蔬菜根系生长动态变化与模拟

8.2.1 一维根长密度分布特征

8.2.1.1 一维垂向根长密度分布

分别于幼苗期、花果期、盛果期和采摘期对 T0.9 处理棵间和行间方向的根长密度进行平均得到各土层一维垂向平均根长密度,采用相对深度和相对根长密度描述一维垂向根长密度分布。相对深度 $Z_r = z/z_{max}$,z 为自地表向下的深度,z_{max} 为根系最大伸展深度。本书研究幼苗期、花果期、盛果期和采摘期的 z_{max} 分别为 40 cm、60 cm、80 cm 和 100 cm,相对根长密度 $L_{r(Z)} = L_{(z)}/L_{max}$,$L_{(z)}$ 为根长密度,L_{max} 为最大根长密度,2015 年幼苗期、花果期、盛果期和采摘期的 L_{max} 分别为 0.653 cm · cm^{-3}、0.895 cm · cm^{-3}、1.021 cm · cm^{-3} 和 0.931 cm · cm^{-3};2016 年分别为 0.824 cm · cm^{-3}、0.983 cm · cm^{-3}、0.952 cm · cm^{-3} 和 0.853 cm · cm^{-3}。2015 年和 2016 年番茄根系一维垂向分布如图 8-5 所示,采用 e 指数拟合相对根长密度如表 8-1 所示,番茄相对根长密度分布总体符合 e 指数衰减规律,各生育期相关系数在 0.7 以上,采用 e 指数函数对相对根长密度进行拟合。将 $Z_r = z/z_{max}$ 和 $L_{r(Z)} = L_{(z)}/L_{max}$ 代入 e 指数根长密度分布函数,得一维垂向根系密度分布函数:

$$L_{r(Z)} = a_1 L_{max} e^{-b_1 z/z_{max}} \tag{8-1}$$

式中:a_1 和 b_1 为拟合系数,具体参数见表 8-1;其他符号意义同上。

8.2.1.2 根系的一维径向分布

设行间方向为 x 轴,棵间方向为 y 轴,主根位置为原点,用相对主根径向距离和相对根长密度描述根系在纵向和横向的根长密度分布特征(见表 8-2 和图 8-6、图 8-7)。相对主根纵向距离 $R_z = y/y_{max}$,y 为自主根向 y 方向的径向距离,y_{max} 为 2 株番茄中点位置,12 cm;相对主根横向距离 $R_h = x/x_{max}$,x 为自主根向 x 方向的径向距离,x_{max} 为 2 行番茄中点位置,18 cm;相对根长密度的计算与一维垂向计算方法相同,2015 年和 2016 年幼苗期、花果期、盛果期和采摘期纵向的 L_{max} 分别为 0.397 cm · cm^{-3} 和 0.571 cm · cm^{-3}、0.652 cm · cm^{-3} 和 0.506 cm · cm^{-3}、0.821 cm · cm^{-3} 和 0.456 cm · cm^{-3}、0.674 cm · cm^{-3} 和 0.495 cm · cm^{-3};2015 年和 2016 年横向的 L_{max} 分别为 0.397 cm · cm^{-3} 和 0.571 cm · cm^{-3}、0.652 cm · cm^{-3} 和 0.506 cm · cm^{-3}、0.821 cm · cm^{-3} 和 0.456 cm · cm^{-3}、0.674 cm · cm^{-3} 和 0.495 cm · cm^{-3}。距主根距离越近,根长密度越大,番茄横向和纵向的相对根长密度分布符合 e 指数衰减规律,采用 e 指数函数对纵向和横向相对根长密度进行拟合的相关系数较高,分别将 $R_z = y/y_{max}$,$R_h = x/x_{max}$ 以及 $L_{r(Z)} = L_{(z)}/L_{max}$ 代入 e 指数根长密度分布函数,可得一维径向根系密度分布函数:

$$L_{r(Z)} = a_2 L_{max} e^{-b_2 y/y_{max}} \tag{8-2}$$

$$L_{r(Z)} = a_3 L_{max} e^{-b_3 x/x_{max}} \tag{8-3}$$

式中:a_2、b_2、a_3、b_3 分别为拟合系数;具体符号见表 8-2;其他符号意义同前。

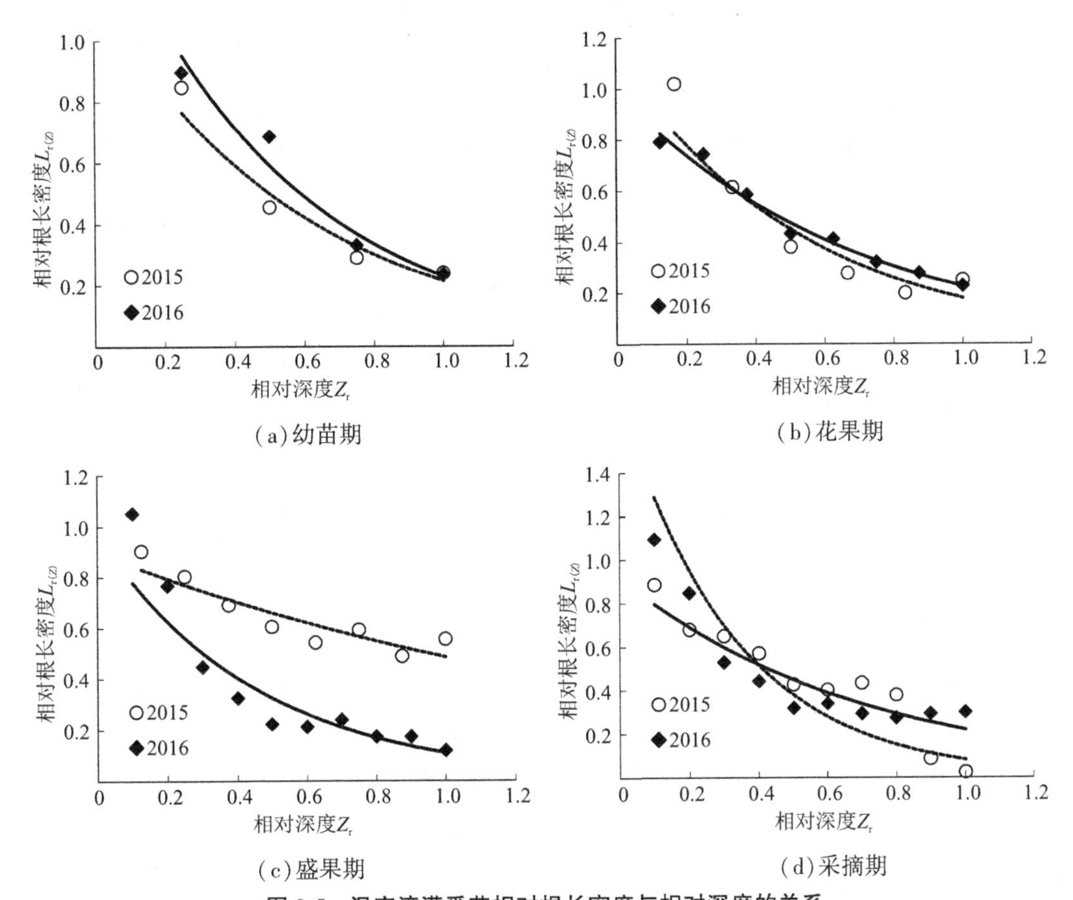

图 8-5　温室滴灌番茄相对根长密度与相对深度的关系

表 8-1　温室滴灌番茄相对根长密度与相对深度的拟合方程

年份	生育期	拟合方程	相关系数(R^2)
2015	幼苗期(4 月 16 日)	$L_{r(Z)}=1.168e^{-1.7Z_r}$	0.95
	花果期(5 月 6 日)	$L_{r(Z)}=1.126e^{-1.84Z_r}$	0.87
	盛果期(5 月 30 日)	$L_{r(Z)}=0.896e^{-0.61Z_r}$	0.81
	采摘期(7 月 5 日)	$L_{r(Z)}=1.748e^{-3.06Z_r}$	0.70
2016	幼苗期(4 月 14 日)	$L_{r(Z)}=1.528e^{-1.9Z_r}$	0.97
	花果期(5 月 6 日)	$L_{r(Z)}=0.993e^{-1.48Z_r}$	0.99
	盛果期(6 月 2 日)	$L_{r(Z)}=0.967e^{-2.18Z_r}$	0.89
	采摘期(7 月 7 日)	$L_{r(Z)}=0.917e^{-1.4Z_r}$	0.79

表 8-2　温室滴灌番茄相对根长密度与相对主根纵向和横向的拟合方程

年份	生育期	纵向拟合方程	横向拟合方程	纵向相关系数(R^2)	横向相关系数(R^2)
2015	幼苗期(4月16日)	$L_{r(Z)}=0.925e^{-0.08R_z}$	$L_{r(Z)}=1.192e^{-0.03R_h}$	0.76	0.79
	花果期(5月6日)	$L_{r(Z)}=0.94e^{-0.05R_z}$	$L_{r(Z)}=0.914e^{-0.03R_h}$	0.72	0.83
	盛果期(5月30日)	$L_{r(Z)}=1.067e^{-0.07R_z}$	$L_{r(Z)}=0.988e^{-0.01R_h}$	1.00	0.75
	采摘期(7月5日)	$L_{r(Z)}=0.919e^{-0.04R_z}$	$L_{r(Z)}=0.963e^{-0.01R_h}$	0.56	0.75
2016	幼苗期(4月14日)	$L_{r(Z)}=1.001e^{-0.02R_z}$	$L_{r(Z)}=1.054e^{-0.03R_h}$	0.93	0.92
	花果期(5月6日)	$L_{r(Z)}=1.073e^{-0.04R_z}$	$L_{r(Z)}=0.984e^{-0.01R_h}$	0.96	0.92
	盛果期(6月2日)	$L_{r(Z)}=0.978e^{-0.03R_z}$	$L_{r(Z)}=1.199e^{-0.04R_h}$	0.81	0.86
	采摘期(7月7日)	$L_{r(Z)}=0.988e^{-0.01R_z}$	$L_{r(Z)}=0.998e^{-0.02R_h}$	0.84	0.98

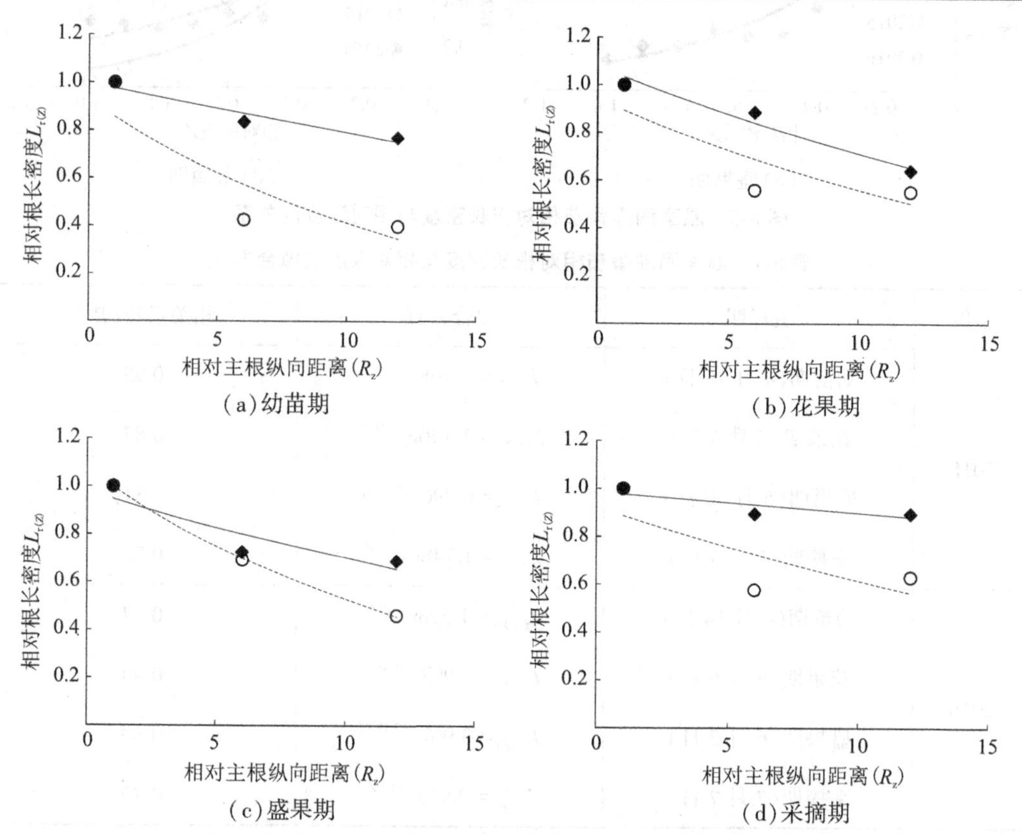

图 8-6　温室滴灌番茄相对根长密度与相对主根纵向距离的关系

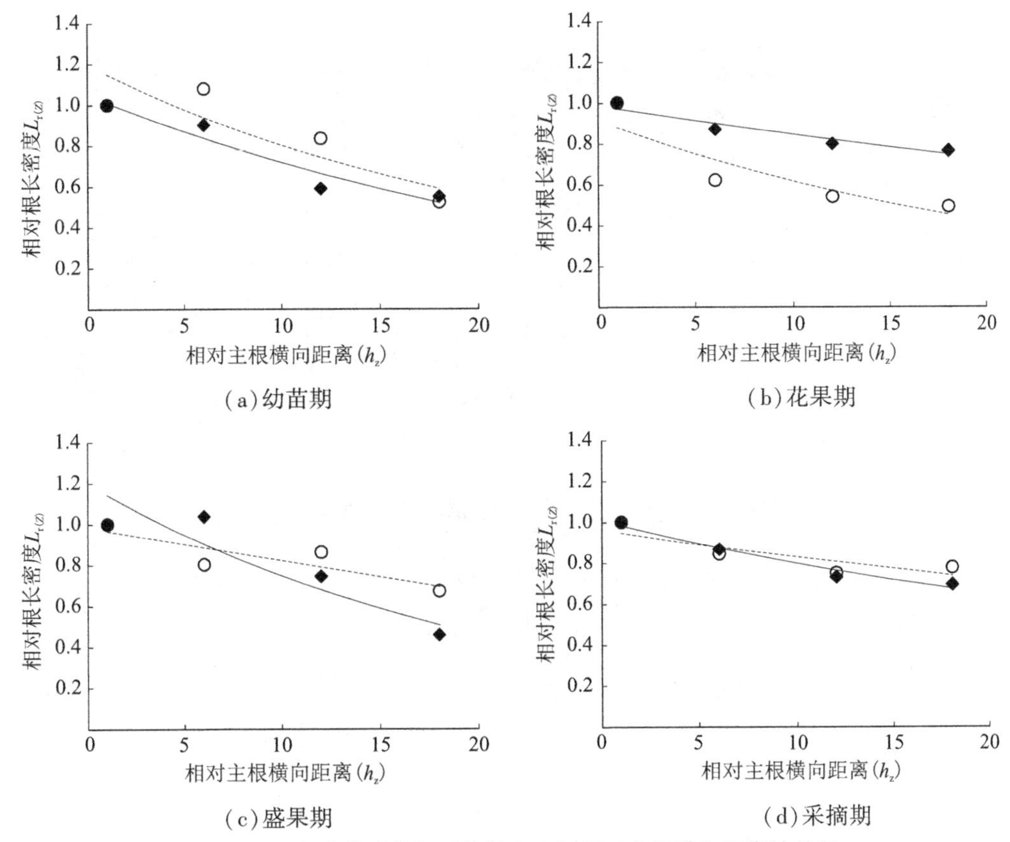

(a)幼苗期　(b)花果期

(c)盛果期　(d)采摘期

图 8-7 温室滴灌番茄相对根长密度与相对主根横向距离的关系

8.2.2 二维根长密度分布特征

8.2.2.1 棵间和行间根系密度二维分布

图 8-8 和图 8-9 为温室滴灌番茄在幼苗期、花果期、盛果期和采摘期行间和棵间根长密度二维分布。从行间根系二维分布特征来看,幼苗期番茄根系主要集中在 10~20 cm 范围内,占总根量的 71.1%~73.7%;花果期番茄根系主要集中在 10~30 cm 范围内,占总根量的 73.5%~67.4%;盛果期番茄根系主要集中在 10~60 cm 范围内,占总根量的 79.8%~81.3%;采摘期番茄根系主要集中在 10~60 cm 范围内,占总根量的 79.7%~75.6%。因此,从温室滴灌番茄根系的垂向分布来看,研究 10~60 cm 的土壤水分分布是可以用来指导灌溉制度的。从番茄根系水平分布来看,距主根距离越近,根长密度就越大。

8.2.2.2 综合根长密度二维分布

将根长密度在各个深度、距主根横向距离平均得到滴灌番茄根系沿垂直方向和水平径向变化的二维分布图,如图 8-10 所示。根据根长密度二维分布特征,拟合得到二维根长密度分布函数:

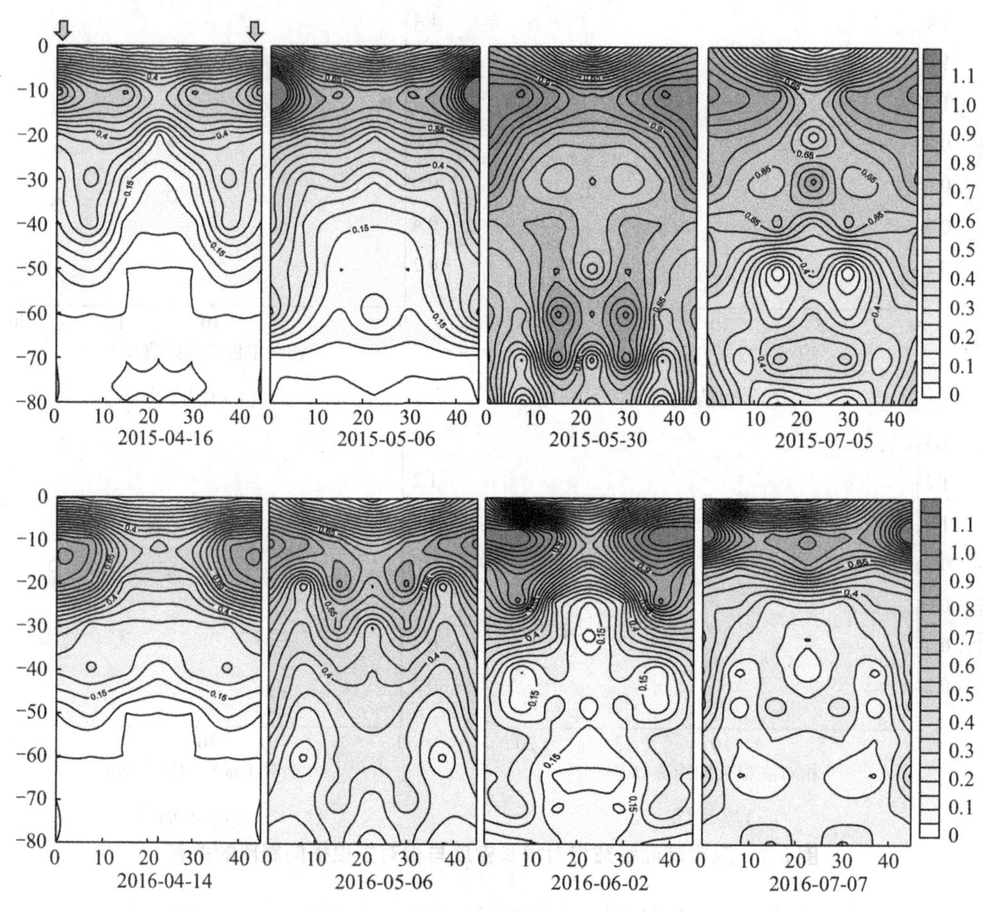

图 8-8　2015 年和 2016 年温室滴灌番茄行间根系二维分布特征

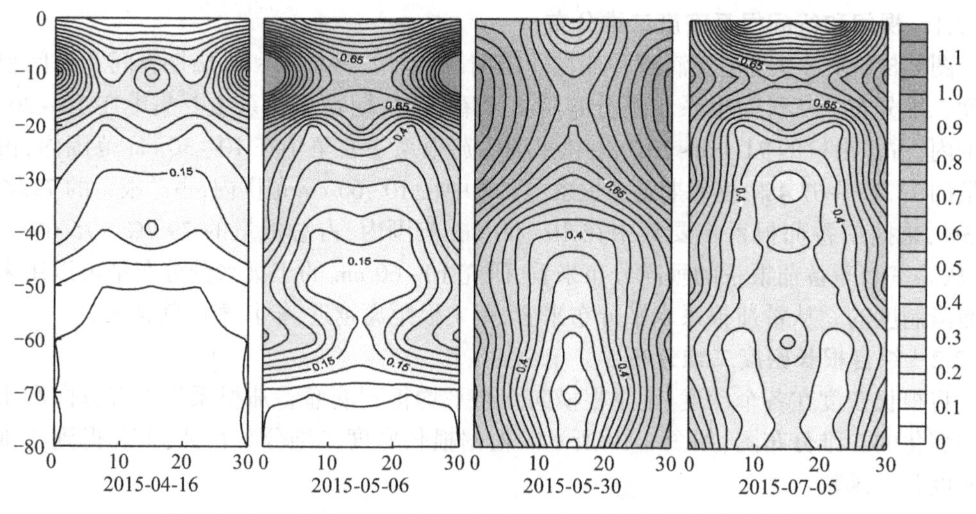

图 8-9　2015 年和 2016 年温室滴灌番茄棵间根系二维分布特征

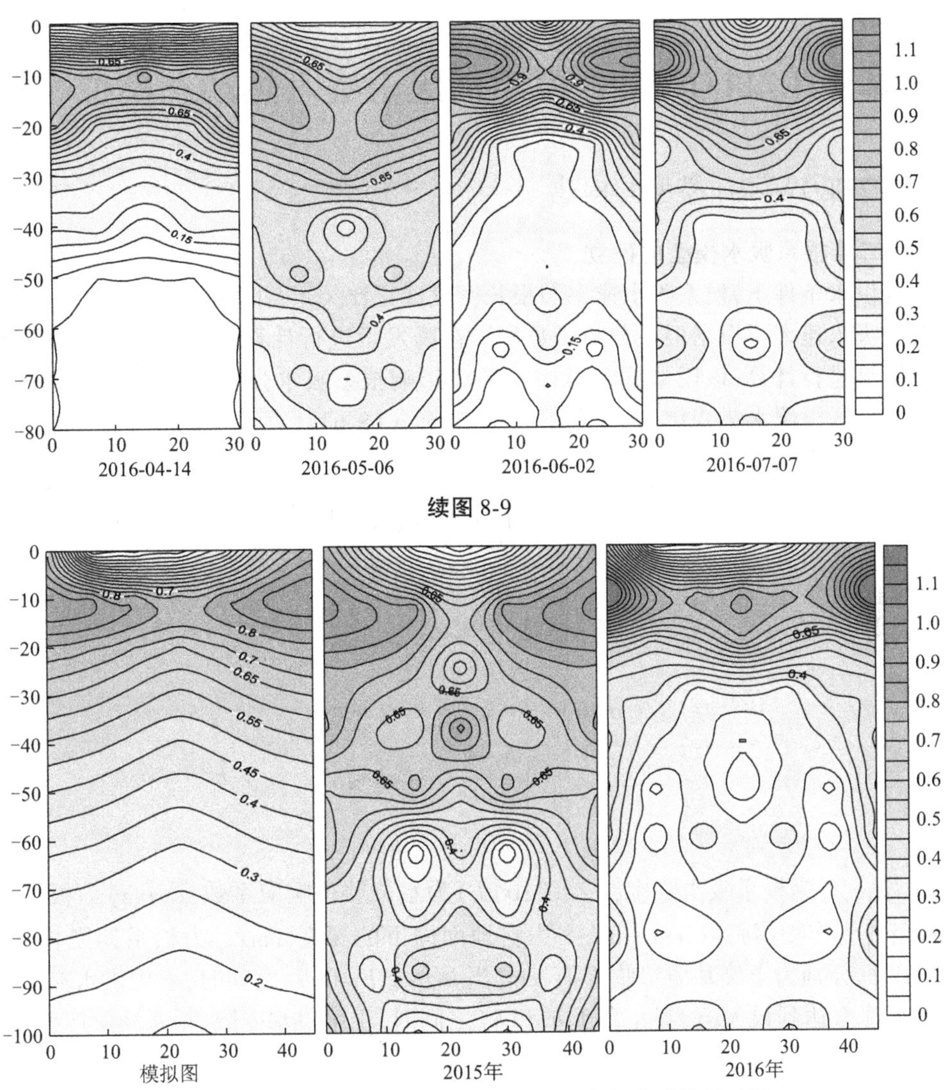

续图 8-9

图 8-10　温室滴灌番茄二维根长密度分布与实测结果对照

$$\rho(r,z)=\rho_0\exp\left[-\left(\Delta\frac{r}{r_m}+\nu\frac{z}{z_m}\right)\right] \tag{8-4}$$

式中：r、z 分别为距主根的横向距离和垂向距离，cm；r_m、z_m 分别为最大根系水平伸展半径和深度，取值分别为 18 cm 和 100 cm；ρ_0、Δ 和 ν 为经验系数，对 2015 年和 2016 年数据进行拟合，结果见表 8-3。ρ_0、Δ 和 ν 的取值分别为 1.198、0.243 和 1.889（$R^2=0.77$，$N=80$）。

表 8-3　温室滴灌番茄二维根长密度拟合参数取值及显著性分析

方程系数	取值	标准误	t 值	p 值	95%置信区间		R^2	N
ρ_0	1.198	0.081	14.783	1×10^{-7}	1.037	1.360	0.77	80
Δ	0.243	0.093	2.599	0.011	0.057	0.429		
ν	1.889	0.136	13.858	1×10^{-7}	1.617	2.160		

8.3 基于 UZFLOW-2D 模型根区土壤水热动态模拟

8.3.1 UZFLOW-2D 模型的构建

8.3.1.1 二维根系吸水模型的确立

充分供水条件下，根系吸水速率与根长密度成正比关系，作物根系在土壤剖面不同层次的潜在吸水速率可根据根系分布函数和潜在腾发量进行计算，二维根系吸水模型采用 Feddes 模型进行计算，该模型同时考虑了两个影响根系吸水强度的关键因素，即根系密度分布和根区土壤水势变化，分别采用式(8-5)和式(8-6)计算：

$$S_p(r,z,t)=\frac{\sigma(h)L(r,z)}{\int_0^{z_r}\sigma(h)L(r,z)\,dz}T_p \tag{8-5}$$

$$\sigma(h)=\begin{cases}0 & h\leqslant h_4\\ \dfrac{h-h_4}{h_3-h_4} & h_4<h\leqslant h_3\\ 1 & h_3<h\leqslant h_2\\ \dfrac{h_1-h}{h_1-h_2} & h_2<h\leqslant h_1\\ 0 & h>h_1\end{cases} \tag{8-6}$$

式中：$S_p(r,z,t)$为根系吸水强度，$1\cdot h^{-1}$；$\sigma(h)$为水分胁迫响应系数；$L(r,z)$为根长密度，$1\cdot cm^{-2}$；T_p为作物蒸腾量，$cm\cdot h^{-1}$；z 为自地面向下的深度，cm；z_r 为根系伸展长度，cm；h_1、h_2、h_3、h_4分别为土壤基质势临界值，cm，当 h 介于 h_3 和 h_2 之间时，土壤供水充足，根系实际吸水速率达到最大值，当 h 介于 h_4和 h_3 之间时，土壤供水受限，根系实际吸水速率随 h 线性变化，h_4为永久凋萎点对应的土壤基质势，当 h 小于 h_4时，根系实际吸水速率为 0，h_1 为厌氧点对应的土壤基质势，当 h 大于 h_1 时，根系实际吸水速率也为 0。

8.3.1.2 土壤水热传输模型的确立

在不考虑水的密度变化条件下，非饱和土壤水二维空间运动基本方程以及土壤热量传输方程采用下式表示：

$$\frac{\partial\theta}{\partial t}=\frac{\partial}{\partial x}\left(K(h)\frac{\partial h}{\partial x}\right)+\frac{\partial}{\partial z}\left(K(h)\frac{\partial h}{\partial z}\right)+\frac{\partial K(h)}{\partial z}-S_p(r,z,t) \tag{8-7}$$

$$C_v\frac{\partial T_s}{\partial t}=\frac{\partial}{\partial x}\left(K_h\frac{\partial T_s}{\partial x}\right)+\frac{\partial}{\partial z}\left(K_h\frac{\partial T_s}{\partial x}\right)-S_H \tag{8-8}$$

初始条件：

$$\left.\begin{aligned}h(x,z,t)&=h_0(x,z) \quad t=t_0\\ \theta(x,z,t)&=\theta_0(x,z) \quad t=t_0\\ T_s(x,z,t)&=T_0(x,z) \quad t=t_0\end{aligned}\right\} \tag{8-9}$$

边界条件:

上边界为第二类边界(已知水流通量和表层土壤温度):

$$-K(h)\frac{\partial h}{\partial z}+K(h)=R(t)$$
$$K_{\mathrm{h}}\frac{\partial T_{\mathrm{s}}}{\partial z}=G(t) \tag{8-10}$$

下边界为第一类边界(变量已知边界):

$$\theta(x,z,t)\mid_{z=L}=\theta_L(x,t)$$
$$T(x,z,t)\mid_{z=L}=T_L(x,t) \tag{8-11}$$

式中:$K(h)$非饱和导水率,$cm^2 \cdot min^{-1}$;θ 为土壤体积含水率,$cm^3 \cdot cm^{-3}$;h 为土壤基质势,cm;z 为垂向距离,cm,规定向下为正;$S_{\mathrm{p}}(r,z,t)$为根系吸水强度,$1 \cdot h^{-1}$;t 为时间,h;T_{s} 为土壤温度,℃;T_0为初始土壤温度,℃;$R(t)$为边界蒸发或入渗,$cm \cdot h^{-1}$,蒸发为负值,入渗为正值;$G(t)$为边界处的土壤热通量;K_{h}为土壤热导率,$cm^2 \cdot h^{-1}$;C_{v}为土壤热容量,$J \cdot m^{-3} \cdot ℃^{-1}$;$S_H$为热量源汇项,忽略不计。

8.3.1.3　**模型的数值求解和流程图**

采用有限差分数值法进行求解,土壤水流运动的有限差分公式是根据土壤水流运动的连续性方程构建的,按照连续性方程,流入和流出土体单元水量之差等于该单元含水率的变化。当土壤水的密度不变时,连续性方程可以表示为:

$$Q_{i-\frac{1}{2},j}+Q_{i+\frac{1}{2},j}+Q_{i,j-\frac{1}{2}}+Q_{i,j+\frac{1}{2}}+W_{i,j}=\frac{\Delta\theta_{i,j}}{\Delta t}\Delta z_i\Delta x_j \tag{8-12}$$

式中:$Q_{i-\frac{1}{2},j}$、$Q_{i+\frac{1}{2},j}$、$Q_{i,j-\frac{1}{2}}$、$Q_{i,j+\frac{1}{2}}$均为 Δt 时间内流进或流出土体单元(i, j)的水量;$W_{i,j}$为源/汇水量,本书主要为作物根系吸水量;$\Delta\theta_{i,j}$为 Δt 时间内土壤体积含水率的变化量;Δz_i和 Δx_j为计算单元在 z 轴和 x 轴方向的长度。

根据达西定律,在 z 方向上,土体单元$(i-1, j)$流入(i, j)的水量可采用下式描述:

$$Q_{i-\frac{1}{2},j}=\frac{K_{i-\frac{1}{2},j}\Delta x_j}{\Delta z_{i-\frac{1}{2}}}(h_{i-1,j}-h_{i,j})+K_{i-\frac{1}{2},j}\Delta x_j \tag{8-13}$$

同理,土体单元$(i+1, j)$流入(i, j)的水量计算公式为:

$$Q_{i+\frac{1}{2},j}=\frac{K_{i+\frac{1}{2},j}\Delta x_j}{\Delta z_{i+\frac{1}{2}}}(h_{i+1,j}-h_{i,j})-K_{i+\frac{1}{2},j}\Delta x_j \tag{8-14}$$

在 x 方向上,土体单元$(i, j-1)$流入(i, j)的水量计算公式为:

$$Q_{i,j-\frac{1}{2}}=K_{i,j-\frac{1}{2}}\Delta z_i\frac{H_{i,j-1}-H_{i,j}}{\Delta x_{j-\frac{1}{2}}}=\frac{K_{i,j-\frac{1}{2}}\Delta z_i}{\Delta x_{j-\frac{1}{2}}}(h_{i,j-1}-h_{i,j}) \tag{8-15}$$

土体单元$(i, j+1)$流入(i, j)的水量计算公式为:

$$Q_{i,j+\frac{1}{2}}=K_{i,j+\frac{1}{2}}\Delta z_i\frac{H_{i,j+1}-H_{i,j}}{\Delta x_{j+\frac{1}{2}}}=\frac{K_{i,j+\frac{1}{2}}\Delta z_i}{\Delta x_{j+\frac{1}{2}}}(h_{i,j+1}-h_{i,j}) \tag{8-16}$$

联合方程式(8-12)~式(8-16)可得到土壤水流运动的有限差分方程为:

$$\frac{K_{i-\frac{1}{2},j}\Delta x_j}{\Delta z_{i-\frac{1}{2}}}(h_{i-1,j}-h_{i,j})+K_{i-\frac{1}{2},j}\Delta x_j+\frac{K_{i+\frac{1}{2},j}\Delta x_j}{\Delta z_{i+\frac{1}{2}}}(h_{i+1,j}-h_{i,j})-K_{i+\frac{1}{2},j}\Delta x_j+$$

$$\frac{K_{i,j-\frac{1}{2}}\Delta z_i}{\Delta z_{j-\frac{1}{2}}}(h_{i,j-1}-h_{i,j})+\frac{K_{i,j+\frac{1}{2}}\Delta z_i}{\Delta x_{j+\frac{1}{2}}}(h_{i,j+1}-h_{i,j})+W_{i,j}=\frac{\Delta\theta_{i,j}}{\Delta t}\Delta z_i\Delta x_j \tag{8-17}$$

由于土壤水分运动参数与土壤基质势和体积含水率之间的非线性关系，求解上述方程必须考虑差分格式的收敛性和解的稳定性。本书采用隐式迭代格式 h 和 θ 混合型的有限差分方程替代方程式(8-18)，得到以下方程式：

$$\frac{K_{i-\frac{1}{2},j}^{p+1,k}\Delta x_j\Delta t}{\Delta z_{i-\frac{1}{2}}}(h_{i-1,j}^{p+1,k+1}-h_{i,j}^{p+1,k+1})+K_{i-\frac{1}{2},j}^{p+1,k}\Delta x_j\Delta t+\frac{K_{i+\frac{1}{2},j}^{p+1,k}\Delta x_j\Delta t}{\Delta z_{i+\frac{1}{2}}}(h_{i+1,j}^{p+1,k+1}-h_{i,j}^{p+1,k+1})-$$

$$K_{i+\frac{1}{2},j}^{p+1,k}\Delta x_j\Delta t+\frac{K_{i,j-\frac{1}{2}}^{p+1,k}\Delta z_i\Delta t}{\Delta x_{j-\frac{1}{2}}}(h_{i,j-1}^{p+1,k+1}-h_{i,j}^{p+1,k+1})+\frac{K_{i,j+\frac{1}{2}}^{p+1,k}\Delta z_i\Delta t}{\Delta x_{j+\frac{1}{2}}}(h_{i,j+1}^{p+1,k+1}-h_{i,j}^{p+1,k+1})+W_{i,j}^{p+1}$$

$$=C_{i,j}^{p+1,k}\Delta z_i\Delta x_j(h_{i,j}^{p+1,k+1}-h_{i,j}^{p+1,k})+(\theta_{i,j}^{p+1,k}-\theta_{i,j}^{p})\Delta z_i\Delta x_j \tag{8-18}$$

土壤热导率 K_h 和土壤热容量 C_v 与土壤含水率的关系密切，因此采用有限差分法求解。

$$C_i^{j+1}(T_i^{j+1}-T_i^j)=\frac{\Delta t^j}{\Delta z_i}\left(\lambda_{i-\frac{1}{2}}^{j+\frac{1}{2}}\frac{T_{i-1}^{j+1}-T_i^{j+1}}{\Delta z_u}-\lambda_{i+\frac{1}{2}}^{j+\frac{1}{2}}\frac{T_i^{j+1}-T_{i+1}^{j+1}}{\Delta z_l}\right) \tag{8-19}$$

式中：上标 j 为时间级，下标 i 为节点数；$\Delta z_u=z_{i+1}-z_i$ 和 $\Delta z_l=z_i-z_{i+1}$。由于 K_h 和 C_v 不受土壤温度自身的影响，因此式(8-19)可表示为一个线性方程。

土壤水热传输模拟流程见图 8-11。

8.3.1.4 模型所需要输入的参数

模型所需要输入的参数主要有土壤水分运动参数和土壤水热状况参数，如非饱和土壤导水率、土壤水分扩散率、水分特征曲线、土壤热容量、土壤导热率、土壤热扩散率等；作物参数包括叶面积指数、冠层高度、根长密度等；气象参数，如温度、湿度、太阳辐射和风速等；作物潜在蒸腾量和土壤潜在蒸发量。

8.3.2 UZFLOW-2D 模型的评价

8.3.2.1 土壤水分模拟结果与实测结果的对比

植株潜在蒸腾和地表潜在蒸发采用第 5 章双作物系数法进行计算，模拟时段选用 2015 年 5 月 25 日~7 月 15 日，认为这段时期冠层完全覆盖地表，植株蒸腾和地表蒸发处于相对稳定阶段，此外，5 月 25 日、6 月 1 日、6 月 6 日、6 月 10 日、6 月 13 日、6 月 19 日、6 月 25 日和 7 月 4 日进行了灌溉。由于番茄根系主要集中在 0~60 cm 范围内，对棵间和行间位置 10 cm、20 cm、30 cm、50 cm 和 70 cm 处的土壤水分动态变化进行了模拟，并与实测值进行了比较(见图 8-12)，不同位置和深度处模拟值与实测值的统计参数见表 8-4。可以看出，UZFLOW-2D 模型可较好地模拟 0~70 cm 棵间和行间位置处的土壤水分动态变化，相关系数 R^2 在 0.50 以上，棵间 MAE 为 0.001~0.013 $m^3 \cdot m^{-3}$，RMSE 为 0.001~0.016 $m^3 \cdot m^{-3}$；行间 MAE 为 0.002~0.012 $m^3 \cdot m^{-3}$，RMSE 为 0.002~0.016 $m^3 \cdot m^{-3}$。土层越深，

MAE 和 RMSE 越小,实测值与模拟值的相关性就越高。这是由于 UZFLOW-2D 模型假设根系吸水速率与根长密度成正比,而本研究中滴灌番茄根系分布呈 e 指数函数变化,尤其是 0~40 cm 土壤层,根系分布密集,较大的根系吸水速率对 0~40 cm 土壤水分影响较大,从而导致模拟结果的偏差。灌水当天以及下一个灌水日开始之前(见表 8-5),UZFLOW-2D 模型的模拟结果与实测结果有一定偏差,如棵间 10 cm 处,灌水当天及灌水前一日模拟值与实测值的最大偏差分别为 11.4%和 10.8%,10 cm 处分别为 8.4%和 10.4%,30 cm 处分别为 13.1%和 7.6%,50 cm 处分别为 8.6%和 8.9%,由此可见,土层越深,模型的模拟结果越接近实测值。

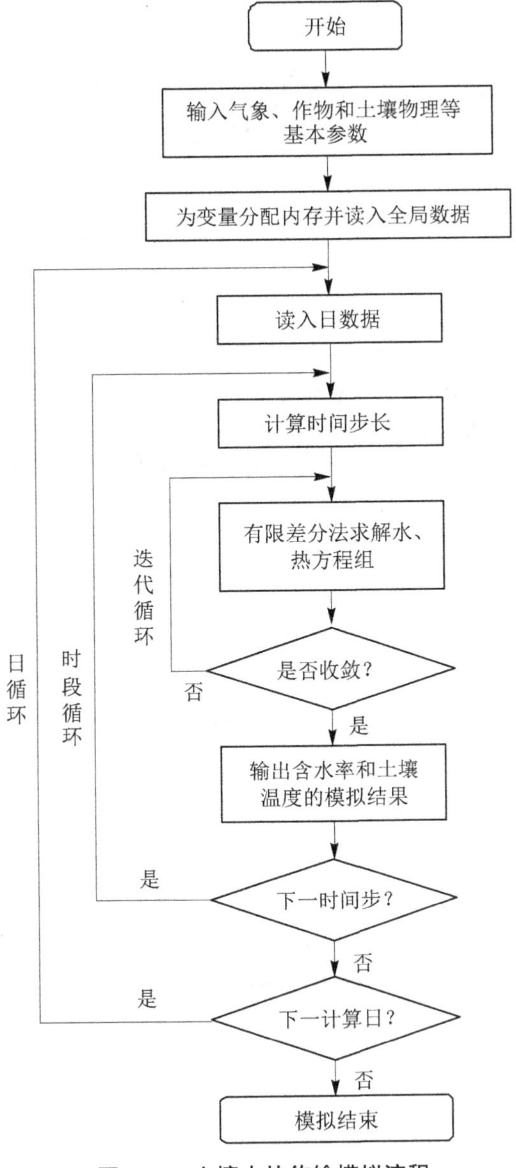

图 8-11　土壤水热传输模拟流程

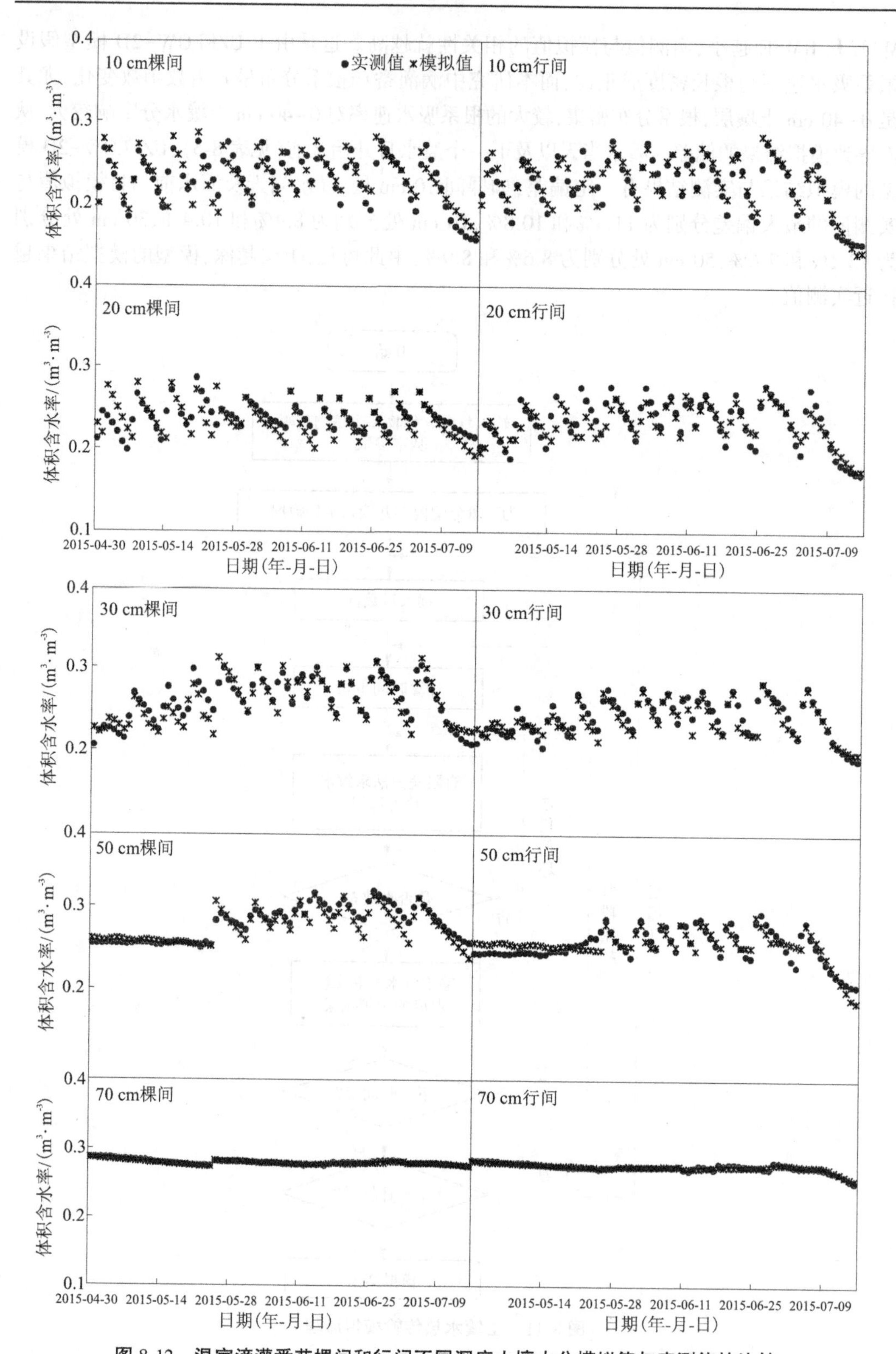

图 8-12 温室滴灌番茄棵间和行间不同深度土壤水分模拟值与实测值的比较

表 8-4 不同位置处土壤含水率分布模拟值与实测值的参数统计

深度/cm	线性回归方程		R^2		MAE/($m^3 \cdot m^{-3}$)		RMSE/($m^3 \cdot m^{-3}$)		d_l	
	KJ	HJ	KJ	HJ	KJ	HJ	KJ	HJ	KJ	HJ
10	$\theta_c=0.80\theta_m+0.05$	$\theta_c=0.87\theta_m+0.03$	0.726	0.798	0.013	0.012	0.016	0.015	0.924	0.943
20	$\theta_c=0.89\theta_m+0.02$	$\theta_c=0.67\theta_m+0.08$	0.510	0.685	0.012	0.012	0.015	0.016	0.822	0.895
30	$\theta_c=0.90\theta_m+0.02$	$\theta_c=0.80\theta_m+0.04$	0.803	0.814	0.010	0.008	0.013	0.011	0.943	0.938
50	$\theta_c=0.84\theta_m+0.04$	$\theta_c=0.78\theta_m+0.06$	0.829	0.704	0.007	0.009	0.010	0.011	0.942	0.913
70	$\theta_c=0.77\theta_m+0.06$	$\theta_c=0.74\theta_m+0.07$	0.870	0.859	0.001	0.002	0.001	0.002	0.994	0.950

注：θ_c 和 θ_m 分别为模拟和实测的土壤体积含水率，$m^3 \cdot m^{-3}$；KJ 为 2 棵番茄棵间；HJ 为 2 棵番茄行间；R^2 为决定系数；MAE 为平均绝对误差；RMSE 为均方差根；d_l 为一致性指数。

表 8-5 灌水后土壤含水率分布模拟值与实测值的参数统计

灌水后天数	b	R^2	MAE/($m^3 \cdot m^{-3}$)	RMSE/($m^3 \cdot m^{-3}$)	d_l
第 1 天	0.029	0.740	0.005	0.009	0.918
第 2 天	−0.012	0.945	0.003	0.004	0.985
第 3 天	0.088	0.937	0.007	0.011	0.939

图 8-13 为灌水第 1 天、第 2 天和第 3 天(2015 年 6 月 13 日、14 日和 15 日)土壤含水率模拟值与实测值的对比，可以看出灌水后的第 2 天和第 3 天模拟值比第 1 天更接近实测值，R^2 分别为 0.945 和 0.937，MAE 分别为 0.003 $m^3 \cdot m^{-3}$和 0.007 $m^3 \cdot m^{-3}$，RMSE 分别为 0.004 $m^3 \cdot m^{-3}$和 0.011 $m^3 \cdot m^{-3}$，d_l分别为 0.985 和 0.939，灌水第 1 天表层 0~2 cm 土壤含水率模拟值与实测值偏差较大，这是由于在灌水当天，表层为变水头边界条件，灌水时间持续时间长，导致表层含水率变化波动较大，加之表层土壤质地的不均匀性导致 UZFLOW-2D模型模拟偏差较大。

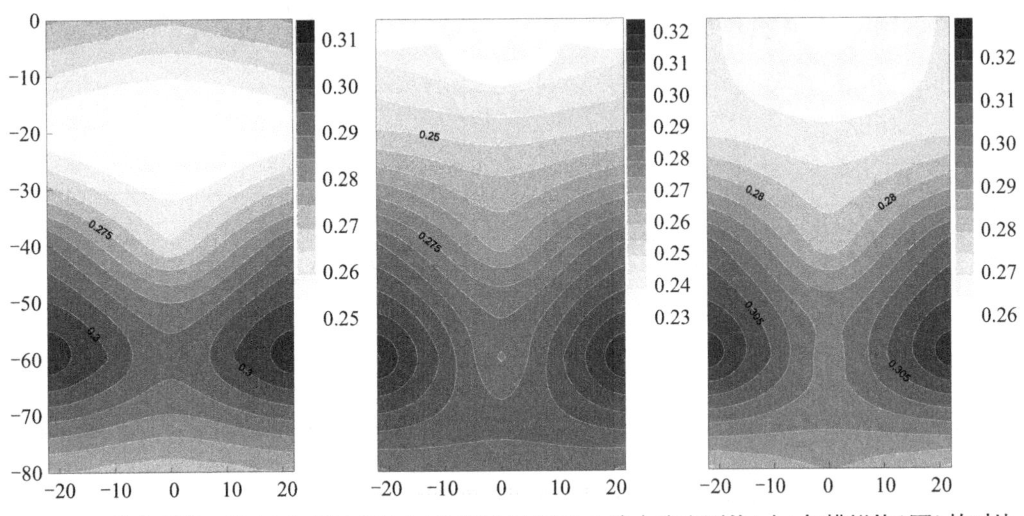

图 8-13 灌水后第 1 天(左)、第 2 天(中)和第 3 天(右)土壤水分实测值(上)与模拟值(下)的对比

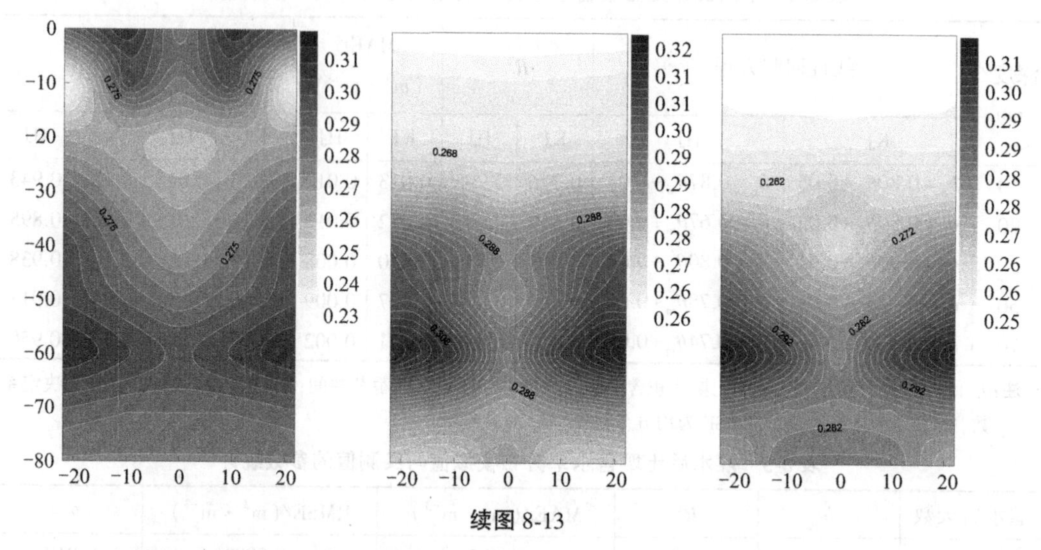

续图 8-13

8.3.2.2　土壤温度模拟结果与实测结果的对比

由于 30 cm 及以下土层地温波动幅度较小，因此仅对 2016 年棵间和行间 0、5 cm、10 cm 和 20 cm 位置的地温进行了模拟(见图 8-14 和表 8-6)，可以看出，10 cm 位置模拟精度最好，而 0 处较差，尤其是幼苗期。5～20 cm 处模拟值与实测值相关系数 R^2 在 0.95 以上，而 0 位置在 0.85 以上，0、5 cm、10 cm 和 20 cm 棵间位置模拟值与实测值的平均相对偏差依次为 1.0%、0.37%、0.21%和 0.09%，行间位置依次为 0.47%、2.89%、0.33%和 1.65%。可见，UZFLOW-2D 模型可以准确模拟不同棵间位置及深度处的土壤温度变化过程。

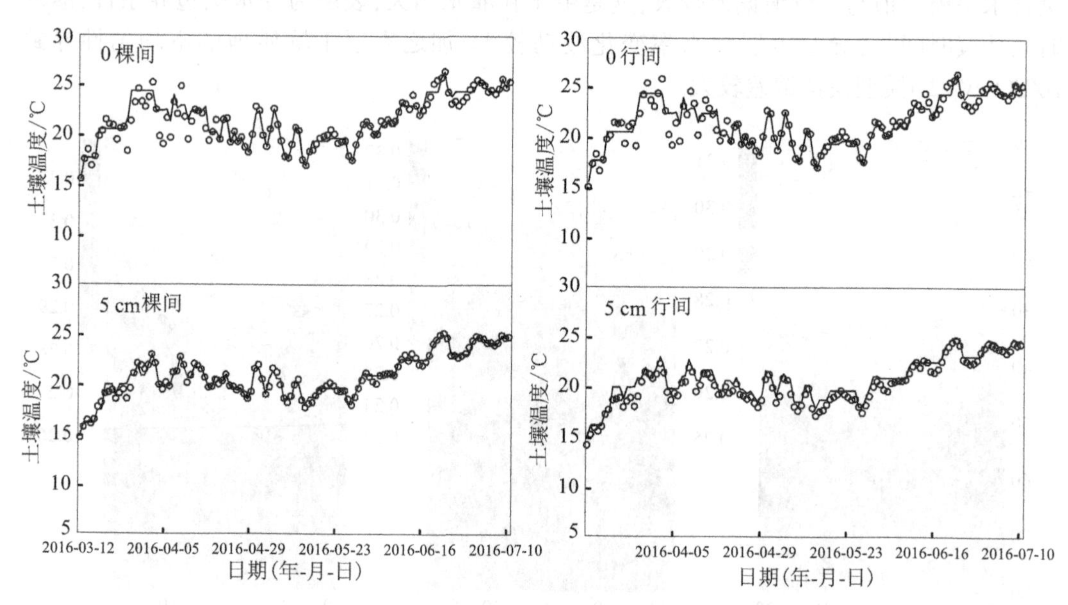

图 8-14　不同位置处土壤温度实测与模拟值对比

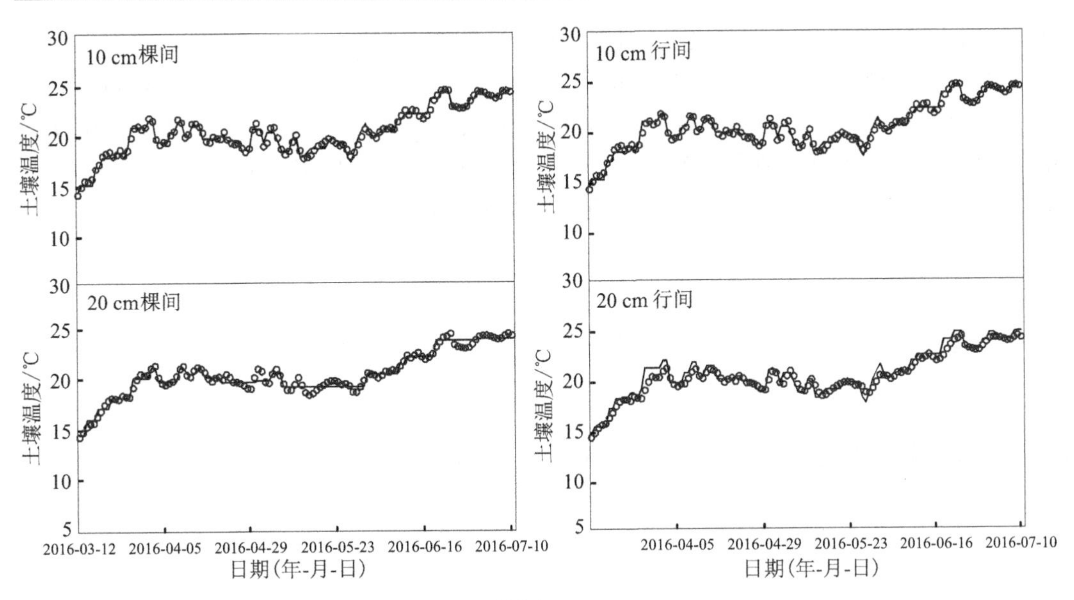

续图 8-14

表 8-6　不同位置处土壤含水率分布模拟值与实测值的参数统计

深度/cm	线性回归方程		R^2		MAE/($m^3 \cdot m^{-3}$)		RMSE/($m^3 \cdot m^{-3}$)		d_l	
	KJ	HJ	KJ	HJ	KJ	HJ	KJ	HJ	KJ	HJ
0	$T_{sc}=1.009\ 4T_{sm}$	$T_{sc}=1.003\ 8T_{sm}$	0.882	0.889	0.494	0.540	0.836	0.792	0.968	0.972
5	$T_{sc}=1.003\ 1T_{sm}$	$T_{sc}=1.028\ 7T_{sm}$	0.968	0.962	0.265	0.630	0.388	0.721	0.992	0.973
10	$T_{sc}=1.002T_{sm}$	$T_{sc}=1.003\ 3T_{sm}$	0.976	0.973	0.276	0.295	0.351	0.373	0.994	0.993
20	$T_{sc}=1.000\ 5T_{sm}$	$T_{sc}=1.016\ 4T_{sm}$	0.963	0.965	0.323	0.416	0.407	0.517	0.991	0.985

注：T_{sc} 和 T_{sm} 分别为模拟和实测的土壤温度，℃；KJ 为 2 棵番茄棵间；HJ 为 2 棵番茄行间；R^2 为决定系数；MAE 为平均绝对误差；RMSE 为均方差根；d_l 为一致性指数。

8.4　结果应用

采用 UZFLOW-2D 模型的灌溉模块可实现基于蒸发皿蒸发量制定灌水制度的决策，为探讨温室滴灌番茄最佳蒸发皿系数以及不同灌水量对作物根区土壤水分再分配和作物蒸腾满足率的响应，本书参考 2016 年蒸发皿蒸发量、潜在土壤蒸发量、潜在作物蒸腾量、根长密度分布等参数，预测了蒸发皿系数分别为 0.9、0.7 和 0.5 条件下的灌水量和耗水量等重要参数，并与 2016 年蒸渗仪实测蒸发蒸腾结果进行了对比。最后通过制定多个蒸发皿系数预测番茄耗水特征，分析其土壤水分变化规律，旨在为更好地制定温室滴灌灌水制度提供可靠依据。

图 8-15 是设定蒸发皿系数分别为 0.9、0.7 和 0.5 条件下，采用 UZFLOW-2D 模型对 2016 年 4 月 1 日~7 月 10 日之间预测的 10 cm、20 cm、30 cm、40 cm 和 60 cm 土壤水分动态变化，可以看出，灌水后，10 cm、20 cm 和 30 cm 的土壤水分动态波动明显，而 40 cm 和

60 cm 的土壤水分动态无明显变化，对于 T0.9 处理 10 cm、20 cm、30 cm、40 cm 和 60 cm 的平均含水率分别为 0.27 $m^3 \cdot m^{-3}$、0.29 $m^3 \cdot m^{-3}$、0.26 $m^3 \cdot m^{-3}$、0.27 $m^3 \cdot m^{-3}$ 和 0.30 $m^3 \cdot m^{-3}$，T0.7 处理的分别为 0.24 $m^3 \cdot m^{-3}$、0.26 $m^3 \cdot m^{-3}$、0.24 $m^3 \cdot m^{-3}$、0.26 $m^3 \cdot m^{-3}$ 和 0.29 $m^3 \cdot m^{-3}$，T0.5 处理的分别为 0.22 $m^3 \cdot m^{-3}$、0.22 m^3 m^{-3}、0.21 $m^3 \cdot m^{-3}$、0.25 $m^3 \cdot m^{-3}$ 和 0.25 $m^3 \cdot m^{-3}$，模拟结果与 2016 年 EM50 实测结果一致较好。

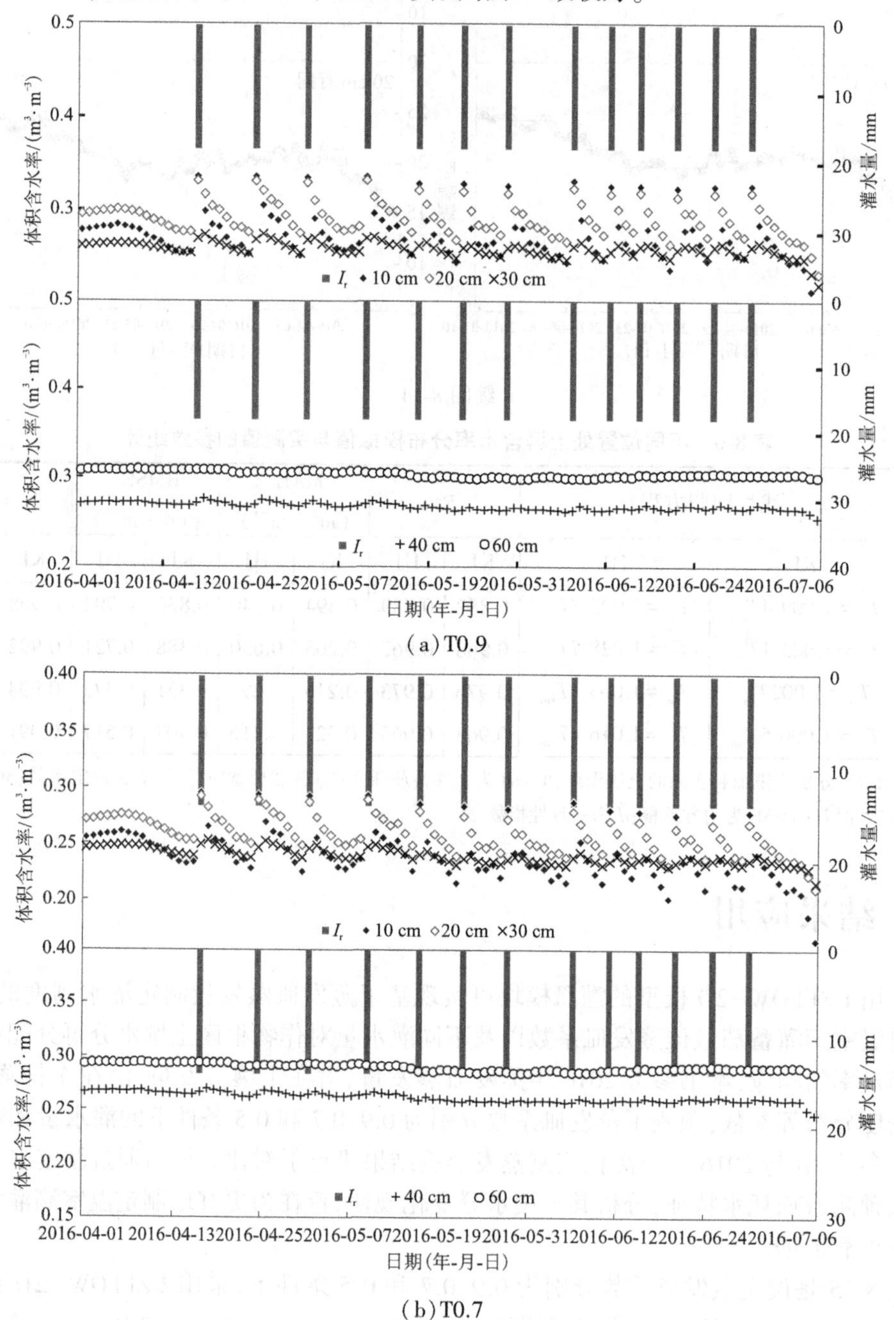

(a) T0.9

(b) T0.7

图 8-15 设定蒸发皿系数分别为 0.9、0.7 和 0.5 条件下土壤水分动态变化预测结果

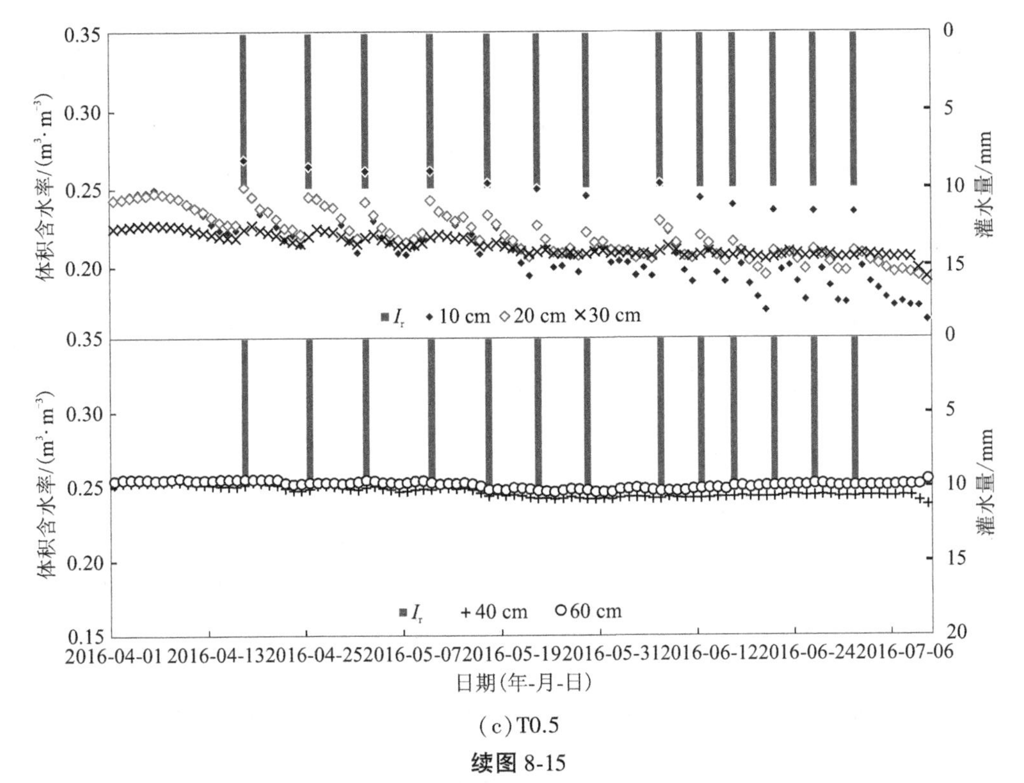

(c) T0.5

续图 8-15

此外,采用 UZFLOW-2D 模型预测了 2016 年 4 月 1 日~7 月 10 日之间 T0.9、T0.7 和 T0.5 处理的阶段灌水量和 ET,取 5 d 为一个单位,采用水量平衡法每隔 5 d 计算一次灌水量和 ET(见图 8-16 和表 8-7),可以看出,采用 UZFLOW-2D 模型预测的灌水量和 ET 与实测值较为接近,T0.9 处理实测总灌水量和日平均 ET 分别为 236.43 mm 和 3.21 mm,预测的总灌水量和日平均 ET 分别为 234 mm 和 2.90 mm,总灌水量和日平均 ET 的预测值与实测值的相对误差分别为 1.03%和 9.82%,最大相对误差分别为 9.90%和 42.90%,MAE 分别为 0.810 mm 和 0.574 mm,RMSE 分别为 1.001 mm 和 0.657 mm;T0.7 处理实测总灌水量和日平均 ET 分别为 183.89 mm 和 2.81 mm,预测的总灌水量和日平均 ET 分别为 182 mm 和 2.39 mm,总灌水量和日平均 ET 的预测值与实测值的相对误差分别为 1.03%和 14.95%,最大相对误差分别为 9.91%和 46.64%,MAE 分别为 0.630 mm 和 0.569 mm, RMSE 分别为 0.779 mm 和 0.692 mm;T0.5 处理实测总灌水量和日平均 ET 分别为 131.35 mm 和 2.41 mm,预测的总灌水量和日平均 ET 分别为 130 mm 和 2.08 mm,总灌水量和日平均 ET 的预测值与实测值的相对误差分别为 1.03%和 13.69%,最大相对误差分别为 9.91%和 52.24%,MAE 分别为 0.450 mm 和 0.543 mm,RMSE 分别为 0.556 mm 和 0.669 mm。由此可见,灌水量越大,UZFLOW-2D 模型的预测结果与实测值越接近,一致性指数越高,这是由于本试验对 T0.7 和 T0.5 水分处理进行预测模拟时,根长密度参数采用的是 T0.9 处理根长密度实测值,而 T0.7 和 T0.5 水分处理的根长密度与 T0.9 水分处理不同,这是导致结果偏差的主要原因。总体而言,应用 UZFLOW-2D 模型预测温室滴灌番茄土壤水分变化、灌水量以及 ET 是可行的。

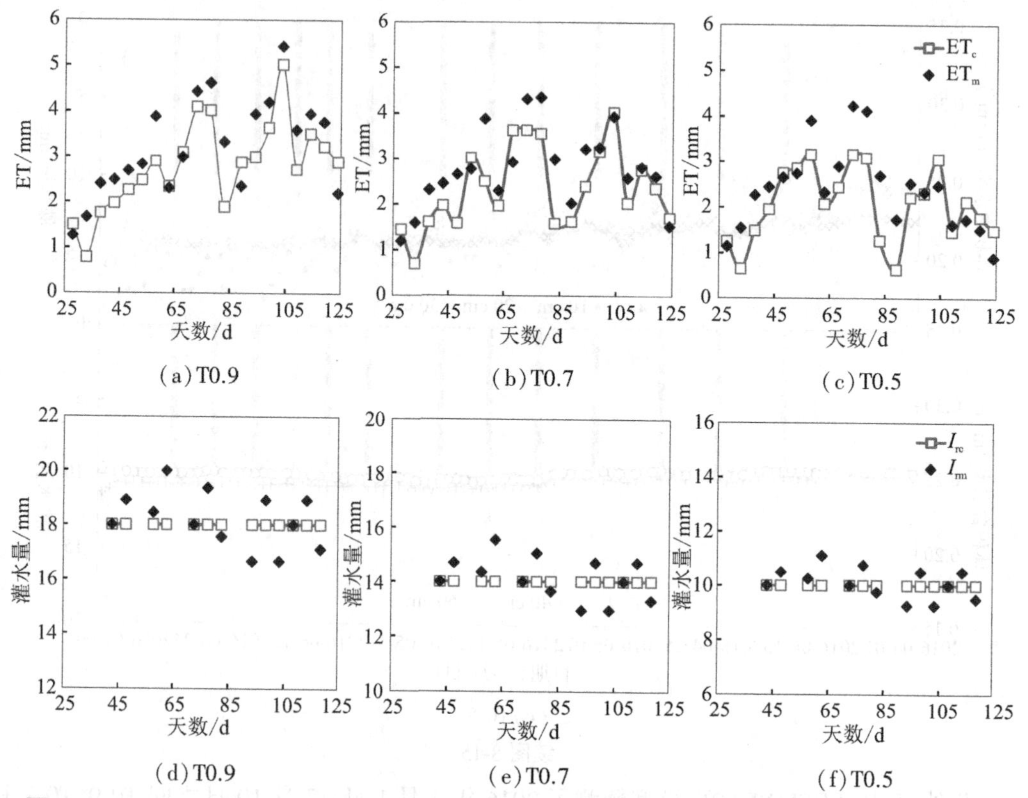

(a) T0.9　(b) T0.7　(c) T0.5

(d) T0.9　(e) T0.7　(f) T0.5

图 8-16　T0.9、T0.7 和 T0.5 处理实测耗水量(ET_m)和灌水量(I_m)与预测结果(ET_c 和 I_{rc})的对比

表 8-7　不同水分处理灌水量和 ET 的实测值与预测值参数统计

处理	总灌水量/mm		日均 ET/mm		MAE/mm		RMSE/mm		d_l	
	实测值	预测值	实测值	预测值	I_r	ET	I_r	ET	I_r	ET
T0.9	236.43	234	3.21	2.90	0.810	0.574	1.001	0.657	0.235	0.894
T0.7	183.89	182	2.81	2.39	0.630	0.569	0.779	0.692	0.235	0.841
T0.5	131.35	130	2.41	2.08	0.450	0.543	0.556	0.669	0.235	0.831

为此,本书采用 UZFLOW-2D 模型预测了蒸发皿系数分别为 1.0、0.9、0.8、0.7、0.6 和 0.5 条件下的土壤水分变化规律,并对灌水后 1~4 d 内不同土壤层含水率变化进行了分析(见图 8-17),从图中可知,蒸发皿系数越大,土壤含水率就越高,表层(10 cm)尤为明显,且随着土层的加深差异逐步缩小,60 cm 各处理的土壤含水率几乎无明显差异。随着灌水天数的增加,土壤含水率逐步降低,不同蒸发皿系数之间,10~30 cm 处含水率随着灌水天数的增加呈先增加后减小的变化趋势。以表层 10 cm 为例说明灌水后 4 d 内含水率变化情况,$1.0E_{pan}$、$0.9E_{pan}$、$0.8E_{pan}$、$0.7E_{pan}$、$0.6E_{pan}$ 和 $0.5E_{pan}$ 的含水率在灌水后的第 1 天分别为 0.347 $m^3 \cdot m^{-3}$、0.338 $m^3 \cdot m^{-3}$、0.327 $m^3 \cdot m^{-3}$、0.314 $m^3 \cdot m^{-3}$、0.299 $m^3 \cdot m^{-3}$ 和 0.282 $m^3 \cdot m^{-3}$,在灌水后的第 2 天分别为 0.298 $m^3 \cdot m^{-3}$、0.290 $m^3 \cdot m^{-3}$、0.280 $m^3 \cdot m^{-3}$、

0.268 $m^3 \cdot m^{-3}$、0.253 $m^3 \cdot m^{-3}$和 0.238 $m^3 \cdot m^{-3}$,在灌水后的第 3 天分别为 0.280 $m^3 \cdot m^{-3}$、0.273 $m^3 \cdot m^{-3}$、0.263 $m^3 \cdot m^{-3}$、0.252 $m^3 \cdot m^{-3}$、0.238 $m^3 \cdot m^{-3}$和 0.223 $m^3 \cdot m^{-3}$,在灌水后的第 4 天分别为 0.266 $m^3 \cdot m^{-3}$、0.259 $m^3 \cdot m^{-3}$、0.251 $m^3 \cdot m^{-3}$、0.240 $m^3 \cdot m^{-3}$、0.227 $m^3 \cdot m^{-3}$和 0.213 $m^3 \cdot m^{-3}$。可见,灌水后第 2 天和第 3 天表层土壤蒸发处于稳定蒸发阶段,水分消耗较快,第 4 天土壤蒸发受土壤水分状况的影响,水分消耗较慢。

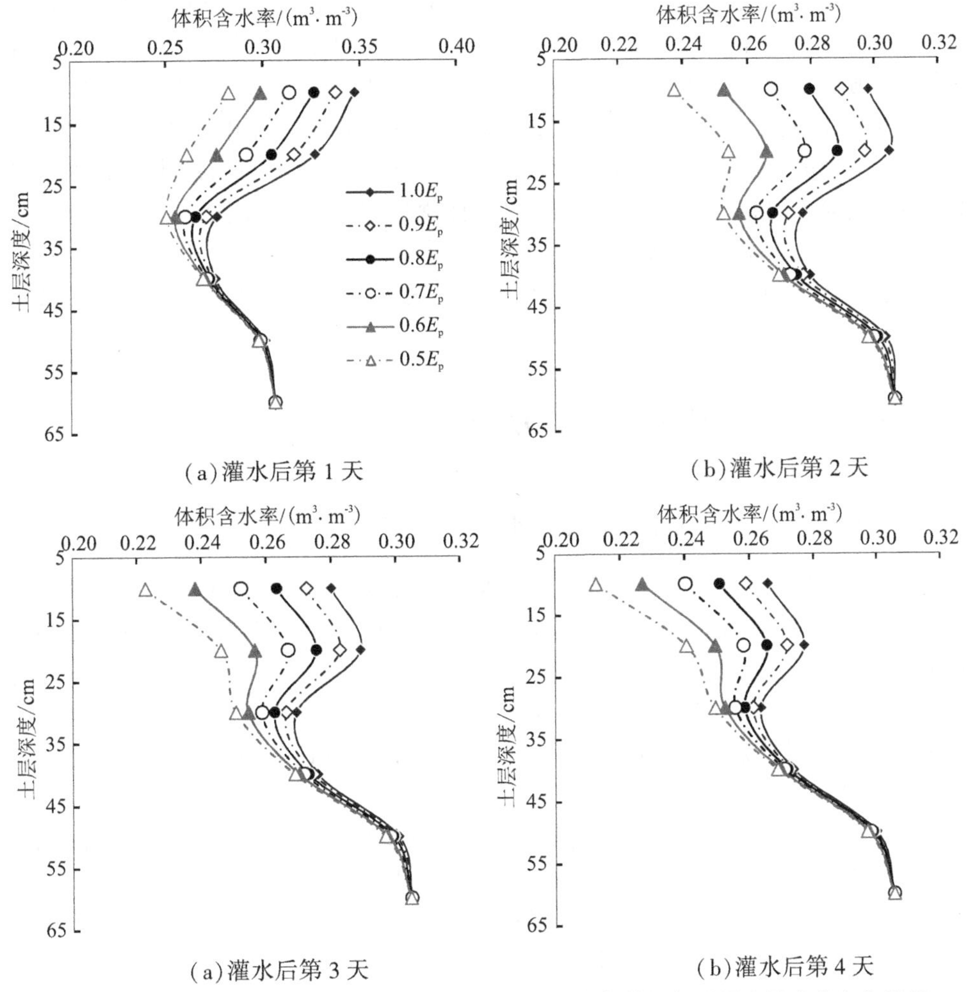

图 8-17 采用 UZFLOW-2D 模型预测不同蒸发皿系数条件下根系层土壤水分变化规律

第9章 设施蔬菜节水调质高效灌溉模式

传统的非充分灌溉研究中,灌溉控制指标的确定主要是从节水增产的角度考虑,通过研究土壤水分调控对作物生长发育和生理特性的影响,提出既能使作物叶片保持较高的光合速率又能尽量避免作物奢侈蒸腾的土壤水分控制标准。优质节水高效灌溉不同于传统的非充分灌溉,它是从作物水分—产量—品质响应的生理机制出发,在对水分响应敏感的品质指标选择的基础上,通过水分调控进而达到节水、高产、优质的目标。因此,温室蔬菜节水高效滴灌灌溉指标的确定应该综合权衡作物节水与高产、高产与优质的相互关系,既要保证一定的产量水平,又要兼顾水分利用效率和品质的提高,或者在保证一定的品质标准前提下,以较少的水量投入尽可能提高产量,从而获得较高的经济效益,实现节水、高产、优质三者的协调统一。

9.1 节水调质灌溉制度评价方法

9.1.1 土壤水分下限控制灌溉试验评价方法

通过前面章节的系统分析,当番茄土壤水分下限(占田间持水量的百分比)控制在苗期60%~65%、开花坐果期70%~75%、成熟采摘期70%~75%时,植株长势较好,根冠比适宜,光合作用较强,气孔开度较大,且外观形状及营养品质优异,产量及坐果数较高,灌溉水利用效率及水分利用率较高。为了进一步确定温室番茄的适宜土壤水分控制下限指标,应采用数学统计方法,从理论上对各水分处理进行综合评价,从而提出高产优质统一的灌溉指标。

土壤水分调控对番茄果实各项品质指标的影响不相同,其中水分亏缺对番茄果实可溶性蛋白含量的影响最小。水分亏缺虽对硝酸盐含量影响较大,但试验所得各处理的硝酸盐含量均达到一级蔬菜标准,各处理果实中硝酸盐含量均不会对人体健康产生危害。此外,各指标之间的相关分析结果也显示,采用糖酸比和VC含量即可综合反映番茄果实营养品质的总体水平,且单果重和硬度分别代表了番茄果实的外观品质和储运品质。因此,本书将果实糖酸比和VC含量、单果重、硬度分别作为果实营养品质、外观品质、储运品质的评价指标,这些指标可综合反映番茄果实的品质优劣;另外,将番茄产量、水分利用效率(WUE)作为高产节水指标。综合考虑上述6项指标,对温室番茄优质高产相统一的灌溉指标做出最佳判断。

本研究以上述6项指标作为分析因子,采用主成分分析法来对其进行综合评价,其主要分析步骤如下(以2009年试验结果为例):

(1)将上述6项指标数据进行标准化,求得标准化数据,求出相关系数矩阵如表9-1所示。

表9-1 相关系数矩阵

系数	X_1	X_2	X_3	X_4	X_5	X_6
X_1	1.000 0	-0.266 3	0.317 9	-0.167 5	-0.594 5	0.430 1
X_2	-0.266 3	1.000 0	0.779 0	0.588 9	-0.851 0	-0.525 6
X_3	0.317 9	0.779 0	1.000 0	-0.184 9	0.659 6	0.171 9
X_4	-0.167 5	0.588 9	-0.184 9	1.000 0	0.290 8	0.873 1
X_5	-0.594 5	-0.851 0	0.659 6	0.290 8	1.000 0	-0.116 2
X_6	0.430 1	-0.525 6	0.171 9	0.873 1	-0.116 2	1.000 0

(2)求相关系数矩阵的特征向量、特征值、各特征值的方程贡献率和累计方程贡献率(见表9-2)。

表9-2 相关矩阵的特征向量、特征值、方差贡献率和累计贡献率

系数	λ_1	λ_2	λ_3	λ_4	λ_5	λ_6
X_1	0.129 0	0.507 7	-0.706 3	0.338 7	0.327 0	0.071 6
X_2	0.579 8	0.047 1	0.123 1	-0.205 6	0.006 6	0.777 3
X_3	0.470 8	0.160 1	0.433 2	0.692 0	-0.161 7	-0.245 0
X_4	-0.001 7	0.636 7	0.445 0	-0.400 0	0.435 1	-0.217 3
X_5	-0.537 8	-0.068 1	0.314 4	0.451 3	0.426 2	0.471 2
X_6	-0.369 3	0.551 7	0.038 9	0.022 4	-0.704 2	0.247 8
特征值	2.845 2	1.888 8	0.841 9	0.334 0	0.069 4	0.020 7
百分率/%	47.420 6	31.479 6	14.031 4	5.566 1	1.157 0	0.345 4
累计百分率/%	47.420 6	78.900 1	92.931 5	98.497 6	99.654 6	100.000 0

(3)由于前3个特征值的列举方差贡献率达到92.93%>85%(保留主成分数量的判断标准),只保留前3个主成分即可代表整个数据资料的大部分信息。

(4)用标准化数据与前3个特征向量相乘,求得前3个主成分得分,再用前3个特征值的平方根去除前3个主成分得分值,将主成分得分转换成标准化主成分得分。由于这些主成分得分之间是相互独立的,因此可以将它们相加得到前3个标准化主成分得分的总分(见表9-3),利用这些标准化主成分得分进行各处理的优劣比较。

表9-4给出了2008年和2009年试验期温室番茄各水分处理的综合得分和排序,从表中可以看出,2个试验期的得分和排序虽有所差异,但总体趋势一致,综合2年的分析结果,T2处理的标准化主成分平均得分最高,T5处理的标准化主成分平均得分次之,T4、T7和TCK处理的标准化主成分得分最小,说明在番茄开花坐果期和成熟采摘期过度水分亏缺虽可提高果实品质,但造成产量大幅度降低,产量降低程度超过了品质的提高程度,不能形成高产、优质的统一,综合效益最差,而土壤水分过高,植株徒长,也不利于优质高产。而适宜水分处理T2可实现高产优质的统一,且综合效益最好。经综合考虑,温室番茄滴灌土壤水分控制下限指标如表9-5所示,该指标与前面章节所得指标完全一致。

表 9-3 各处理前 3 个标准化主成分得分及排序

处理	Y_1	Y_2	Y_3	总分	排序
T1	0.197 7	0.830 4	0.519 6	1.547 7	3
T2	0.761 1	1.224 9	0.397 9	2.383 9	1
T3	0.336 9	0.702 4	0.795 6	1.835 0	2
T4	−1.446 6	0.264 7	−1.739 0	−2.920 9	10
T5	−0.356 2	1.565 9	−0.633 1	0.576 6	4
T6	1.244 5	−1.230 5	0.157 7	0.171 7	7
T7	−2.024 6	−1.041 6	0.933 1	−2.133 1	8
T8	−0.296 2	−0.653 6	1.458 3	0.508 6	5
T9	0.965 8	−0.392 1	−0.351 6	0.222 1	6
TCK	0.617 5	−1.270 6	−1.538 8	−2.191 9	9

表 9-4 2 个试验期各处理主成分综合得分及排序

处理	2008 年		2009 年		平均值	排序
	总得分	排序	总得分	排序		
T1	−0.073	5	1.548	3	0.737	4
T2	1.755	2	2.384	1	2.069	1
T3	−0.061	4	1.835	2	0.887	3
T4	−0.659	9	−2.921	10	−1.790	9
T5	2.205	1	0.577	4	1.391	2
T6	0.799	3	0.172	7	0.485	5
T7	−0.633	8	−2.133	8	−1.383	8
T8	−0.474	7	0.509	5	0.017	6
T9	−0.307	6	0.222	6	−0.042	7
TCK	−4.179	10	−2.192	9	−3.185	10

表 9-5 温室番茄土壤水分控制下限指标

生育阶段	苗期	开花坐果期	成熟采摘期
土壤水分控制下限(占田间持水量的百分比)	60%～65%	70%～75%	70%～75%
计划湿润层/cm	40	40	40

9.1.2　水面蒸发皿控制灌溉试验评价方法

综合评价优劣的关键在于各指标在评价体系中权重的确定,评价指标权重的确定是否得当直接决定着评价结果的准确性。权重的确定方法主要分为主观权重和客观权重两大类,主观赋权法主要包括专家调查法、层次分析方法、模糊综合评价方法等,其权重的确定是在评价者主观判断的基础上,通过加工处理得到。客观赋权法可以充分利用评价对象所提供的数据信息,客观地给各指标赋权,这种方法操作简单且具有科学性,包括变异系数法、主成分分析法、因子分析法、熵权系数法、局部变权法等。不论是主观赋权法还是客观赋权法,各种方法都有其优缺点,对不同的评价目标而言,采取适宜的权重确定方法是评价结果是否可信的关键。

蒸发皿测量的水面蒸发量(E_{pan})能够综合反映当时的气象状况,根据预先设定的蒸发皿系数(K_{cp})来制订灌溉计划,A 级标准蒸发皿在作物灌溉制度研究中得到了广泛应用,但由于 A 型蒸发皿的价格昂贵,国内的研究多采用 20 cm 标准水面蒸发皿制定灌溉制度。各种基于水面蒸发量的灌溉制度均可对适宜灌水做出判断,但大多是在对试验资料的分析基础上通过主观判断得到,判断结果会因决策者的阅历和角度的不同而出现差异,建立适应的评价体系、指标和评价方法能够弥补主观判断的不足,而在节水调质灌溉制度综合评价体系方面研究较少。基于此,本书综合考虑高产、节水和优质,采用变异系数法和专家调查法综合确定评价体系中各评价指标的权重,借鉴 TOPSIS 综合评价方法,建立温室番茄综合评价模型,从而确定基于水面蒸发量的温室番茄节水调质灌溉制度。

9.1.2.1　设施蔬菜节水调质灌溉制度评价体系

表 9-6 给出了 2011 年、2012 年和 2013 年基于水面蒸发量的不同灌水间隔和灌水量对温室番茄产量(Y_a)、WUE、单果重(FM)、果实可溶性固形物(TSS)和果实硬度(FF)的影响,如前面章节所述,不同水分处理对番茄产量、水分利用效率、单果重、TSS 及硬度等指标的影响均达到显著水平($P<0.05$)。综合 3 年的试验结果可以看出,在同一灌水量下,产量、WUE、单果重、TSS 和果实硬度均有随灌水频率的增大而增大的趋势。在同一灌水频率下,产量对灌水量的响应有一阈值($0.9E_{pan}$),当灌水量小于该值时,产量随灌水量的增大而增大,当灌水量大于该值时,产量随灌水量的增大而增大的程度较小,甚至有降低的趋势;WUE 对灌水量的响应也存在一阈值,但与产量响应结果不一致,该阈值为 $0.7E_{pan}$,当灌水量小于该值时,WUE 随灌水量的增大而增大,当灌水量大于该值时,WUE 随灌水量的增大而逐渐降低;单果重随灌水量的增大而逐渐增大,而 TSS 含量与硬度随灌水量的增大而逐渐减小。由此可见,各评价指标对水分状况的响应规律和程度均不一致,单独采用任何一个指标不能合理确定优质、高产、高效的灌溉制度,需建立一个综合评价模型。

温室番茄节水调质灌溉制度的确定原则是在不减产或产量降低程度较小的情况下,提高 WUE 和果实品质。TSS 含量、VC 含量、可溶性糖含量等品质指标是番茄果实的主要营养品质指标,从有关文献的研究结果表明,TSS 含量与 VC 含量、可溶性糖含量对水分状况的响应规律一致,三者均随水分亏缺程度的增大而增大,且 TSS 含量与 VC 含量、可溶性糖含量呈现极显著的正相关关系($P<0.01$),说明上述 3 个指标均可表征番茄果实的

营养品质，考虑到 TSS 含量测定方法简单，且测定结果相对于其他指标更稳定，可将 TSS 含量作为综合反映番茄果实营养品质的指标。单果重和硬度分别代表了番茄果实的外观品质和储运品质。综上所述，本书将果实可溶性固形物含量、单果重、硬度分别作为果实营养品质、外观品质、储运品质的评价指标，这些指标可综合反映番茄果实的品质优劣；另外，将番茄产量、WUE 作为高产节水指标。综合考虑上述 5 项指标，采用数学统计方法，对温室番茄优质、高产、高效相统一的灌溉制度做出最佳判断。

表 9-6　综合评价体系中各指标的试验结果

年份	处理	Y_a/（t·hm^{-2}）	WUE/（kg·m^{-3}）	FM/g	TSS/%	FF/（kg·cm^{-2}）
2011	I1Kcp1	108.51f	39.98d	131.2c	5.69a	2.43a
	I1Kcp2	141.76c	47.94a	150.2b	5.21bcd	2.26ab
	I1Kcp3	151.79a	46.98a	157.8a	5.02cde	2.13bc
	I1Kcp4	149.20ab	38.45e	159.0a	4.39fg	2.08bcd
	I2Kcp1	105.64f	40.28d	127.1c	5.65ab	2.38a
	I2Kcp2	140.32cd	47.70a	151.0b	4.80de	2.21ab
	I2Kcp3	147.54b	43.73b	157.3a	4.59ef	2.09bcd
	I2Kcp4	148.04ab	38.42e	159.9a	4.38fg	2.05bcd
	I3Kcp1	99.59g	39.98d	124.5c	5.33abc	2.31ab
	I3Kcp2	131.24e	46.97a	152.1b	4.75ef	2.07bcd
	I3Kcp3	137.04d	42.28c	156.3a	4.40fg	2.00cd
	I3Kcp4	137.88cd	36.21f	159.8a	4.28g	1.99d
2012	I1Kcp1	121.25e	45.70abc	146.2d	4.80a	2.43a
	I1Kcp2	143.63bc	47.05a	163.2c	4.37b	2.26ab
	I1Kcp3	152.08a	45.03abc	165.1bc	4.30bc	2.18b
	I1Kcp4	156.02a	42.22de	174.8ab	3.96cd	2.08bc
	I2Kcp1	116.29e	46.06ab	145.8d	4.76a	2.45a
	I2Kcp2	139.82cd	46.55ab	164.0c	4.19bcd	2.14b
	I2Kcp3	150.22ab	43.60cd	165.8bc	4.08bcd	2.02bc
	I2Kcp4	152.05a	39.39fg	176.8a	3.95cd	2.02bc
	I3Kcp1	104.81f	40.72ef	142.6d	4.75a	2.45a
	I3Kcp2	135.33d	44.79bc	160.2c	4.21bc	2.08bc
	I3Kcp3	144.31bc	43.52cd	168.5ab	3.96cd	1.95c
	I3Kcp4	141.91cd	37.48g	166.7bc	3.91d	1.95c

续表 9-6

年份	处理	Y_a/ (t·hm^{-2})	WUE/ (kg·m^{-3})	FM/ g	TSS/ %	FF/ (kg·cm^{-2})
2013	I1Kcp1	132.31d	52.66b	148.9e	5.63a	2.80a
	I1Kcp2	163.60bc	59.01a	178.4cd	4.96b	2.62abc
	I1Kcp3	172.16a	59.13a	187.7ab	4.67cd	2.67ab
	I1Kcp4	173.59a	51.42bc	180.2cd	4.35e	2.44bcd
	I2Kcp1	129.70d	53.59b	146.5e	5.52a	2.84a
	I2Kcp2	162.41c	58.55a	182.9bc	4.80bc	2.37bcd
	I2Kcp3	170.20ab	57.50a	186.5ab	4.62cd	2.27d
	I2Kcp4	172.50a	52.32b	189.2a	4.35e	2.33cd
	I3Kcp1	120.26e	49.29c	143.6e	5.72a	2.63abc
	I3Kcp2	160.45c	56.64a	179.4cd	4.82bc	2.34cd
	I3Kcp3	167.41abc	57.50a	183.9abc	4.45de	2.40bcd
	I3Kcp4	161.57c	48.97c	175.8d	4.41de	2.20d

注:表中同列小写字母相同者,表示差异不显著(LSD,P>0.05);同列小写字母不相同者,表示差异显著(LSD,P>0.05)。

9.1.2.2　评价指标权重的确定方法

变异系数法(coefficient of variation method)是直接利用各项指标所包含的信息,通过计算得到评价体系中指标的权重,由于评价体系中各指标的量纲不同,不能直接比较各指标的差异程度,为了消除各指标的不同的影响,用各指标的变异系数来表征其取值的差异程度。在温室番茄节水调质灌溉制度的综合评价体系中,各指标的变异系数 CV 表征了各指标数据差异的相对大小。指标取值的差异越大,则由其反映的信息相对较为充分,也就是越难实现的指标,说明该指标在处理间差异显著,该指标能反映被评价处理间的差距;否则,如果某项指标数据在处理间差异不大,有明显的集中趋势,该指标不能反映被评价处理间的差距,利用这项指标的数据辨别不同处理差异的能力较小。在节水调质灌溉制度的综合评价体系中,上述各项评价指标在评价体系中的作用相当,因而变异系数法适用于各指标权重确定。变异系数法确定权重的计算公式如下:

$$W_i = \mathrm{CV}_i / \sum_{i=1}^{n} \mathrm{CV}_i \tag{9-1}$$

$$\mathrm{CV}_i = \sigma_i / \bar{x}_i \tag{9-2}$$

式中:W_i为第 i 个指标的权重;CV_i为第 i 个指标的变异系数;σ_i为第 i 个指标的标准差;$\bar{x}_i$为第 i 个指标的平均值。

采用变异系数法计算出温室番茄节水调质灌溉制度综合评价体系中各指标的权重结果如表 9-7 所示。从表 9-7 中可以看到,2011 年番茄试验期 5 项评价指标中产量的权重最大,果实硬度的权重最小;2012 年试验期 5 项评价指标中产量的权重最大,单果重的权重最小;2013 年试验期 5 项评价指标中产量的权重最大,WUE 的权重最小。这说明番茄产量在各水分处理的差异最大,其数据信息能较为充分地反映处理间的差异。各指标的权重在一定程度上受年际变化的影响,但同一指标权重在不同年份的变化幅度相对较小,说明采用变异系数法确定本研究综合评价体系中各指标权重较为稳定,可以用来确定评价指标的权重。

表 9-7　3 个试验期变异系数法所得各指标的客观权重

年份	处理	Y_a/(t·hm^{-2})	WUE/(kg·m^{-3})	FM/g	TSS/%	FF/(kg·cm^{-2})	总和
2011	标准差	18.32	4.14	13.31	0.5	0.15	—
	平均值	133.21	42.41	148.87	4.87	2.17	—
	变异系数	0.137 5	0.097 6	0.089 4	0.102 6	0.068 7	0.495 9
	权重	0.277 3	0.196 8	0.180 4	0.206 9	0.138 6	1
2012	标准差	16.01	3.01	11.16	0.33	0.19	—
	平均值	138.14	43.51	161.64	4.27	2.17	—
	变异系数	0.115 9	0.069 2	0.069	0.078 4	0.087	0.419 5
	权重	0.276 2	0.164 9	0.164 5	0.186 9	0.207 4	1
2013	标准差	18.65	3.77	16.94	0.50	0.21	—
	平均值	157.06	54.71	173.59	4.86	2.49	—
	变异系数	0.118 8	0.068 9	0.097 6	0.103 4	0.085 7	0.474 4
	权重	0.250 3	0.145 3	0.205 7	0.218 0	0.180 7	1

为了更加准确而合理地确定各指标在评价体系中权重,本研究同时采用专家调查法对各指标进行了评价,合计共调查专家 30 位,经过统计和分析最终得出专家调查法所确定的权重结果,将 3 年试验数据进行综合分析,采用变异系数法计算所得权重和专家调查法确定的权重结果如表 9-8 所示。从表 9-8 中可以看出,通过 3 年试验结果所得客观权重(变异系数法)产量最大,WUE 的权重最小,主观权重(专家调查法)得出产量权重最大,果实硬度权重最小,主观权重法提高了 WUE 在各评价指标中的权重,降低了果实硬度的权重,充分说明了人们对于提高作物水分利用效率以缓解水资源紧缺的紧迫感。

表 9-8　各指标在评价体系中综合权重确定结果

指标	产量	WUE	单果重	TSS	果实硬度	总和
标准差	17.57	3.40	13.55	0.44	0.18	—
平均值	142.81	46.88	161.37	4.67	2.28	—
变异系数	0.123	0.073	0.084	0.094	0.078	0.452
客观权重	0.272	0.161	0.186	0.208	0.173	1.00
主观权重	0.248	0.210	0.181	0.203	0.158	1.00
综合权重	0.260	0.185	0.183	0.206	0.165	1.00

9.1.2.3　基于 TOPSIS 的最优灌溉制度确定

TOPSIS(technique for order preference by similarity to an ideal solution,TOPSIS)法是 C.L.Hwang 和 K.Yoon 于 1981 年首次提出的,TOPSIS 法根据有限个评价对象与理想化目标的接近程度进行排序的方法,是在现有的对象中进行相对优劣的评价。其基本思想是:基于归一化后的原始数据矩阵,找出有限方案中最优方案和最劣方案(分别用最优向量和最劣向量表示),然后分别计算各评价对象与最优方案和最劣方案的距离,获得各评价对象与最优方案的相对接近程度,以此作为评价优劣的依据。

针对本研究的具体方法为:有 12 个评价处理、5 个评价指标,原始评价指标的数据可写为矩阵 $X=(X_{ij})_{12\times5}$。对高优(越大越好)、低优(越小越好)指标分别进行归一化变换,构造出规范化后的加权矩阵,即

$$Z_{ij}=W_i\frac{X_{ij}}{\sqrt{\sum_{i=1}^{12}X_{ij}^2}} \tag{9-3}$$

或

$$Z_{ij}=W_i\frac{1/X_{ij}}{\sqrt{\sum_{i=1}^{12}1/X_{ij}^2}} \tag{9-4}$$

归一化得到加权矩阵 $Z=(Z_{ij})_{12\times5}$及各列的最大值和最小值构成的最优向量和最劣向量结果如表 9-9 所示。表 9-9 所列结果为 3 年平均结果。

表 9-9　各指标归一化后的加权矩阵

处理	产量	WUE	单果重	TSS	果实硬度
I1Kcp1	0.063	0.052 5	0.046 5	0.068 1	0.053 4
I1Kcp2	0.078 1	0.058 4	0.053 6	0.061 4	0.049 8
I1Kcp3	0.082 8	0.057 4	0.055 7	0.059 1	0.048 7
I1Kcp4	0.083 3	0.050 1	0.056 1	0.053 7	0.046
I2Kcp1	0.061 2	0.053 1	0.045 7	0.067 3	0.053 6
I2Kcp2	0.077	0.058	0.054 3	0.058 3	0.046 8
I2Kcp3	0.081 4	0.055	0.055 6	0.056 1	0.044 5
I2Kcp4	0.082 2	0.049 4	0.057 4	0.053 6	0.044 6
I3Kcp1	0.056 5	0.049 3	0.044 8	0.066 7	0.051 5
I3Kcp2	0.074 3	0.056 3	0.053 6	0.058 2	0.045 2
I3Kcp3	0.078	0.054 4	0.055 5	0.054 1	0.044 2
I3Kcp4	0.076 5	0.046 5	0.054 8	0.053 3	0.042 8
最优向量	0.083 3	0.058 4	0.057 4	0.068 1	0.053 6
最劣向量	0.056 5	0.046 5	0.044 8	0.053 3	0.042 8

第 i 各评价处理与最优方案和最劣方案的距离分别用式(9-5)和式(9-6)计算,计算结果如表 9-10 所示。

$$D_i^+ = \sqrt{\sum_{j=1}^{5} (Z_{maxj} - Z_{ij})^2} \tag{9-5}$$

$$D_i^- = \sqrt{\sum_{j=1}^{5} (Z_{minj} - Z_{ij})^2} \tag{9-6}$$

第 i 个评价处理与最优方案的接近程度 C_i(综合评价值)采用式(9-7)计算:

$$C_i = D_i^- / (D_i^+ + D_i^-) \tag{9-7}$$

综合评价值 C_i 值越大说明该处理的综合效益越好,然后根据 C_i 的计算值的大小对不同水分处理进行排序,本书中 C_i 的计算值和各处理的排名结果如表 9-10 所示。从表 9-10 中可以看出,最优灌水间隔和灌水量组合是 I1Kcp3 处理,C_i 值为 0.751 8;I1Kcp2 处理次之,C_i 值为 0.739 7;I3Kcp1 处理最差,C_i 值为 0.343 7。在同一灌水间隔下,温室番茄的综合效益对灌水量的响应存在一个阈值($0.9E_{pan}$),当灌水量高于或低于此阈值后,番茄的综合效益均有降低的趋势;在同一灌水量下,温室番茄的综合效益随灌水间隔的减小而提高。总体而言,I1Kcp3 处理可实现温室番茄优质高产高效的有机统一,该处理的灌溉控制指标可以作为温室番茄节水调质的灌溉指标。

表 9-10　各处理的排序指标值

处理	D^+	D^-	C_i	名次
I1Kcp1	0.023 8	0.020 3	0.460 9	10
I1Kcp2	0.01	0.028 3	0.739 7	2
I1Kcp3	0.010 4	0.031 6	0.751 8	1
I1Kcp4	0.018 3	0.029 5	0.616 6	5
I2Kcp1	0.025 6	0.019 4	0.431 8	11
I2Kcp2	0.013 9	0.026 1	0.653 4	3
I2Kcp3	0.015 6	0.028 6	0.646 9	4
I2Kcp4	0.019 4	0.028 8	0.598 1	6
I3Kcp1	0.031 1	0.016 3	0.343 7	12
I3Kcp2	0.016 3	0.022 8	0.583 2	7
I3Kcp3	0.018 2	0.025 4	0.582 8	8
I3Kcp4	0.023	0.022 4	0.493 6	9

9.2　设施蔬菜节水调质灌溉技术模式

9.2.1　农艺栽培要求

(1)选择优良品种,适时育苗。日光温室冬春茬茄果类蔬菜应选择早熟或中早熟、耐弱光、耐寒,且其商品性和储运性较佳的品种。茄子和青椒一般在 11 月下旬育苗,且于苗床埋设地温线以防止低温对出苗和幼苗正常生长的影响;番茄一般在 12 月中下旬进行育苗。茄果类蔬菜一般在次年 2 月上旬装入营养钵,钵体内选用无病虫、无污染的熟土或没有种过茄科作物的肥沃园田土并混合有机肥过筛,3 月上中旬定植。

(2)平整土地,及时定植。定植前清除前作秸秆,消毒闷棚一昼夜。施足底肥,深翻 30~40 cm,使土肥掺匀,耙细耙平。采用宽窄行种植方式,宽行 65 cm,窄行 45 cm;茄子株距 40 cm,番茄和青椒株距 30 cm,黄瓜株距 33 cm;在每行植株铺设一条滴灌管,滴头间距与株距相同。为确保幼苗的成活率,定植后均进行一次灌水,灌水定额为 25 mm。

(3)肥料管理。按 667 m^2 计算,番茄、茄子和青椒定植前均施优质有机肥 1 500 kg、三元复合肥(N、P_2O_5、K_2O 的含量分别为 12%、18%和 15%)45 kg、尿素(含 N 量为 46%)15 kg 作为底肥。在开花坐果期为促进花芽分化,随灌溉水追施尿素 15 kg,盛果期施氮、磷、钾复合肥促进果实发育;黄瓜定值前施优质有机肥 1 600 kg、二元复合肥(N∶P=18∶46)26 kg、硫酸钾(含 K 50%)17 kg 作为底肥,盛果期随水追施 20 kg 纳米红钾王促进果实发育。

(4)及时搭架、整枝打杈。番茄植株达到一定高度后不能直立生长,需依靠支架支撑,搭架可采用竹子、架网、绳子等各种材料。用竹子搭架时,不能采用常规的 4 根一扎的模式,竹子只绑至棚顶,最好采用尼龙绳吊蔓,可减少遮光。不论用哪种搭架方式,应每 2 行逆向搭架,这样可提高通风透气,有利于作物生长,促进果实发育。番茄整枝采用单杆整枝法,随时整枝打杈,留四穗花后进行摘心打顶,并保持第四穗花上 3 层叶片以确保花果的正常生长发育。

茄子需要适时整枝,一般一个茄子植株只需要保留 2 个健壮的杈,多余的枝杈一定要及时摘除,杈的长度不要超过 8 cm,每杈留 4~5 花后摘心,以免植株生长过旺,影响果实的正常生长。在茄子植株长到半米时,必须及时吊秧;如果吊蔓时间过晚,容易导致植株弯曲生长,进而影响叶片光合作用,降低茄子的产量。

青椒因根系不是太发达整枝打杈的时间不宜过早,如果打杈过早,不利于根系的生长。青椒坐果时留下 3 个方位好、枝粗壮的一级分枝,其余相同级的不需要枝从基部用枝剪剪除;留下的每个主枝上可留 2 个分枝角度和方位好的二级分枝,其余的同级枝从基部抹除。以后要注意保持株形,除特殊情况需更新主枝外,要随时抹除主枝和二级枝上不需要、过密、光照差、位置不好的枝或萌芽枝。

黄瓜植株达到一定高度(20~30 cm)后不能直立生长,需依靠支架支撑使黄瓜藤有所依靠,也能使枝蔓受光均匀,保证好阳光照射,又能通风透气,搭架可采用竹子、架网、绳子等各种材料。用竹子搭架时,不能采用常规的 4 根一扎的模式,竹子只绑至棚顶,最好采用尼龙绳吊蔓,可减少遮光。不论用哪种搭架方式,应每 2 行逆向搭架,这样可提高通风透气,有利于作物生长,促进果实发育。黄瓜进行打杈要选择在晴朗天气进行,不能选在阴雨天气进行,这样能利于伤口愈合,不容易出现腐烂的情况。在黄瓜植株开花时,如果发现藤蔓上结出来的都是雄花,可以对此枝条进行打杈,将主藤蔓顶端去掉,促进分枝;当侧蔓生长出三片叶子时,需要将它的芽头摘掉,等到主蔓开始生长旺盛时,可以再次处理,将十片叶子以下的侧蔓摘除掉。

(5)病虫害防治。采用土壤消毒、种子处理、提前预防等农业综合治理技术防治番茄的青枯病、病毒病、炭疽病、根结线虫病等毁灭性病害,茄子的疫病、黄萎病、根腐病、根结线虫病等病害,及时杀灭蚜虫、温室白粉虱等虫害。确保在不伤害植株和果实正常生长条件下,应根据病虫害的种类及受害程度适时适量对症下药。

9.2.2 水肥管理

根据蔬菜需水规律、土壤墒情、根系分布、土壤性状、设施条件和技术措施,制定合理的灌溉制度,内容包括作物全生育期的灌水次数、灌溉时间和灌水定额等,采用土壤水分法、土壤水势法或累积水面蒸发量法任意一种方法制定灌溉制度。

(1)土壤水分法。根据农作物根系状况确定灌水计划湿润深度,蔬菜宜为 20~40 cm,灌水土壤含水率下限应控制在田间持水量的 60%~70%,灌水定额宜为 10~15 m^3/亩。

(2)土壤水势法。根据 20 cm 土层的土壤水势值制定灌溉制度,灌水下限值应为 -0.05~-0.02 MPa,灌水定额宜为 10~15 m^3/亩。

(3)累积水面蒸发量法。根据冠层上方的 20 cm 标准水面蒸发皿的累积水面蒸发量制定灌溉制度,当相邻两次灌水间隔的累积水面蒸发量达到 20 mm 时灌溉,根据不同作物的需水特性,确定蒸发皿系数及灌水定额。番茄蒸发皿系数为 0.9,灌水定额为 12 m^3/亩;黄瓜蒸发皿系数为 0.75,灌水定额为 15 m^3/亩。

9.2.3 滴灌系统运行与维护

(1)灌溉施肥。先用清水灌溉 10~20 min,然后打开施肥器的控制开关,使肥料进入灌溉系统,通过调节施肥装置的水肥混合比例或调节施肥器阀门大小,使肥液以一定比例与灌溉水混合后施入田间,宜在 1 m^3 中加入 1~2 kg 肥料。每次施肥结束后继续滴灌 10~20 min。

(2)首部检查。水泵使用前后注意电源连接,保证运行中不会产生漏电、漏气等;过滤器前后压差超过 0.02 MPa,应及时清洗过滤器;压差式施肥罐底部的残渣应经常清理。

(3)管网漏堵检查。管网运行过程中应定期检查、及时维修输水管网系统,防止漏水。每 3 次滴灌施肥后,将每条毛管末端打开进行冲洗。

(4)灌水器。如果灌溉水的碳酸盐含量较高,每一个生长季后,用 30%的稀盐酸溶液(40~50 L)注入滴灌管(带),停留 20 min,然后用清水冲洗。

(5)其他。田间滴灌管(带)应拉直,确保灌溉水流畅通;滴灌管(带)回收不应扭曲放置。

参 考 文 献

[1] 毕宏文.水份对蔬菜产品质量影响[J].北方园艺,1997(6):68-69.

[2] 陈玉民,郭国双,王广兴,等. 中国主要作物需水量与灌溉[M]. 北京:水利电力出版社,1995.

[3] 陈新明,蔡焕杰,单志杰,等. 根区局部控水无压地下灌溉技术对黄瓜和番茄产量及其品质影响的研究[J]. 土壤学报,2006,43(3):486-492.

[4] 陈新明, 蔡焕杰, 李红星, 等. 温室大棚内作物蒸发蒸腾量计算[J]. 应用生态学报, 2007, 18(2): 317-321.

[5] 丁兆堂,卢育华,徐坤.环境因子对番茄光合特性的影响[J].山东农业大学学报(自然科学版),2003(3):356-360.

[6] 戴剑锋, 金亮, 罗卫红, 等. 长江中下游 Venlo 型温室番茄蒸腾模拟研究[J]. 农业工程学报, 2006, 22(3): 99-103.

[7] 高占旺,庞万福,宋伯符.水分胁迫对马铃薯的生理反应[J].马铃薯杂志,1995(1):1-6.

[8] 郭庆荣, 李玉山. 非恒温条件下土壤中水热耦合运移过程的数学模拟[J]. 中国农业大学学报, 1997(S1): 33-38.

[9] 高新昊,张志斌,郭世荣,等.日光温室番茄越夏栽培滴灌指标的研究[J].中国蔬菜,2004(6):10-12.

[10] 高方胜,徐坤,徐立功,等.土壤水分对番茄生长发育及产量品质的影响[J].西北农业学报,2005(4):69-72.

[11] 龚雪文, 刘浩, 孙景生, 等, 2016. 调亏灌溉对温室番茄生长发育及其产量和品质的影响[J]. 节水灌溉, 2016(9): 52-56.

[12] 吉喜斌, 康尔泗, 陈仁升, 等. 植物根系吸水模型研究进展[J]. 西北植物学报, 2006, 26(5): 1079-1086.

[13] 康绍忠, 刘晓明, 熊运章. 冬小麦根系吸水模式的研究[J]. 西北农林科技大学学报(自然科学版), 1992, 20(2): 5-12.

[14] 刘昌明, 张喜英. 大型蒸渗仪与小型棵间蒸发器结合测定冬小麦蒸散的研究[J]. 水利学报, 1998(10): 36-39.

[15] 刘钰, Fernando R M, Pereira L S. 微型蒸发器田间实测麦田与裸地土面蒸发强度的试验研究[J]. 水利学报, 1999(6): 45-50.

[16] 罗毅, 于强, 欧阳竹, 等. 利用精确的田间实验资料对几个常用根系吸水模型的评价与改进[J]. 水利学报, 2000, 4: 73-80.

[17] 罗卫红, 汪小旵, 戴剑峰, 等. 南方现代化温室黄瓜冬季蒸腾测量与模拟研究[J]. 植物生态学报, 2004, 28(1): 59-65.

[18] 雷水玲, 孙忠富, 雷廷武, 等. 温室作物叶-气系统水流阻力研究初探[J]. 农业工程学报, 2004, 20(6): 46-50.

[19] 李清明,邹志荣,郭晓冬,等.不同灌溉上限对温室黄瓜初花期生长动态、产量及品质的影响[J].西北农林科技大学学报(自然科学版),2005(4):47-56.

[20] 梁媛媛. 日光温室滴灌茄子优质高效灌溉控制指标研究[D].邯郸:河北工程大学,2009.

[21] 刘浩. 温室番茄需水规律与优质高效灌溉指标研究[D]. 北京: 中国农业科学院, 2010.

[22] 李仙岳，杨培岭，任树梅，等. 樱桃冠层导度特征及模拟[J]. 生态学报，2010，30(2)：300-308.
[23] 刘浩，段爱旺，孙景生，等. 基于Penman-Monteith方程的日光温室番茄蒸腾量估算模型[J]. 农业工程学报，2011，27(9)：208-213.
[24] 龙秋波，贾绍凤. 茎流计发展及应用综述[J]. 水资源与水工程学报，2012，23(4)：18-23.
[25] 李欢欢，刘浩，庞婕，等. 水氮互作对盆栽番茄生长发育和养分累积的影响[J]. 农业机械学报，2019(9)：272-279.
[26] 毛学森，李登顺. 日光温室黄瓜节水灌溉研究[J]. 灌溉排水，2000(2)：45-47.
[27] 孟春红，夏军. 土壤-植物-大气系统水热传输的研究[J]. 水动力学研究与进展，2005，20(3)：307-312.
[28] 齐红岩，李天来，张洁，等. 亏缺灌溉对番茄蔗糖代谢和干物质分配及果实品质的影响[J]. 中国农业科学，2004(7)：1045-1049.
[29] 邱让建，杜太生，陈任强. 应用双作物系数模型估算温室番茄耗水量[J]. 水利学报，2015(6)：678-686.
[30] 任理，张瑜芳，沈荣开. 条带覆盖下土壤水热动态的田间试验与模型建立[J]. 水利学报，1998(1)：76-84.
[31] 邵明安，杨文治，李玉山. 植物根系吸收土壤水分的数学模型[J]. 土壤学报，1987(4)：295-305.
[32] 孙菽芬. 土壤内水分流动及温度分布计算—耦合型模型[J]. 力学学报，1987，19(4)：374-380.
[33] 邵爱军，李会昌. 野外条件下作物根系吸水模型的建立[J]. 水利学报，1997(2)：68-72.
[34] 桑艳朋，王祯丽，刘慧英. 膜下滴灌量对甜瓜产量和品质的影响[J]. 中国瓜菜，2005(6)：16-18.
[35] 石小虎，蔡焕杰，赵丽丽，等. 基于SIMDualKc模型估算非充分灌水条件下温室番茄蒸发蒸腾量[J]. 农业工程学报，2015，31(22)：131-138.
[36] 田义，张玉龙，虞娜，等. 温室地下滴灌灌水控制下限对番茄生长发育、果实品质和产量的影响[J]. 干旱地区农业研究，2006(5)：88-92.
[37] 王新元，李登顺，张喜英. 日光温室冬春茬黄瓜产量与灌水量的关系[J]. 中国蔬菜，1999(1)：22-25.
[38] 魏天兴，朱金兆，张学培. 林分蒸散耗水量测定方法述评[J]. 北京林业大学学报，1999，21(3)：85-91.
[39] 汪小旵，罗卫红，丁为民，等. 南方现代化温室黄瓜夏季蒸腾研究[J]. 中国农业科学，2002，35(11)：1390-1395.
[40] 姚建文. 作物生长条件下土壤含水量预测的数学模型[J]. 水利学报，1989(9)：32-38.
[41] 于强，王天铎. 光合作用-蒸腾作用-气孔导度的耦合模型及C3植物叶片对环境因子的生理[J]. 植物学报(英文版)，1998，40(8)：740-754.
[42] 左强，王数，陈研. 反求根系吸水速率方法的探讨[J]. 农业工程学报，2001，17(4)：17-21.
[43] 左强，王东，罗长寿. 反求根系吸水速率方法的检验与应用[J]. 农业工程学报，2003，19(2)：28-33.
[44] 诸葛玉平，张玉龙，张旭东，等. 塑料大棚渗灌灌水下限对番茄生长和产量的影响[J]. 应用生态学报，2004(5)：767-771.
[45] 翟胜，王巨媛，梁银丽. 地面覆盖对温室黄瓜生产及水分利用效率的影响[J]. 农业工程学报，2005(10)：129-133.
[46] 张和喜，刘伟群，迟道才，等. 作物需水耗水规律的研究进展[J]. 现代农业科技，2006(S3)：52-54.
[47] Allen R G, Pereira L S, Raes D, et al. Crop Evapotranspiration-Guidelines for computing crop water requirements[J]. FAO Irrigation and Drainage Paper 56. FAO, Rome, Italy, 1998.

[48] Anadranistakis M, Liakatas A, Kerkides P, et al. Crop water requirements model tested for crops grown in Greece[J]. Agricultural Water Management, 2000, 45(3): 297-316.

[49] Alves I, Pereira L S. Modelling surface resistance from climatic variables[J]. Agricultural Water Management, 2000, 42(3): 371-385.

[50] Allen R G, Pereira L S, Howell T A, et al. Evapotranspiration information reporting: I. Factors governing measurement accuracy[J]. Agricultural Water Management, 2011, 98(6): 899-920.

[51] Abedi-koupai J, Eslamian S S, Zareian M J. Measurement and modeling of water requirement and crop coefficient for cucumber, tomato and pepper using microlysimeter in greenhouse[J]. Journal of Science and Technology of Greenhouse Culture, 2011, 2(7): 51-64.

[52] Bailey B J, Montero J I, Biel C, et al. Transpiration of Ficus benjamina: comparison of measurements with predictions of the Penman-Monteith model and a simplified version[J]. Agricultural and Forest Meteorology, 1993, 65: 229-243.

[53] Baselga Yrisarry J J. Response of processing tomato to three different levels of water nitrogen applications [J]. Acta Hort., 1993, 335: 149-153.

[54] Brecht J K, Locascio S J, Bergsma K A. Water quantity affects quality of drip irrigated tomato fruit [J]. Hort. Sci, 1994, 29:154-160.

[55] Baille M, Baille A, Laury J C. A simplified model for predicting evapotranspiration rate of nine ornamental species vs. climate factors and leaf area[J]. Scientia Horticulturae, 1994, 59(3-4): 217-232.

[56] Branthome X, Ple Y, Machado J R. influence of drip on the technological characteristics of processing tomatoes [J]. Acta Horticulturae, 1994, 376: 285-290.

[57] Brenner A J, Incoll L D. The effect of clumping and stomatal response on evaporation from sparsely vegetated shrublands[J]. Agricultural and Forest Meteorology, 1997, 84(3): 187-205.

[58] Boulard T, Wang S. Greenhouse crop transpiration simulation from external climate conditions[J]. Agricultural and Forest Meteorology, 2000, 100(1): 25-34.

[59] Boutraa T, Sanders F E. Influence of water stress on grain yield and vegetative growth of two cultivars of bean (Phaseolusv ulgarwas L) [J]. A Gronomy & Crop Science, 2001, 187: 251-257.

[60] Baas R, Rijssel E V. Transpiration of glasshouse rose crops: evaluation of regression models[J]. Acta Horticulturae, 2006, 718(64).

[61] Bonachela S, González A M, Fernández M D. Irrigation scheduling of plastic greenhouse vegetable crops based on historical weather data[J]. Irrigation Science, 2006, 25(1): 53-62.

[62] Cowan I R. Transport of Water in the Soil-Plant-Atmosphere System[J]. Journal of Applied Ecology, 1965, 2(1): 221-239.

[63] Camillo P J, Gurney R J, Camillo P J. A resistance parameter for bare-soil evaporation models[J]. Soil Science, 1986, 141(2): 95-105.

[64] Chartzoulakis K, Drosos N. Water use and yield of greenhouse grown eggplant under drip irrigation [J]. Agricultural Water Management, 1995, 28: 113-120.

[65] Chandra S P O, Amaresh K R. Non-linear root water uptake model[J]. Journal of Irrigation and Drainage Engineering, 1996, 122(4): 198-202.

[66] Chartzoulakis K, Drosos N. Water requirements of greenhouse grown pepper under drip irrigation [J]. Acta. Hort., 1997, 449: 175-180.

[67] Cahn M D, Herrero E V, Snyder R L, et al. Water management strategies for improving fruit quality of drip irrigated processing tomatoes [J]. Acta Hort., 2001, 542:111-117.

[68] Costa J M, Ortuno M F, Chaves M M. Deficit irrigation as a strategy to save water: physiology and potential application to horticulture [J]. Journal of Integrative Plant Biology, 2007, 49: 1421-1434.

[69] Doorenbos J, Pruitt W O. Guidelines for predicting crop water requirements[J]. FAO Irrigation and Drainage Paper 24. FAO. Rome, 1977.

[70] De Vries D A. Simultaneous transfer of heat and moisture in porous media[J]. Transactions American Geophysical Union, 1958, 39(5): 909-916.

[71] Dorji K, Behboudian M H, Zegbe-Domínguez J A. Water relations, growth, yield, and fruit quality of hot pepper under deficit irrigation and partial rootzone drying[J]. Agricultural Water Management, 2005, 104: 137-149.

[72] Ding R S, Kang S Z, Zhang Y, et al. Partitioning evapotranspiration into soil evaporation and transpiration using a modified dual crop coefficient model in irrigated maize field with ground-mulching[J]. Agricultural Water Management, 2013, 127: 85-96.

[73] Du Y D, Cao H X, Liu S Q, et al. Response of yield, quality, water and nitrogen use efficiency of tomato to different levels of water and nitrogen under drip irrigation in Northwestern China[J].Journal of Integrative Agriculture, 2017, 16(5): 1153-1161.

[74] Estrada B, Pomar F, Diaz, et al. Pungency level in fruits of the pardon pepper with different water supply [J]. Scientia Hort, 1999, 81: 385-396.

[75] Eslamian S. Measurement and modelling of the water requirement of some greenhouse crops with artificial neural networks and genetic algorithm[J]. International Journal of Hydrology Science and Technology, 2012, 3: 237-251.

[76] Feddes R A, Kowalik P, Kolinska-Malinka K, et al. Simulation of field water uptake by plants using a soil water dependent root extraction function[J]. Journal of Hydrology, 1976, 31(S1-S2): 13-26.

[77] Fynn R P, Al-Shooshan A, Short T H, et al. Evapotranspiration Measurement and Modeling for a Potted Chrysanthemum Crop[J]. Transactions of the ASAE, 1993, 36(6): 1907-1913.

[78] Fatnassi H, Boulard T, Lagier J. Simple Indirect Estimation of Ventilation and Crop Transpiration Rates in a Greenhouse[J]. Biosystems Engineering, 2004, 88(4): 467-478.

[79] Favati F, Lovelli S, Galgano F, et al. Processing tomato quality as affected by irrigation scheduling [J]. Scientia Horticulturae, 2009, 122: 562-571.

[80] Fernández M D, Bonachela S, Orgaz F, et al. Measurement and estimation of plastic greenhouse reference evapotranspiration in a Mediterranean climate[J]. Irrigation Science, 2010, 28(6): 497-509.

[81] Fernández M D, Bonachela S, Orgaz F, et al. Erratum to: Measurement and estimation of plastic greenhouse reference evapotranspiration in a Mediterranean climate[J]. Irrigation Science, 2011, 28(1): 91-92.

[82] Gardner W R. Dynamic aspects of water availability to plants[J]. Soil Science, 1960, 89(2): 63-73.

[83] Gardner W R. Relation of root distribution to water uptake and availability[J]. Agronomy Journal, 1964, 56: 41-45.

[84] Gardiol J M, Serio L A, Maggiora A I D. Modelling evapotranspiration of corn (Zea mays) under different plant densities[J]. Journal of Hydrology, 2003, 271(1-4): 188-196.

[85] Uptake By A Nonuniform Root System and of Water and Salt Movement in the Soil Profile[J]. Soil Science, 1976, 121(4).

[86] Herkelrath W N, Miller E E, Gardner W R. Water Uptake by Plants: Ⅱ. The Root Contact Model [J]. Soil Science Society of America Journal, 1977, 41(6): 1039-1043.

[87] Hoogland J C, Feddes R A, Belmans C. Root water uptake model depending on soil water pressure head and maximum extraction rate[J]. Acta Horticulturae, 1981, 36(119): 119-123.

[88] Hillel D, Talpaz H, Keulen V H. A Macroscopic-Scale Model of Water Hargreaves G. H., Samani Z. A. Reference Crop Evapotranspiration from Temperature[J]. Applied Engineering in Agriculture, 1985, 1(2): 96-99.

[89] Ho L C. The physiological basis for improving tomato fruit quality [J]. Acta. Hort., 1999, 487: 33-40.

[90] Harmanto, Salokhe V M, Babel M S, et al. Water requirement of drip irrigated tomatoes grown in greenhouse in tropical environment[J]. Agricultural Water Management, 2005, 71(3): 225-242.

[91] Javanmardi J, Kubota C. Variation of lycopene, antioxidant activity, total soluble solids and weight loss of tomato during postharvest storage [J]. Postharvest Biol. Technol., 2008, 41, 151-155.

[92] Juhάsz Á, Hrotkó K. Comparison of the transpiration part of two sources evapotranspiration model and the measurements of sap flow in the estimation of the transpiration of sweet cherry orchards[J]. Agricultural Water Management, 2014, 143(9): 142-150.

[93] Juάrez-Maldonado A, Benavides-Mendoza A, De-Alba-Romenus K, et al. Estimation of the water requirements of greenhouse tomato crop using multiple regression models[J]. Emirates Journal of Food and Agriculture, 2014, 26(10): 885-897.

[94] Kirda C, cevik B, Tülücü K. A simple method to estimate the irrigation water requirement of greenhouse grown tomato[J]. Acta Horticulturae, 1994, 366: 373-380.

[95] Kato T, Kimura R, Kamichika M. Estimation of evapotranspiration, transpiration ratio and water-use efficiency from a sparse canopy using a compartment model[J]. Agricultural Water Management, 2004, 65(3): 173-191.

[96] Lake J V, Postlethwaite J D, Slack G, et al. Seasonal variation in the transpiration of glasshouse plants [J]. Agricultural Meteorology, 1966, 3(3-4): 187-196.

[97] Leuning R A. Critical appraisal of a combined stomatal-photosynthesis model for C-3plants[J]. Plant Cell and Environment, 1995, 18(4): 339-355.

[98] Homaee M, Feddes R A, Dirksen C. A Macroscopic Water Extraction Model for Nonuniform Transient Salinity and Water Stress[J]. Soil Science Society of America Journal, 2002, 66(6): 1764-1772.

[99] Lovelli S, Perniola M, Arcieri M, et al. Water use assessment in muskmelon by the Penman-Monteith "one-step" approach[J]. Agricultural Water Management, 2008, 95(10): 1153-1160.

[100] Leuning R, Zhang Y Q, Rajaud A, et al. A simple surface conductance model to estimate regional evaporation using MODIS leaf area index and the Penman-Monteith equation[J]. Water Resources Research, 2009, 45(44): 652-655.

[101] Li S E, Kang S Z, Zhang L, et al. Quantifying the combined effects of climatic, crop and soil factors on surface resistance in a maize field[J]. Journal of Hydrology, 2013, 489: 124-134.

[102] Liu H, Duan A W, LI F S,et al. Drip irrigation scheduling for tomato grown in solar greenhouse based on pan evaporation in north china plain[J].Journal of Integrative Agriculture,2013,12(3):520-531.

[103] Liu H, Li H, Ning H,et al. Optimizing irrigation frequency and amount to balance yield, fruit quality and water use efficiency of greenhouse tomato[J].Agricultural Water Management,2019,226:105787.

[104] Monteith J L. Evaporation and environment[J]. Symposia of the Society for Experimental Biology, 1965, 19(19): 205-234.

[105] Molz F J, Remson I. Extraction Term Models of Soil Moisture Use by Transpiring Plants[J]. Water Resources Research, 1970, 6(5): 1346-1356.

[106] Mardesic T. Interpretation of the variations in leaf water potential and stomatal conductance found in canopies in the field[M]. Hafner press, 1972.

[107] Molz F J. Water transport in the soil-root system: Transient analysis[J]. Water Resources Research, 1976, 12(4): 805-808.

[108] Molz F J. Models of water transport in the soil-plant system: a review[J]. Water Resources Research, 1981, 17: 1245-1260.

[109] Milly P C D. Moisture and Heat Transport in Hysteretic, Inhomogeneous Porous Media: A Matric Head-Based Formulation and a Numerical Model[J]. Water Resources Research, 1982, 18(18): 489-498.

[110] Milly P C D. A Simulation Analysis of Thermal Effects on Evaporation from Soil[J]. Water Resources Research, 1984, 20(20): 1075, 1085.

[111] Montero J I, Antón A, Muñoz P, et al. Transpiration from geranium grown under high temperatures and low humidities in greenhouses[J]. Agricultural and Forest Meteorology, 2001, 107(4): 323-332.

[112] Medrano E, Lorenzo P, Sánchez M C. Evaluation and modelling of greenhouse cucumber-crop transpiration under high and low radiation conditions[J]. Scientia Horticulturae, 2005, 105(2): 163-175.

[113] Machado R M A, Oliveira M R G. Tomato root distribution, yield and fruit quality under different subsurface drip irrigation regimes and depths [J]. Irrigation Science, 2005, 24: 15-24.

[114] Morille B, Migeon C, Bournet P E. Is the Penman-Monteith model adapted to predict crop transpiration under greenhouse conditions? [J]. Application to a New Guinea Impatiens crop. Scientia Horticulturae, 2013, 152(152): 80-91.

[115] Novák V. Estimation of soil-water extraction patterns by roots[J]. Agricultural Water Management, 1987, 12(4): 271-278.

[116] Nassar I N, Horton R. Water Transport in Unsaturated Nonisothermal Salty Soil: I. Experimental Results [J]. Soil Science Society of America Journal, 1989, 53(5): 1323-1329.

[117] Nassar I, Globus A, Horton R. Simultaneous Soil Heat and Water Transfer[J]. Soil Science, 1992, 154(6).

[118] Ortega-Farias S, Olioso A, Antonioletti R, et al. Evaluation of the Penman-Monteith model for estimating soybean evapotranspiration[J]. Irrigation Science, 2004, 23(1): 1-9.

[119] Ortega-Farias S, Olioso A, Fuentes S, et al. Latent heat flux over a furrow-irrigated tomato crop using Penman-Monteith equation with a variable surface canopy resistance[J]. Agricultural Water Management, 2006, 82(3): 421-432.

[120] Ortega-Farias S, Carrasco M, Olioso A, et al. Latent heat flux over Cabernet Sauvignon vineyard using the Shuttleworth and Wallace model[J]. Irrigation Science, 2007, 25(2): 161-170.

[121] Ortega-Farias S, Poblete-Echeverría C, Brisson N. Parameterization of a two-layer model for estimating vineyard evapotranspiration using meteorological measurements[J]. Agricultural and Forest Meteorology, 2010, 150(2): 276-286.

[122] Philip J R, De V D A. Moisture movement in porous materials under temperature gradient[J]. Eos Transactions American Geophysical Union, 1957, 38(2): 222-232.

[123] Perrier A. Etude physique de l'evapotranspiration dans les conditions naturelles. I. Evaporation et bilan d'energie des surfaces naturelles. Ann Agron, 1975a, 26: 1-18.

[124] Perrier A. Etude physique de l'evapotranspiration dans les conditions naturelles. Ⅲ. Evapotranspiration re'elle etpotentielle des couverts ve'ge'taux. Ann Agron, 1975b, 26: 229-243.

[125] Prasad R. A linear root water uptake model[J]. Journal of Hydrology, 1988, 99(3-4): 297-306.

[126] Pulupol L U, Behboudian M H, Fisher K J. Growth, yield and postharvest attributes of glasshouse tomatoes produced under water deficit [J]. Hort. Sci., 1996, 31: 926-929.

[127] Pivetta C R, Heldwein A B, Maldaner I C, et al. Maximum evapotranspiration of sweet pepper grown in plastic greenhouse based upon meteorological and fenometrical variables [J]. Revista Brasileira De Engenharia Agrícola E Ambiental, 2010, 14(7): 768-775.

[128] Qiu R J, Kang S Z, Du T S, et al. Effect of convection on the Penman-Monteith model estimates of transpiration of hot pepper grown in solar greenhouse[J]. Scientia Horticulturae, 2013a, 160(3): 163-171.

[129] Qiu R J, Song J J, Du T S, et al. Response of evapotranspiration and yield to planting density of solar greenhouse grown tomato in northwest China[J]. Agricultural Water Management, 2013b, 130(4): 44-51.

[130] Raats De Vries D A. Simultaneous transfer of heat and moisture in porous media[J]. Transactions American Geophysical Union, 1958, 39(5): 909-916.

[131] Raats P A C. Distribution of salts in the root zone[J]. Journal of Hydrology, 1975, 27(3-4): 237-248.

[132] Rowse H R, Stone D A, Gerwitz A. Simulation of the water distribution in soil: Ⅱ. The model for cropped soil and its comparison with experiment. Plant and Soil, 1978, 49(3): 533-550.

[133] Rouphael Y, Colla G. Modelling the transpiration of a greenhouse zucchini crop grown under a Mediterranean climate using the Penman-Monteith equation and its simplified version[J]. Crop and Pasture Science, 2004, 55(9): 931-937.

[134] Razmi Z, Ghaemi A A. Crop and soil-water stress coefficients of tomato in the glass-greenhouse conditions[J]. Journal of Science and Technology of Greenhouse Culture, 2011, 2(7): 75-87.

[135] Shuttleworth W J, Wallace J S. Evaporation from sparse crops-an energy combination theory[J]. Quarterly Journal of the Royal Meteorological Society, 1985, 111(469): 839-855.

[136] Stanghellini C. Transpiration of greenhouse crops: an aid to climate management[M]. Wageningen: Agricultural University Wageningen, 1987.

[137] Shuttleworth W J, Gurney R J. The theoretical relationship between foliage temperature and canopy resistance in sparse crops[J]. Quarterly Journal of the Royal Meteorological Society, 1990, 116(492): 497-519.

[138] Stannard D I. Comparison of Penman-Monteith, Shuttle-worth-Wallace, and Modified Priestley-Taylor Evapotranspiration Models for Wildiand Vegetation in Semiarid Range Land[J]. Water Resources Research, 1993, 29(5): 1379-1392.

[139] Stanghellini C. Evapotranspiration in greenhouses with special reference to Mediterranean conditions [J]. International Symposium on Irrigation of Horticultural Crops, 1993, 335: 295-304.

[140] Sellers P J, Heiser M D, Hall F G. Relations between surface conductance and spectral vegetation indices at intermediate (100 m^2 to 15 km^2) length scales[J]. Journal of Geophysical Research Atmospheres, 1992, 97(D17): 19033-19059.

[141] Takakura T, Kubota C, Sase S, et al. Measurement of evapotranspiration rate in a single-span greenhouse using the energy-balance equation[J]. Biosystems Engineering, 2009, 102(3): 298-304.

[142] Topcu S, Kirda C, Dasgan Y, et al. Yield response and N-fertiliser recovery of tomato grown under deficit irrigation [J]. European Journal of Agronomy, 2007, 26: 64-70.

[143] Van Genuchten M T, Gupta S K. A reassessment of the crop tolerance response function[J]. Journal of

the Indian Society of Soil Science, 1993, 41(4): 730-737.

[144] Valdés H, Ortega-Farias S, Argote M, et al. Estimation of Evapotranspiration over a Greenhouse Tomato Crop by Using the Penman-Monteith Equation[J]. Acta Horticulturae, 2004, 664(664): 477-482.

[145] Valdésgómez H, Ortegafarías S, Argote M. Evaluation of water requirements for a greenhouse tomato crop using the Priestley-Taylor method[J]. Chilean Journal of Agricultural Research, 2009, 69(1): 3-11.

[146] Villarreal-Guerrero F, Kacira M, Fitz-Rodríguez E, et al. Comparison of three evapotranspiration models for a greenhouse cooling strategy with natural ventilation and variable high pressure fogging[J]. Scientia Horticulturae, 2012, 134(2): 210-221.

[147] Whisler F D, Klute A, Millington R J. Analysis of Steady-State Evapotranspiration from a Soil Column1 [J]. Soil Science Society of America Journal, 1968, 32(32): 167-174.

[148] Wang F, Kang S, Du T, et al. Determination of comprehensive quality index for tomato and its response to different irrigation treatments[J]. Agricultural Water Management, 2011, 98(8): 1228-1238.

[149] WU Y, YAN S C, FAN J L, et al. Responses of growth, fruit yield, quality and water productivity of greenhouse tomato to deficit drip irrigation[J]. Scientia Horticulturae, 2021: 275.

[150] Zhang L, Lemeur R. Effect of aerodynamic resistance on energy balance and Penman-Monteith estimates of evapotranspiration in greenhouse conditions[J]. Agricultural and Forest Meteorology, 1992, 58(3-4): 209-228.

[151] Zushi K, Matsuzoe N. Effect of soil water deficit on Vitamin C, sugar, organic acid, amino acid and carotene contents of large-fruited tomatoes [J]. Japan. Soc. Hort. Sci., 1998, 67(6): 927-933.

[152] Zegbe-Domínguez J A, Behboudian M H, Lang A. et al. Deficit irrigation and partial rootzone drying maintain fruit dry mass and enhance fruit quality in 'Petopride' processing tomato [J]. Scientia Horticulturae, 2003, 98: 505-510.

[153] Zhang B Z, Liu Y, Xu D, et al. Evapotranspiraton estimation based on scaling up from leaf stomatal conductance to canopy conductance [J]. Agricultural and Forest Meteorology, 2011, 151 (8): 1086-1095.